萨提亚深层沟通力

李崇建 曹敬唯 著

CNS 湖南文艺出版社 HUNAN LITERATURE AND ART PUBLISHING HOUSE 博集天卷 CS-BOOKY

图书在版编目（CIP）数据

萨提亚深层沟通力 / 李崇建，曹敬唯著 . -- 长沙：湖南文艺出版社，2023.1
ISBN 978-7-5726-0984-8

Ⅰ. ①萨… Ⅱ. ①李… ②曹… Ⅲ. ①心理咨询 Ⅳ. ① B849.1

中国版本图书馆 CIP 数据核字（2022）第 239313 号

上架建议：畅销 · 心理励志

SATIYA SHENCENG GOUTONGLI
萨提亚深层沟通力

著　　者：李崇建　曹敬唯
出 版 人：陈新文
责任编辑：刘雪琳
监　　制：邢越超
策划编辑：李美怡
营销编辑：文刀刀　周　茜
封面设计：利　锐
版式设计：李　洁
内文排版：百朗文化
出　　版：湖南文艺出版社
（长沙市雨花区东二环一段 508 号　邮编：410014）
网　　址：www.hnwy.net
印　　刷：北京天宇万达印刷有限公司
经　　销：新华书店
开　　本：680mm × 955mm　1/16
字　　数：282 千字
印　　张：21
版　　次：2023 年 1 月第 1 版
印　　次：2023 年 1 月第 1 次印刷
书　　号：ISBN 978-7-5726-0984-8
定　　价：52.00 元

若有质量问题，请致电质量监督电话：010-59096394
团购电话：010-59320018

推荐序 1

那是光照进来的地方

张辉诚 | “学思达”教学法创始人、学思达教育基金会创始人

我每次想起加拿大诗人歌手李欧纳·柯恩的《赞美诗》中的句子“万物皆有裂缝，那是光照进来的地方”，就会想起崇建。

我曾目睹崇建工作的场景，他和一个又一个遭遇不同生命难题、卡在某个进退不得情境的人对话，有些人的内在冰山似乎已冻凝成石、寒不可触，也坚不可摧，但崇建的对话就像一道光，在对话者的冰山上普照，温暖冰山，渐渐地就照出了生命的裂缝。崇建的对话就会顺着那些细微难辨的裂缝一路深钻下去，时而曲折，时而直接，来回往复，今昔交错，忽然，不可思议的事情发生了：对话者竟泫然落泪，坐在台下的许多人也共情到落泪。

后来我何其幸运，和崇建变成好友，常有机会和他一起公开对谈，或者私下聊天。这幸运对我很重要。崇建常对我说：“萨提亚注重体验。”坦白说，我完全听不懂，但我和崇建不论公开讨论，还是私下对话，我从崇建的话里时常感觉到“被关注”“被关心”，觉得“自己有价值”“自己被接纳”，感觉到“自由”，甚至感觉到“被爱”。很奇妙，我恰恰是从崇建给我的这些感觉中，才逐渐弄清楚萨提亚冰山模式的“渴望与自我”

是怎么回事，才终于理解崇建让对话者泫然落泪的主要原因——崇建帮助对话者触及自我深层的渴望，那是“爱、接纳、价值、意义和自由”。

然而这些渴望，并不能只是“理解”，而是要被真实地“体验”。

我最佩服崇建的地方就是，他运用对话，给了许许多多的人这样“真实的体验”，并且是最难的体验。从觉察、探索到渴望的联结，甚至到生命力的涌现，帮助众人真切地感受内在自我的变化与能量的涌现。

崇建后来之所以有那么强大的助人能力，我认为都与他曾亲身走过的历程有关。诚如他在书中如实地剖析的那样：他从混乱的青年阶段（十至三十二岁，母亲有了新的情感变化，造成家庭的震荡），到接受萨提亚的导师约翰·贝曼的教导（三十二岁之后），内在生命起了巨大的转变。他的内在转变之后，原生家庭成员的内在也随之改变，整个家庭焕发了全新的样貌，其后崇建又深情款款地怀抱着爱，回过头去看他年少时（十岁前）稀少而美好的家庭的记忆，并接受它的滋养。

其实，我在私下也数次听过崇建讲他的成长故事，每次听依然感动不已。我认为崇建的可贵之处，在于他真实地触及并且联结了自我的渴望，并涌现出饱满丰沛的生命力，带来转变的动力，也带出极为宽阔的生命视野，同时更带出联结他人的敏锐与能量。他可以爱自己也能爱他人，可以接纳自己也能接纳他人，可以看重自己也能看重他人（就像他看重我一样），可以给自己自由也能给人自由。

崇建的生命状态从混乱到平和，从不一致到一致，从自我隔绝到自我联结。正是因为他真正地走过了，才有能力指引后来者清晰的来路，就像萨提亚女士所说：“你不可能给出，你没有的东西。”是的，我认识的崇建，真的是内外一致、能量饱满、平和自在的人。

我读这本书时，最令我赞叹的是，崇建为众人展现了通往渴望的各种路径。

此书之可贵，就在于崇建把几千个晤谈案例中的精华写入书中，再加上自己生命经验的例证，以冰山为主体，以“渴望与自我”为最终目标，略写冰山其他各层（崇建在其他书都有详尽的书写，如有需要，可参照），大量集中、刻意聚焦、详加解说“渴望与自我”，非常深刻且精彩。同时，敬唯女士作为中国萨提亚国际大会主席、萨提亚模式心理培训师，多年来从事萨提亚模式沟通、教育的推广，也将推广过程中的经验与体悟写入书中。崇建和敬唯写成此书，我读后有好多收获，尤其在许多的关键对话中，直觉“山重水复疑无路”了，但他们居然又能找到裂缝，直直地把光照进去，让对话者发现自己的内在，可谓“柳暗花明又一村”。

那是两位作者厉害的地方，也是光照进去的地方。

推荐序 2

通往每个人的“意义人生”

吴振中 | 厦门种群造物教育科技有限公司创始人、新意义容器发起人

四十岁生日那天，我写了一篇名为《40 岁，在贪心的世界里，我只想做好一件事》复盘文章，分享了过去十年我穿越两次“意义危机”的故事，引发了朋友间大范围的关注和讨论。让我惊奇的是：四十岁的人在面临“意义危机”，三十岁的在面临“意义危机”，大学毕业的在面临“意义危机”，甚至一些初高中生也在面临“意义危机”。

回看这两年，似乎所有人都开始追寻自己的意义。很多年轻人选择用“躺平”来与“卷”抗争，是意义感缺失的另一种表现。“躺平”只是临时治标的手段，真正的治本需要建构生命的胜任力。

如何建构这种生命胜任力，我在萨提亚深层沟通中找到了答案。

当你与生命进行深度对话时，你的生命就在转换，从中发展出不断迭代的自我。正如里尔克形容的“我将我的人生，活在不断向世界万物扩展的圆内”。亦如伊塔洛 · 卡尔维诺描述的“一个生命就是一部百科全书、一座图书馆、一份物品清单、一系列的风格，它可以不断地被重新排列，不断地被重新组合，以一切你可以想象到的方式”。

萨提亚深层沟通，让你置身在生命的磁场中

通过与生命的内在对话，人能够从容专注地做好眼前的每一件事；能够在对外求索的同时保持自省，倾听自己内心的声音，实现自我与外部世界的平衡；能够充分地打开自己，不畏惧，敢于颠覆自我，勇敢笃定地走向未来。

在人生的每个阶段，你都能通过萨提亚深层沟通和真实的自己联结。在生命的磁场中，你找到自我精神生命的舒展，活出自我。在亲密关系中，你和另一半互相成就，成为彼此的依托。

萨提亚深层沟通，让你重新发现生命的宝藏

萨提亚深层沟通像是个生命状态的转换器。人生是历经长途跋涉后的返璞归真，萨提亚深层沟通能够为这段长途跋涉助力，通过一次次对话，成为一本你自己的生命教材，让人生旅程中的你不错过身边最美的风景，重新发现自己生命中的宝藏，看得到生命更多展开的可能，活出更丰盈的生命。

萨提亚深层沟通，让生命向美而行

生命的展开就像一棵树的生长，它需要慢慢来。在这个过程中，慢才是快，树的成长需要扎根，需要发芽，需要更多阳光、雨露和土地的滋养。萨提亚深层沟通就在帮助每个人获取这种滋养，并由此展开生命的本源。萨提亚深层沟通帮助我们认识自我生命的意义和价值，珍爱自己的生命，能够进行自我心理和情绪的调控，规划人生的发展，开发生命的潜能，不断地超越自我，实现自我。终极是回归自我，回归“自我

与世界”的关系。

萨提亚深层沟通，恢复你对世界的“情商”

现在很多人，对这个世界是没有“情商”的，对这个世界是无感的、疲惫的。因为在对世界的“情商”里，有一种很重要的天真，我们丧失了，那就是达尔文的天真，爱因斯坦的天真，黑格尔的天真，毕加索的天真……

萨提亚深层沟通可以帮助我们找回这种天真。当这种天真回归自我后，能让个体获得一种生命的情调，去体验生命的意义，重拾对生命的信仰，找到自我生命应有的定位和独特的生命价值。

萨提亚深层沟通，永恒的“生命之泉”就在这里

作家安徒生，有一句话讲得非常好，他说：“我一生居无定所，我的心灵漂泊无依，童话是我流浪一生的阿拉丁神灯！”

阿拉丁神灯的故事我们都知道，却没有人像安徒生一样把它当成自我生命找寻的一种隐喻。如果你换个生命情调去看这个故事，你会发现三次的许愿，是三次生命状态的转换。

第一次真正许愿为了爱情。希望变成王子，获得门当户对，去追寻自己深爱的公主。第二次许愿为了生命。沉入水底之际，许愿脱险，因此重获新生。第三次许愿为了自由。灯神被困灯里，唯一解救的办法，是许愿者许愿让灯神恢复自由。

所以，阿拉丁神灯不等于魔力，而是爱情、生命、自由，它们是每个人生的“生命之泉”。

所以，我们每个人的生命中，都应该有自己的一盏阿拉丁神灯，而

萨提亚深层沟通可能就是那盏我们生命中的阿拉丁神灯。

萨提亚深层沟通，助力建构心智涌流的网络

每个人都在找寻自己的人生意义，意义到底是什么？我的理解是“意义是生命张力的下载和运行”，意义是一张心智涌流的网络。心智涌流而出的东西，我认为就是“意义”。

萨提亚深层沟通解决的，就是通过一次次与自己的相遇，建构一张心智涌流的网络，让人可以下载或运行生命的张力，让人的一生富有力量和意义。

萨提亚深层沟通，助力拥有安住当下的资本

人生有几种底层操作系统？大约有三种：生存、生活、生命。这里的生命指的是精神生命。

生存是第一个系统，人的状态是：先求生存，再谈生活，无所谓生命（指精神生命）。生活是第二个系统，人的状态是：一边生活，一边寻找生命意义的生存。生命是第三个系统，人的状态是：确立自己生命的意义，再指导生活，更明确生存。

人要有足够的意义网络可以组合，生命才会涌现得更加彻底，向内探寻得更加彻底，成长得更加茁壮有力。从生命系统的角度，可以把萨提亚深层沟通当作一套人生的解题方案，帮助你找到具体可行的操作路径。

萨提亚深层沟通，助力生成向内探寻的力量

“意义人生”是向内探寻的方式，是生命时空的展开。为了创造更多

有意义的和可回忆的时空切片，需要从自己出发，由内而外，而非由外而内，是基于自我剖析和自我的意义建构。

萨提亚深度沟通是自我剖析和自我意义建构的有效方式，是挑战自我认知框架的方式，也是反问我们如何理解环境的方式，促使我们甩开没有内在秩序的自我，摆脱没有意义的过去。

人生是内在意义的杰作，你的意义就是你的存在

在过去，生活和生命的意义似乎是哲学家才会思考的问题，但是现在探寻生活和生命的意义成了每个普通人的人生课题。它已经融入了我们生活的日常行为中。通过萨提亚深层沟通，每个人都可以去探寻自己人生的意义，由内而外，用更加丰盈的内心去抵达自我，抵达生活，抵达这个美好的世界，抵达自己的“意义人生”。

李崇建的序：

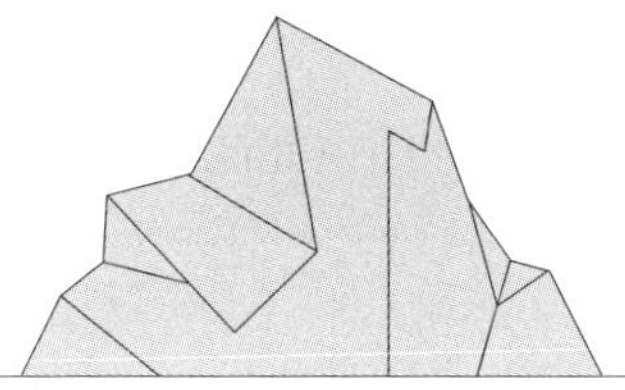

与渴望联结

——通往真实的自我之路

转眼间十八年过去了，我书写萨提亚模式的书已经超过十本。每本书的主题与内容，虽然各有不同，但是都融入了萨提亚模式，包括阅读、作文、教育、励志与心理成长。

萨提亚模式里包括近十个工具：影响轮、自我环、面貌舞会、互动的要素、雕塑、家庭图、天气报告、生活年表，以及冰山理论。我对冰山理论情有独钟，因为对冰山理论的学习，改变了我的内在，也改变了我的人际互动。

两年前我有一个动念，欲将冰山理论完整地陈述，作为我写萨提亚系列的终篇。未来我想投入其他题材，不再写萨提亚模式。我挑选冰山的底层，从渴望开始书写。因为冰山的“渴望”与“自我”，初学者最感到困惑，我想用简单的陈述，让冰山理论的学习者理解，也对普通的读者有帮助。

渴望是体验层次，自我也是体验层次。

我尝试从概念阐释，从人的成长历程、脑神经的发展、生长环境的影响，谈渴望层次的状态。再进入实务案例，包括好奇与表达，从生活的彼此联结，到内心深刻联结，以及学习者的成长历程（他们遇到的困难与成功，如何渐渐地联结自我等）。

未料我写了近十五万字，冰山仅完成“渴望”，其他层次还未着墨，未来我再视情况进行书写。

冰山是内在工程

冰山是对人的隐喻，是内在系统的运作。

水平面下的各层次，影响水平面上的言行举止，影响个人的生活质量，也影响人与世界的关系，但是很多人并没有意识，常在同样困境中循环，外在重复几种应对方式，比如：责骂、说理、委曲求全，或者置之不理等，对于现况并无帮助；内在重复着焦虑、恐惧、愤怒、烦躁等情绪，又不知道如何专注地应对。

人处于什么样的状态，内在并不能专注地觉察。外在重复的几种应对方式，都不过是人在求生存。

科学家曾经研究，在生物习性方面，地蜂有一种特别的习惯，即把猎物拖回洞穴，会将猎物放至洞口。地蜂自行进入洞内，确保洞穴安全之后，再将猎物拖至洞内。科学家做过一个实验，当地蜂入洞检查时，将置于洞口的猎物，迁移至其他地方，观察地蜂会有何举动。当地蜂发现猎物消失后，会重新找回它的猎物，再次拖到它的洞口，仍将猎物置于洞外，再次入洞检查一番，未意识到刚刚检查过。这时实验人员再次移动猎物，地蜂出洞后再次寻找，一旦找到猎物之后，仍将猎物放置洞口，即使方才刚检查过，地蜂还是会入洞检查。科学家重复无数次，地蜂也重复无数次行动。地蜂重复的行动，是地蜂世代的经验发展出来的惯性应对，被设定于地蜂的基因之中。地蜂为了保证自身和猎物的安全，这是其求生存的举动，也是其无意识举动。

家禽中的鹅也如此。鹅孵蛋的时候，若有一颗蛋滚出去了，鹅会伸长脖子，钩回已经滚出的蛋，身子仍继续孵蛋。若是窝里的蛋滚出，被人取走了那颗蛋，鹅仍然要完成动作，脖子仿佛钩回鹅蛋，事实上并没有蛋了。无论鹅看没看见蛋，鹅都会完成这个钩蛋的动作。对鹅来说，钩蛋的动作仿佛是一个反射动作。

鹅与地蜂的行动，重复着“多余的”应对，内在状态不得而知。若是它们拥有意识，探索冰山每个环节的发生，让其从行动至体验，从体验进入与生命联结，相信它们会重新决定行动。

人也常有如此状态。

我认识的一位长辈，是高级知识分子，身体健康，心智成熟，年纪五十来岁。当年提款机刚普及的时候，人人办提款卡，不用到银行取钱。长辈不善使用提款机，每次以卡片提款时，常常忘记密码。他总是尝试三次，并且错了三次，提款卡被机器没收。子女为此头疼不已，常告诉他若是错两次，不要再尝试第三次。长辈永远都答应，却也永远按错三次，卡片每次都被没收。

为什么长辈即使答应了，想要记住密码，却永远记不住密码，答应按错两次即停手，却永远要尝试第三次呢？长辈的内在有个程序，仿佛地蜂与鹅的惯性。然而人拥有自主意识，怎么会这样子呢？

这样的状况很常见。

青少年沉迷网络，决心不再玩了；调皮的孩子，决定不再吵闹了；抽烟成瘾者，决定要戒烟了；犯错的人，答应不犯错了；家暴的人不想动手了；拒学的孩子，决定要面对学校了；遇到不合意的事，不想再责备人了；遇到亲人的言论，不想再吵架了……

这些下定决心的人，想做到改变惯性，为何如此困难呢？答案是人的内在设定，即水平面下的冰山程序。程序的设定与基因、成长环境有关。

人并非地蜂与鹅，人拥有自主意识，但是人是否了解这份意识，了解人的内在程序，如何设定且如何使用呢？想要改变内在程序，除了改变思考，还需要通过感受、觉察，体验自身的期待、观点与应对，进入渴望与自我的层次，进行联结。当联结了渴望与自我之后，就会给生命带来高能量，人就能够为自己负责任。

我帮助青少年戒烟、戒除网瘾，陪伴拒学的孩子，协助脾气不好的父母，带领多动的孩子……皆是通过冰山脉络，探索他们的冰山，协助他们改变内在，联结他们的渴望，让其生命专注于当下，而他们成为自由人生的主宰。

渴望是一种高能量

萨提亚的冰山隐喻，最底层是“渴望”与“自我”。

这两个层次不易解释，关键在于体验，不易以语言完整地陈述出来，有点“只可意会，不可言传”的意思。

学习若是不可言传，对于习惯使用文字、语言来思考的现代人，无异于一种挑战。

然而，如今科学发达，此书我从几个实验，陈述人的成长历程，以便学习者理解渴望层次，可以更好地将其运用于教育、对话与自我成长，让自己与他人更幸福。

除了书中所述，我在此分享一个提问及一个实验的结果，我视为对渴望与自我的陈述，也可视为一种检测。借此我们将能更理解渴望的层次，对于读者进入本书更有帮助。

哈佛大学教授埃米·卡迪，在《高能量姿势》一书中提问：真实的最佳自我究竟是什么？

这个提问对我而言，仿佛在问冰山的“自我层次”是什么？

书中引用了行为学教授劳拉·摩根·罗伯茨，帮助人们找到最佳的自我，提出的一些问题，包括：“你有哪些优点？你如何运用它们？……”

回答者必须确信，并且相信这些答案。

在冰山的运用层次，当回答者确信自己的价值，即“体验自我价值”，与自己的渴望联结时，回答者便会通往自我之路。体验到自我价值的那一刻，生命会感动，会感到有能量。

埃米·卡迪在书中举了实例。那是克莱门斯·基施鲍姆、卡尔－梅尔廷·皮克尔及迪尔克·海哈默的实验，名为“特里尔社会压力测试”，让受试者在挑剔的裁判前，进行即席演讲，讲完之后进行数字倒数，裁判在旁不断地施压。

这个实验分成两组进行。一组写下个人核心价值，一组写下对人不重要的价值。在演讲与倒数测试之后，检测参与者唾液中的皮质醇。实验结果发现，写下核心价值的一组，皮质醇都没有增加，显示内在没有压力，亦即比赛时不焦虑；另一组则相反，皮质醇浓度增加，显示内在有压力，以及比赛有情绪。埃米·卡迪称写下核心价值的这组人，进入了“真实的自我”。

埃米·卡迪在随后的几个实验，指出人进入“真实的自我”，处于一种高能量的状态之中，亦即被幸福感、喜悦与和谐感包围。此时，体内的皮质醇下降，而睾酮提升了。

这个实验说明“联结渴望”对人通往“真实的自我”，显得无比重要，也以皮质醇与睾酮检测，提供数据上的说明。

我不禁有个想象，若是有人进行实验，通过冰山的对话，让人厘清自我，联结内在渴望，是否睾酮会上升，皮质醇会下降，甚至，这个状态可以维持较长的时间呢？因为内在无意识的思维运转，通过对话长期联结渴望，让人处于高能量的状态，那就有更具体的说服力了，为家庭、学校，甚至职场带来理想环境，那就太美妙了。

因此本书通过成长历程，通过对话的脉络，会谈到如何让人联结渴望，亦即让人拥有高能量，让人获得幸福感。

与敬唯老师合作本书

我在书中提到祖籍，父亲来自山东菏泽，1949 年之后随学校至台湾发展，大陆的亲人也多半迁居至西安附近。我经常回西安的老家探望。

曹敬唯老师来自西安，是中国萨提亚国际大会主席、萨提亚模式心理培训师，是我志同道合的朋友。每次我到西安都倍觉亲切，除了老家的人文风土，还有敬唯老师的亲切坦诚。

敬唯老师十多年来努力推广萨提亚模式的对话、教育，将更和谐的教养与应对，推广进入每个家庭。我常感到非常佩服，敬唯老师做的事业是一件大工程，但她一往无前，就这样投身其中。

敬唯老师与我一样，师从贝曼老师、玛丽亚老师，并且将教练技术与非暴力沟通，融入萨提亚模式之中运用，不断地精进与推动家庭和谐。她所做的事业除了需要勇气，也需要足够的创造力。

我们经常一起讨论，关于萨提亚模式的呈现，也经常交流彼此的工作，敬唯老师在个人成长、家庭关系里的引导，都令我感到佩服。因此，当敬唯老师邀约我，一同出版一本著作的时刻，我认为拥有相同理念的二人，可以互相创造出更多不同的能量，带给读者更多元的视野。

我与敬唯除了萨提亚的工作，彼此还有很多联结。

我曾经去西安讲座，带着父亲一同前往，敬唯对我父亲很礼遇，席间与父亲闲聊家乡事，让父亲感受回故乡的温暖。当我的大嫂生病住院，敬唯主动带我至西安人民医院，去探望病中的大嫂。每次我回到老家，敬唯总与我谈着家乡事，和我诉说西安的街道，家乡的人情风物，我的大哥与侄孙辈的故事，我们拥有了伙伴情感，所以能与敬唯合作出版，我感到无比欣喜。

我演讲萨提亚模式，已经近二十年。从《对话的力量》一书开始，我以更落地的方式，推广联结彼此的对话，也得到来自各地的回馈，都让我无比感激，感觉自己是无比幸运之人。

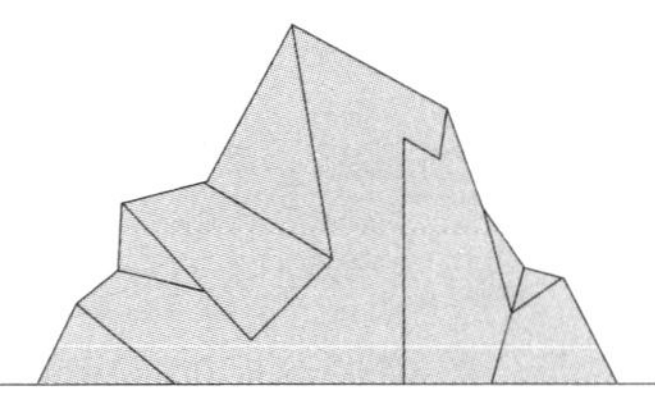

曹敬唯的序：

勇敢些，用归属的爱去拥抱你最尊贵的渴望

与崇建的生命联结

认识崇建，源自他的一本书《给长耳兔的 36 封信》，里面的生动而鲜活的故事激起我的好奇——是什么样的作者可以写出如此生动的对生命的看见。我又去找来《麦田里的老师》，一口气读完。2012 年，通过朋友引荐，我见到了崇建，这个与西安有着特别联系的人终于来了。为了表达诚意，我找到崇建在内地出版的所有图书，一共买了 2000 册，赠送给朋友和学员们。现在有几种都已经绝版了。

在西安，我接待过崇建的父亲，一个柔骨侠情的山东老人；见过崇建的大哥、侄子，近距离感受过崇建与家人的联结中的细腻和温暖。他每次来西安，一定会腾时间出来坐火车去看大哥一家。有一次，崇建的侄子跟我说，他们全家从心里特别感谢崇建叔叔和婶婶。事实上，崇建比侄子大不了几岁，自小成长于一个破碎的家庭，心里一度充满愤怒与难以排遣的情绪，而学习萨提亚三年之后，逐渐改变了外在的应对姿态和内在系统。因他的改变，进而改变了全家的命运。在这本书里，我第一次通过文字体会到崇建的父亲与大哥之间的情感互动，瞬时眼泪禁不住流下来。我一路亲见崇建与家人互动，这让我更加确认：崇建是一位活出生命意义的老师。

十年前，跟崇建第一次合作。崇建以为到西安就是一场普通的演讲，没想到我给他安排了一个四十位校长参加的、为期三天的师生互动活动。之后，我们有了多次合作。他说我总给他出难题，但他又在一个个难题下创造了很多新的可能性。有时，崇建也会向我开玩笑地“抱怨”道：“每次来西安，你总有一些新奇的安排，我都怕了。”

2020 年 2 月，我又一次联系崇建，邀请他带领我们自疫情以来就一直组织的“以读攻毒”《对话的力量》读书会。随后，崇建开了他有生之年第一次网络活动“帮助每个孩子成功”。现在，我又和崇建一起写书。这是我第一次写书，崇建特别体谅我，说：“你写出来基础文字，我来帮你改。”一束温暖的关照之光照见我内心，这不就是渴望吗？幸福的感觉直接联结渴望的体验，给我很大勇气，因为我深知天下父母都特别希望孩子有出息，希望自己有成就，却常常卡在“渴望的看见与联结”这一点上。

对话有一种神奇的力量

2021 年 8 月，崇建就已经完成了他负责的部分，我负责的部分却还没动笔，于是硬着头皮开始梳理头绪，这时突然想起在 2020 年武汉疫情期间，与友人的一段对话。

有一天晚上十点多，闺密突然给我打来电话，刚接通，我就知道应该是她遇到了一些麻烦，不舒服的感觉起来了。她语无伦次地说了很多难听话，大声地发泄着愤怒，就算我把电话拿开，距离耳朵一尺远，都能感受得到她满腔的怒火。

她喊叫一通后，火苗渐小，我才得空插了句嘴：“你这么大声，你就不怕吵到家人？”

“我一个人在家！没人！你都不知道我有多生气！”

“嗯嗯，听得出来很生气。你现在稍微停一下，慢一点给我讲讲怎么回事。”

刚才我听到的净是愤怒，事情的来龙去脉根本理不出来。我只能在她渐渐地复归平静之后，去了解发生了什么。原来，她是为了孩子的学习。闺密的孩子读初二，虽不至于顽劣不堪，但也不是“别人家的孩子”。闺密没少操心，还辞了职，在家做起了“全陪”，结果却没有最初预想的效果，反而跟孩子冲突不断。现在孩子大了，“越来越管不住了”变成了闺密的口头禅，孩子也越来越不愿意理她了。

记得有一次，我见到她的孩子，就问：

“我听你妈妈说，你现在很少和她说话了，是吗？”

“是呀，懒得理她。”

“发生了什么呢，让你不想理她？”

“她除了学习，还会和我说什么呢？作业做了没，学习了没，复习了没，考了多少分，为什么考那么差？她还会说什么？”

孩子生气的语气，让人心疼。我还在试图感觉她孩子的感觉，甚至“渴望”，就被闺密接了话：

“我操心你学习还不是为你好?！你要是自己自觉学习，学习好了，用我管你？你觉得我爱管你是吗？我整天为了你……”不停的碎碎念之中，孩子冷笑了下，看着我说：“和她能说吗？”

我尴尬地笑了笑。“不能。”我只能在心里对着自己说……

感觉闺密的倾诉差不多了，我的思绪从回忆中被拉了回来。

“你说，我该怎么办？这小子是非要气死我不行。”

“你和他这个样子多久了？”

“多久了？自打开始学习，就没让我省过心，还不是我天天催，天天跟，费了老鼻子的劲了，比我自己上学都累！这小子还不领情，现在越来越大，倒是不常顶嘴了，改成不理我了！我再说都不理，说得急了他就吭一下，这吭一下可是把我往死里噎……”

“那就是他不理你了，你还一直说吗？”

“是呀，要么怎么办？他要是听了我会不停地说吗？还不是他不听？！”

“你就没想过换种方式？”

“换什么？我不会！”

“那你就是想继续下去喽！”

“谁说我想？我也不想和他这样呀！找你，不就是为了问你我该怎么办吗？”

“愿意换种方式吗？”

“我不会。我现在拿那小子没办法，一想那小子就来气……”

我赶紧掐断她喷之欲出的火苗，说：“不会就学。”此刻，电话那头呼吸已经平稳下来，我给了她一本书，崇建《萨提亚的对话练习》的电子书。第二天，她就给我打电话，说：“太神奇了，看了整整一天，有很多触动。”

让生命从匮乏中醒来

那一刻，我突然觉得我们可以在线上举办崇建的读书会，这样可以帮到更多人。于是，当即决定开始筹划崇建的《对话的力量》读书会。很多的感动时刻，就这样发生在这个过程中，300 多个伙伴，身后 300 多个家庭，在疫情的特别的时刻，我们在空中创造了对话的场域。对话的活动开启后，我跟崇建说了我们是如何进行的，崇建深受感染，在活动结束时给同学们写了一封信，大家很受鼓舞。就这样，在两年的时间里，有 5000 多人参加了我们举办的崇建及其他老师的读书会、对话等活动。

这次崇建说新书是关于渴望的，我十分感兴趣，因为我知道成人真正的改变需要在他的渴望层次工作才能实现。成人进入完整的改变历程时，容易被因渴望不满足而导致的内在匮乏卡住。这本书要做的就是向人们伸出温暖的手，让更多人从匮乏中走出来。

我听到很多人说，我要安全、理解、被爱、信任、自由、放松。这些体验的感觉是不是特别美好？不过事实上，很多人还停留在“想要”上，并不是真的下定决心转换自我的意识进入到“实现渴望”的状态，还时常会出来“我不够好”的声音，或者，过度依赖原生家庭来满足自己，害怕会像以前一样：经历多次的尝试后失败——“这太打击我了”“我不值得”等——看上去无效的心念就会出来。又或者，当我们真的得到想要的渴望，还有一股害怕的情绪会出来，我可以承受这个后果吗？比如，感到懊悔，或者发现它并不能真的使我们幸福。于是，我们便跟随潜意识的程序随波逐流，不让“渴望”这个强烈的情感体验出现，很少敢跃入我们崇高的渴望目标里探索尝试，宁肯待在一个个具体的期待中满足索取，这种外求的感觉似乎更安全些。我们不敢让自己自由，也许这里隐藏了很多规约；我们不敢直接爱与被爱，也许一直觉得自己真的不讨人喜欢；我们不敢表达负面感受，因为那就代表我们是错的。但是，如果我们希望拥有无限的、完全的自由，我们必须要“敢”。

如果你过去一直把渴望满足当成游戏，现在邀请你检查一下，是否准备好把你微弱的愿望转化成强烈的意图？我们是否有被困在一次又一次的希望中，并且有看起来希望越来越渺茫的感觉呢？这是因为什么呢？

因为我们深受自身某些信念的限制。

我们一方面希望活得更轻松、更幸福，一方面又无法真正地满足我们的希望。因为在求而不得里，我们会被冰山中的观点、情绪、信念等限制，而无法进入生命深处与自然的存在联结，于是，无论我们怎么努力，赚了多少钱，拥有多少财富，依然没有办法体验到完满的幸福。

看看此刻你是否一直在寻找让自己受限的那个平庸安逸的小盒子？是否在算计和“推理”里面的可能性是怎样的呢？还是你敢挑战那些你曾自愿接受的限制，进而勇敢地直接进入你所想要的状态呢？就好像一个时常被虐待狂丈夫打骂的女人，她知道自己应该离开，但相比挨打，她更害怕离开后可能会发生的事。因此，她留下来继续挨打。害怕失去，害怕承担不了不好的结果，害怕自己不够好，这所有的信念都会变成我们的限制。我想说，满足渴望的体验是美好的，但走过渴望的历程，有时候是痛苦的。我们要有勇气面对自己的不适，从过去舒适的情境中出来，要面对自己心智的转化，有向内扎根和探索的底气。

冰山的核心或基础就是渴望自我实现，渴望的满足决定我们与自己、世界的关系，但常常需要花很长时间才能了解它真正的本质。我们的目标是与它联结，发现我们本然的面貌，以及我们最深切想要的是什么。我们需要学习去认识和重视自己，才能够重视别人。学习接纳和重视自己时，就发展出自我价值感。

请走进生命的渴望

人的内在渴望被满足的时候，生命力是很旺盛的。即使我们觉得忧郁或生气，也能有高自我价值感，并接纳它是人生和世界的关系中起起伏伏的一部分。高自我价值并不是自私，萨提亚成长模式的目标就是拥有高自我价值，并不是“一直感觉良好”，高自我价值是一致性的体现，其特征如下：

“我觉得很沮丧，我的声音听起来、外观看起来，就是沮丧，我承认它，与人分享，并决定是否求救。”

渴望是普世皆同的，不论是什么种族、文化、宗教、性别或肤色，所有人都想被爱、被重视、被接纳、被团体纳入。人从出生的那一刻起，就渴望被爱，到九十岁时亦然，这是所有人持续一生的过程。因为这些渴望，我们发展出几种沟通方式，表现出来可能是得到接纳或不被接纳的行为。为了得到别人的重视，我们可能讨好或控制他人。当普世皆同的渴望未被满足时，就很难与他人联结，或者联结不稳固。

如果我是内外一致的人，我会接纳自己的渴望。例如，如果我渴望独立，一致就是接纳渴望，并引导我的行为去得到独立。渴望包括被爱、被重视、被接纳、有归属感、被认同、有意义、有价值、联结、自由等，也可以说是人成长所需的心理营养。我们要能够通过表层的行为、感受、观点、期待，看到深层次的渴望，并面对它。

渴望的缺失常常提醒我们缺失了某些心理营养，而心理营养的缺失往往和我们成长历程、原生家庭的影响有关。渴望并不代表贪欲，我可以不在乎别人怎么评价我，我可以欣赏自己、肯定自己，我们可以做好自己的好父母，给自己心理营养。

回到自己的本源，通过选择、释放我们的限制信念，拆除了“我想要”的假设围墙——想要被认同，被爱，想要被理解，想要生存安全。让渴望与我们在一起。这本书的写作，都来源于生活中真实的事件，我和崇建用对话来调试，去支持读者采取行动，并达成我们的目标。

渴望的对话是一个挖掘潜能、看见需要的强烈情感体验过程，它不是理论，不是技巧，不是知识，而是一种深刻的体验——一种你要回到自我经历的经验。假如成功是每个人的渴望，你去问一个小朋友：“你知道一个人要怎样才会成功？”他一定会说，要有恒心、有毅力、有自信，不怕失败、勇往直前才能成功。连十几岁的孩子随时都可以回答的问题，为什么世界上成功的人、有成就的人、快乐的人如此少呢？

关于一个孩子的成长过程，家长更偏向于知识的收集，信息的累积与技巧的学习，教孩子学会怎样在外面的世界去探索，怎样去看外面的世界，而家长很少做到向内自省，去学习与自己的渴望或存在在一起。现在，整个时代的价值观和流行文化都教我们如何修饰外在的自己，整个社会的价值取向都偏向认可外在的价值，在外在的世界里寻找我们想要的，而没有一个教育系统告诉我们，一个人内在才是最丰富的宝藏，我们存在的每一个刹那才是真实的。

记得小时候，孩子们之间发生了冲突，就会告诉对方，我爸爸说什么，我妈妈说什么，企图用大人所说的来证明自己是对的，再长大一点，上学了，回到家里和父母的意见不一致的时候，开始会说老师说怎么怎么了，再长大一点，我们从更多人或地方学到更多的知识，我们就开始说，孔子说，孟子说，某某成功人士说。我曾经看过两个小孩在游戏后，有一个小孩不认账，另外一个说孔子说不可以耍赖。我不记得孔子说过这话，或者就当这是一个笑话。孔子有没有说过并不重要，重要的是从很小的时候开始，我们就一直活在“别人怎么说”的世界里，却很少回头看看自己的感觉是什么，自己需要的是什么，自己的想法是什么。我们总是想要借着外面的世界里的许许多多的他人经验来证明自己的存在的价值，学会了堆积知识与技巧，总是要用“别人觉得那是对的”来证明“自己是对的”，这就是知识和经验累积的结果。

在真实的人生里，我们经常像刚上小学一年级的孩子那样，脑子里装的都是一些知识，都是一些别人告诉的我们所谓对的情况，可是有一天突然另一个人告诉我们：不，这是错的，应该那样才是对的，刹那间我们会陷入困惑、迷茫、挣扎和无所适从的感觉中。因为我们的内在没有生命的经验，没有作为智慧的脚本，我们的生命没有觉醒和洞察，我们不知道自己这个人才是这世界上最重要的存在。在成长的过程当中，我们一直依附于一些重要的人物，有时甚至是社会上、历史上的人物。当我们所拥有的知识和现实的环境产生冲突时，我们的内心就开始有了挣扎和矛盾；当我们所学的好坏对错与他人所学的好坏对错发生对立或冲突时，我们的内心就会开始产生人与人之间的对阵。像这些只学到脑子里的知识，未经过生命的体验，未经过自我的洞察觉醒，就始终都属于知识层面。事实上，我们的生命是要用来体验的，我们的渴望是用来体验的。

最后，请各位读者阅读这本书的时候，一定记得去练习。渴望的对话是个挖掘潜能、看见需要的强烈的情感体验过程，它不是理论，不是技巧，不是知识，而是一种深刻的体验——是回到自我去经历的历程性经验。

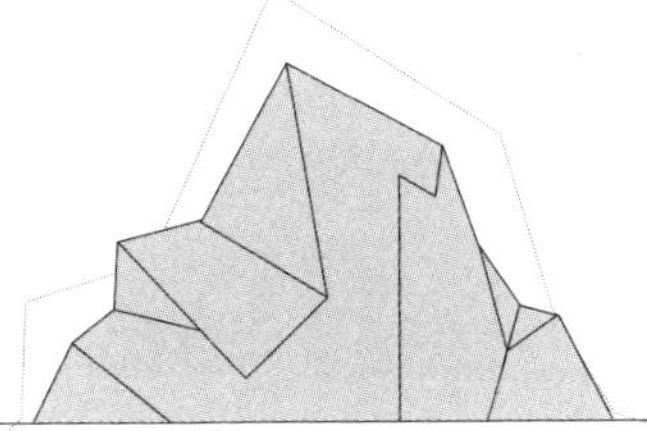

目 录
CONTENTS

第八章　学习者的实践与分享 /239

第一章

冰山之渴望

人生的理想状态

如果人活在世界上，有一种理想状态，你想处于什么样的状态？当你养育孩子时，期望孩子长大后，具有什么样的特质？呈现什么样的理想样貌呢？很多人的脑海里，隐约地存在理想状态，但这个理想状态又不是特别明确。

你期待的人生状态，期待孩子的状态，是属于外在的吗？还是创造外在的本质？多数人希望拥有外在的功名利禄，除了牵涉个人的努力，还会牵涉运气。若往深处思考，得到财富、功名，甚至造福社会，最终能获得什么呢？得到的答案，通常是有意义、有价值，感到生命的自由。

如果人活在世界上，有一种理想状态的话，我期待的理想状态是：**"活出意义感、独立自由感，活得有价值感，活出被爱的感觉、宽阔的接纳感、平静又和谐的安全感，或者用一句话概括——活出幸福感。"**

在冰山的隐喻中，将上述理想状态，称之为人与自己的"渴望"联结的状态，或者也称之为与"自己"联结的状态。

有人笑说这是废话，如果能拥有功名、财富与事业，不就能活出这样的状态吗？答案当然是否定的，多少外在富有的人，内在感到空虚不已，甚至觉得人生无意义。

与自己的渴望联结了，就会活得有价值、有意义、有爱的感觉与被接纳感。若是要追求功名、财富与事业，或者去造福社会，那就更易全力地去实践；若是没有得到成就，或者遇到挫折、失败与困难，也会因为内在若拥有这些状态，依然感到完全地幸福，更能果敢地决定继续去追求，或者转换各种创意去寻求各种外在的可能。

如果一个人无法联结自己的渴望，内在感受不到价值，就很容易被环境影响，以抱怨、发怒、焦虑的方式，去回应环境的挑战，也容易有上瘾的行为。能否联结渴望与事业是否成功，并无绝对的关系。

渴望是一种能量

人与自己渴望的联结，不单单只是一种说法，还是内在能拥有的深刻感觉。设想人若能在任何时刻，比如，成功的时刻、失败的时刻、逆境的时刻、平常的时刻，内在都能体验理想的状态，那真的很美妙。

渴望与自我层次，是冰山最底部的层次，象征着人的能量泉源。若是人能完成这样深刻的联结，就如同不倒翁一般，以稳定的能量坚固地撑起人的生命。

在冰山模型的示意图中，经常能看见有些示意图，会区分渴望以上与以下的层次，表示渴望层次是一种能量，不单只是一种概念而已。

渴望层次涵盖了价值感、接纳感、意义感、爱的感觉、自由感、安全感与信任感。

一般看字面的意思，只是初步的解释，很容易与冰山的其他的层次混淆。

比如，有位母亲来咨询时说，孩子功课表现不佳，于是她斥责了孩子，内在感觉生气、沮丧与无奈，我问这位母亲："接纳自己责骂孩子吗？"

母亲立刻回答："我很接纳呀！人难免会责骂孩子。"

从这句话看起来，她仿佛已经和渴望层次联结了。

但是我又问母亲："你如何看待自己呢，当你责备孩子的时候？"

母亲不禁悲从中来地说："我觉得自己很糟糕，是一个不称职的母亲。"

从母亲的这句话来看，可以得知母亲实际上并不接纳自己责备孩子的行为。

所以母亲之前的说法——表示她接纳自己，事实上是对自己内在的错误判断，也就是说她认为的“接纳”可能是学来的“概念”，也就是冰山中的“观点”，或者是对自己的“期待”，而并非她联结了“渴望”。

渴望是成长的密码

冰山的各层次交互影响，都是成长历程的印记，可视为大脑形成的印记。

冰山中的渴望层次，是成为一个人的必要条件，如氧气、水与养分。

人在婴儿时期，被拥抱、抚摸与包容，接受照顾者的关怀。初生婴儿并不自由，身体的各部位未发展，连翻身都不能，如果没人协助，婴儿自己是无法自由移动的。因此婴儿接受温暖、被接纳、爱与自由，是它成为一个人的意义。

婴儿的大脑对外界信息的吸收状态如海绵吸水一般。随着婴儿的大脑神经突触的发展，无论外界给婴儿的刺激是正向的还是负向的，都会刺激婴儿的大脑反应，会发展出应对和调节刺激的功能。

假设婴儿出生之后，并非被人类照顾，而是被狼、狗、豹子，或者机器照顾，又或者照顾者对婴儿没有感情，和婴儿也没有互动，时常对婴儿产生烦躁、暴怒的情绪。照顾者虽然可以满足婴儿的食物需求，但是由于无法给予婴儿情感上的互动，婴儿的生命能量无法正常地发展，这样长大的婴儿会在个性上与正常人有差异，甚至无法长至成年。

生命早期的正向经验，即被关爱、呵护等亲密互动。亲密互动对优化大脑特定组织，以及大脑的发育至为关键。**亲密互动会为人类生命注入爱、价值、接纳、意义、自由、安全感与信任感等，所注入的正是冰**

山隐喻里的渴望的要素。

人从出生到十八岁，都是需要在亲密互动中感受被爱的。在感受被爱的同时会为生命植入这些渴望的要素，生命才得以成长。因此每个人，都要有爱、价值、接纳、意义、自由、安全感与信任感等渴望的要素，否则不足以长大。

人要与渴望联结，正是与生命自身的联结。

除了婴儿期大脑发育迅速，人终其一生大脑皆可塑，但成年之前至关重要。环境给予生命反馈，尤其是健康的互动会正向地影响大脑的发展。健康的互动，本质上是人与渴望发生联结的过程。**渴望被视为构建生命的基础，可以激活生命的巨大能量。与渴望联结，即通过行动、语言等互动，接通生命中的渴望，从而启动人自身的能量**。

没有联结渴望的人，生命力比较纷乱，或者生命力薄弱，易诱发成瘾症，包括药物成瘾、食物成瘾、购物成瘾、游戏成瘾、工作成瘾、恋爱成瘾、手机成瘾、网络成瘾……对事物成瘾性的依赖，是想通过沉浸其中得到满足，但事实上，无论如何沉浸其中，都无法彻底地感觉安心，也无法得到满足感，身心的感觉依旧空洞。

渴望层次的联结对于人能感到心安、满足与幸福至关重要。

冰山中的渴望，常与期待混淆。期待可以区分为你对他人的期待、他人对你的期待、你对自己的期待。渴望则来自自身。

成年人的生命能量，是被渴望的要素所启动的。**渴望的要素都是婴儿期被赋予的，是人得以长大的条件，只是成长过程中，因为各种缺憾的影响，人与渴望失去联结**。

敬唯说：三生有幸 就是 活出自己的理想状态

本章我看完，眼前是崇建笔下美丽的画卷：价值感、接纳感、意义感、爱之感、自由感、安全感与信任感，这些不就是三生有幸，生而为人的理想吗？

假如有一天，当你要离开这个世界时，回看自己的生命历程，告诉自己：我来到这个世界上是值得被庆祝的；我一生无论遇到多少糟糕的事情，我经历过多少失败，但我是有价值的；我接纳自己的有限、不足和失误，因为我知道自己的生命意图，我知道此生为谁而来，我知道生活、生存、生命的意义；我充满爱意；我知道爱自己与爱别人的深层含义——生命的自主由我来掌管；我可以自由地选择，因为我的安全感让我信任自己也相信他人。

当我这样讲时，我看到一股强大的生命力量向我而来，我联结到生命的力量之源——渴望。

练习的小工具

促进联结渴望的过程：

1. 清晰地描述你的生命渴望，列出一个你的渴望清单；

2. 从我、家庭、人际关系三个维度练习联结渴望；

3. 建议随着本书，用三个月时间进行“读书 + 写冰山觉察日记（重点觉察渴望层次）”的活动；

4. 将所觉察到的用在生活的点滴中，无论发生什么，都请学会欣赏自己。

认识冰山中的渴望

冰山模型用一幅示意图表示，浮在水面上的表象，是事件、语言与行为，呈现出来“可见”的状态。比如，孩子生命缺乏动力，成绩一落千丈，终日沉迷于网络，任凭责骂、说理，或者给予奖励，孩子始终不为所动。孩子沉迷于网络，是冰山上层的“事件”，是他面对世界的“行为”。

驱动孩子沉迷于网络，是水面下未被看见的部分，冰山内在的各个层次。

让我们看一个情境：年龄介于十四至十八岁，经常沉迷于网络的孩子，连续玩了六小时，玩到夜里两点，他仍在上网。你了解他冰山的各层次吗？

我访谈了五十多位青少年，他们都曾经历上述情境，他们都不是

“电竞”选手，也不想成为“电竞”选手，皆是一般的学生。我归纳他们的冰山各层次，几乎同时拥有下列状态。

感受层次：疲劳、慌乱、烦躁、不安、紧张、焦虑、害怕、恐慌、难过、生气、沮丧、无奈、无助、兴奋。

哪些感受出现得最多呢？烦躁、焦虑、沮丧、无助。

观点层次：“应该停止了”“不应该玩了”“都已经玩了，没差了”“为什么大人不懂我”“我应该好好读书”。

哪些观点很少出现呢？“上网打游戏超爽”“一直玩下去，真好”。

期待层次：“期待自己下线”“期待自己更努力”“期待自己能觉醒”“期待爸妈别发现”“期待自己解脱”“期待不用上学”“期待不用考试”“期待一切重来”。

哪些期待很少出现呢？“期待一直玩下去”“期待每天这样上网”。

渴望层次：“我不值得被看重”“我不值得被爱”“我无法接纳自己”“我的日子过得无意义”“我没办法不上网（即内在不自由）”。

渴望层次不曾出现：“我很有价值”“我很爱自己”“我接纳此刻的状态”。

自我层次：“我很糟糕”“我没救了”“我没办法摆脱”“我充满无力感”。

自我层次不曾出现：“我充满力量”“我独特美好”“我是非常棒的人”“我心灵通透自在”。

认识“完整的生命”

若有个透视眼镜，能看见他的冰山的各层次，看见沉迷于网络的表象下，所呈现的前面的信息，会对你有何种冲击？这些符合你心中的印象吗？

我在山中学校教书时，有位十六岁的少年C，曾赴网吧上网七十小时，他眼睛几乎都要闭上了，身体疲惫得快趴下了，手指仍反射性地在点击。他觉得自己很荒谬，明明想要离开，身体却一直赖在那里。

他当众陈述这段经历，心中期望自己停止，可就是停不下来。为什么他不能做自己呢？什么原因控制了他呢？

他形容自己的状态，如一具皮囊存在，一具不由自主的皮囊。

他极度疲惫的时刻，想要离开又离不开。家人找到他所在的网吧，对着他破口大骂，激起了他强烈的反击，但是他并未离开网吧。

家人继而好言相劝，想通过讲道理说服C，讲道理讲不通就恐吓C，如此来回几次，C索性就不理会了，打定主意要赖在网络上。家人再也不理他，任由他在网吧浮沉。此时，他虽在上网，但是并不开心，反而觉得非常沉重。他心里既想回家，又不想回家。他身体疲惫不堪，在网吧折磨自己，上网七十小时。当C上网二十六小时的时候，其实他就想离开网吧，但是他没有离开。我也曾经历这样的状态，流连电动玩具之间，想要离开却未离开，我对自己有深深的怨气，痛苦无处可诉，无人可说。

影响C行动的原因是和其内在的冰山有关，他上网的行为只是冰山露出水面的部分。而冰山的成因，是他成长的历程。他的家人看见冰山露出水面的部分（外在），想要改变他的行为，但忽略了他的水面之下的冰山（内在），不知道内在会影响外在，更无法认知，因为他们的指责、说教，促成了C今日的冰山的状态。

若是C的内在改变了，行为上的问题就会得到解决。家人想要改变C的行为，须改变孩子的内在。要改变孩子的内在，家人须改变自己对待孩子的方式，多与孩子对话，通过对话了解孩子，让孩子拥有觉察自己的能力，主动改变内在的状态。到时，C的行为会随着内在的变化而变化。

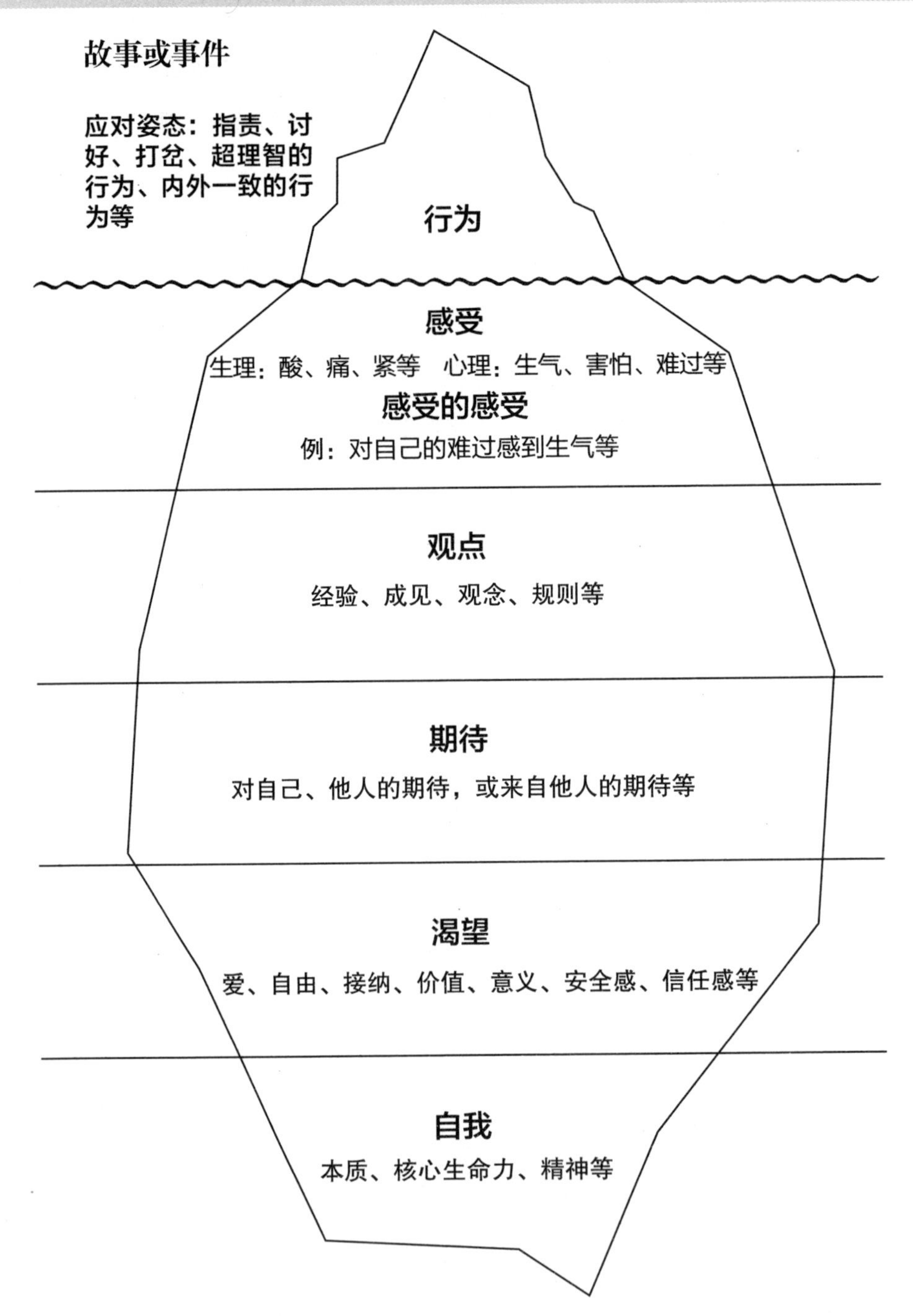
故事或事件
应对姿态：指责、讨好、打岔、超理智的行为、内外一致的行为等
行为
感受
生理：酸、痛、紧等　心理：生气、害怕、难过等
感受的感受
例：对自己的难过感到生气等
观点
经验、成见、观念、规则等
期待
对自己、他人的期待，或来自他人的期待等
渴望
爱、自由、接纳、价值、意义、安全感、信任感等
自我
本质、核心生命力、精神等

C 是怎么成长至今天的？他此刻的状态，是怎么形成的呢？

如图所示，冰山模型图有一条“时间线”，代表个人成长年表，也就是成长的轨迹。**冰山模型图呈现的由上至下的脉络，即大脑认知路径。大脑承袭着祖先、父母的基因遗传，还有环境给予的影响。**

出生之前的影响，被归因为人的基因遗传。出生之后的影响，取决于成长的环境，以及成长期间如何被对待，比如，自然环境的对待，人文环境的对待，父母、家人、同侪与老师的对待。大脑对环境的适应，会对冰山产生各层次的影响。

随着时代的进步，大脑科学的研究快速发展，据科学的研究显示，婴儿出生后的六个月，大脑已发展到成人的 50%。大脑的主要发展，大部分在十八岁以前，可视为人的内在塑造，内在与行为息息相关。

不妨试着推敲一下，沉迷于网络的青少年，有何成长历程呢？或者反过来探问，什么样的成长环境，青少年比较不易沉迷于网络呢？心理学家、教育专家、社会学家与脑神经科学家，**给予的共同答案是爱。**

爱是一种体验，不需要任何理由，是冰山的渴望层次。

我以下列故事、大脑结构与心理实验，推敲冰山的渴望层次。

我是个垃圾

一位高中女生的家长焦虑地来找我，说孩子有自杀倾向，孩子不仅在作文中提到，还对同学提过几次。孩子的手腕上有刀划过的痕迹。

孩子的父亲非常困惑不解，家庭一直很和谐，夫妻相处也很美好，为什么孩子突然就变了，还说自己一无是处？

我提了几个问题，询问这位父亲。读者不妨也想想看，下列的几个问题：

父母在家与孩子互动多吗？父母是否可以“专注”地和孩子互动？

家庭中是否会有意安排出一段宽松的时间，大家聚在一起活动，并且感觉“亲密、愉快”？

孩子失败的时候，父母是否“倾听”了孩子内心的声音，了解孩子在意什么，以及孩子能否感到被家人接纳呢？孩子是否感到这样的自己也是完全被爱着的呢？

孩子犯错的时候，是否被“温柔”地指正了呢？孩子可以感到被深入地了解，并且感到身为人的价值，被信任与安全吗？

以上都是关于建构孩子的“渴望”层次的问题。

这位父亲开始仔细地思索，发现上述问题的答案，不是否定，就是不确定。**很遗憾的是，现代家庭若欠缺这些互动，孩子是不易体验到爱的，孩子和家人之间的联结力会弱，孩子也常联结不到自己的渴望层次。**

我想起一则曾经在报纸上看到的新闻，主人公是个十一岁的少年。

少年平常很听话，没有偏差的行为。直到少年的学习成绩落后之时，父亲发现了少年的秘密——他竟然偷偷地去网吧，还写了很多网络小说。父亲察看少年的书包，发现了少年写的小说，父亲愤而撕掉这些“无用”的作品。父亲严格地要求少年：不许再去网吧，不许再写网络小说。少年都答应了。

为了让少年守规矩，父亲到学校找老师，请老师配合写联络簿，记录少年放学的时间，方便父亲监督少年按时回家，以免他在外游荡或偷偷地去网吧。少年遵守了约定，每天按时回家。

这天傍晚放学了，少年和几个同学一起走回家，同学嘲笑他：“你又要回家当乖孩子了。”少年不甘示弱地回应说：“谁是乖孩子呀?!”同学讥笑且刺激他说：“如果不是乖孩子，就一起去网吧打游戏。”少年为了证明自己和被同学认同（这样内在才感到价值），就跟同学去网吧打游戏了。

少年打完游戏，回家时应该很忐忑。他推开了家门，已经晚上八点了。父亲正在客厅看电视，少年躲避过父亲的视线，从沙发后面绕过去，偷偷地回房关起门来。奶奶敲他的房门，要少年吃晚饭。少年推说不饿，要准备明天的考试，于是少年没有吃晚餐。隔天一早，他起床，收拾书包，就去上学了，而他父亲还没起床。

社区安装的摄像头，拍到少年进入电梯。少年在电梯里驻足，看了楼层按钮一分钟，仿佛在犹豫到几楼。他的家住在 7 楼，他应该乘电梯到 1 楼，背着书包去上学。但是少年没有上学，他按下 23 楼的按钮，那里是大楼的顶楼。少年从 23 楼跳了下来，没有遗书、没有遗言，只有书包里散落一地的作业。

少年的家人难以置信，他父亲更不能相信，家人那么爱少年，怎么会发生这种事？少年的父亲悲恸欲绝，到学校收拾少年的遗物。少年的父亲发现，少年座位的抽屉里，还有好几本笔记，都是少年写的小说。

其中一篇小说，少年取名为《魔兽前传——守望者传》，开篇的几句话是：

“我是个垃圾。

“我就是个垃圾，赛纳不理我了，宙斯也不理我了。我就是个垃圾……”

少年的父亲不相信，为何自己的宝贝，却觉得自己是垃圾？父母都很呵护他，一直都很爱他呀，为何少年会觉得自己是垃圾呢？

回到前面那位高中女生的家长，为何高中女生说自己一无是处呢？两位父亲都不了解，他们的孩子到底发生了什么事？他们从自己的家庭看，看不出问题呀！

“我是个垃圾”和“我一无是处”是冰山中的自我层次。

这两位少年的“渴望”层次，应该觉得“无意义”“没价值”“不接纳”，以及“不值得爱”。

前面提到的沉迷于上网的十六岁少年 C，也这样告诉过我：“我糟糕透了。”

跳楼少年的故事，虽然并不是发生在中国台湾，但是我身边有好几起类似的青少年因校园学生问题而发生的自杀事件。在世界范围内，类似的事件每年也呈现增加的趋势。根据中国台湾心理及口腔健康管理部门统计，从 2010 年到 2020 年，中国台湾因校园学生问题而产生的自杀率，一年比一年高。

统计中的人包括青少年，也包括过了十八岁，考上理想大学的青年。2020 年 11 月，台湾大学（简称“台大”）期中考试期间，五天中发生三起学生轻生案件。考上台大的学生，内心也觉得“自己不够好”。可见“够不够好”，是内心的声音，是由内心运转的机制决定的。面对同一个结果，人选择的行动，可能各有不同。

中国台湾有个“好乐团”，曾经唱过一首歌《他们说我是没有用的年轻人》。年轻人怎么会没用呢？他们的内在怎么了？在他们受教育的过程中，他们的内心怎么会形成这样的声音？究竟什么样的人，内心能充满力量，感到自己的独特美好，并拥有高度的价值感，时时感到幸福呢？即使遇到了挫折，仍能好好地存在，拥有创造力与和谐的内在呢？

下面有两个实验。

爱是温暖的联结

13 世纪神圣罗马帝国，有一位著名的皇帝：弗里德里希二世。他具有语言的天分，能运用七种语言。他非常好奇，人类是怎么学会语言的？是先天就有能力，还是靠后天学习而来？他做了一个知名的实验。

他找了一批健康的婴儿，脱离原有的父母，放在皇宫中抚养，让保姆照顾孩子，给予正常的饮食，但是保姆不对婴儿说话，不可有目光交会，也不能拥抱、抚摸他们。即使婴儿哭闹了，保姆也不能理睬他们。弗里德里希二世想研究，在这种条件之下，毫无任何的“母语”，也没有社交往来，孩子会说哪一种语言呢？婴儿被如此对待了四年，终于拥有社交生活，可以跟人接触了，但是他们不会说话，并且都智能不足，在成年之前就全夭折了。

波兰作家古斯塔夫·赫尔林·格鲁德钦斯基写道：“没有奶妈的说话、微笑和抚摸，这些孩子无法活下去。”

为什么如此呢？前面提到脑神经科学中有研究表明：“婴儿出生后的六个月，大脑已发展到成人的50%。”大人对孩子的拥抱、抚摸与说话，影响孩子的大脑发展。

世界各地都有过传说，被狼、豹、狗，或其他动物养大的孩子，都无法融入人类社会，终其一生都不会人语。这些非人类抚养的孩子，一出生就跟动物生活在一起，脱离了人类社会，即使在五六岁时被发现并带回人类的世界，在身体的构造、内心的感受、内心的思维，以及生物的行为等方面，也会与人类社会格格不入，并且很早地死亡。

另一个美国心理学家哈洛，在20世纪进行“恒河猴的实验”，则更广为人知，在影音媒体上还有当年的录像。哈洛将初生的猴子，和两个玩偶放在一起，一只是绒布的“玩偶”，一只是铁丝扎的“玩偶”。哈洛在铁丝的玩偶胸口，塞了一个奶瓶。以这两个玩偶，假扮猴子的代理母亲。

初生的猴子，突然脱离母亲怀抱，被丢进笼子里，无助地缩在角落，惊慌地嘶吼、哭泣。直到经过了几天，猴子才停止嘶吼，跑去紧抓着绒布玩偶，将脸埋在它的胸前磨蹭。直到它肚子饿了，小猴子才离开绒布的玩偶，跑到铁丝的玩偶身上喝奶，但一喝完奶之后，又跑去抱着绒布玩偶。

假使实验室中，只有一具铁丝的玩偶。猴子喝完奶之后，就跑到角落躲起来，也不跟铁丝的玩偶亲近。

实验人员放入机器人，猴子见了之后，害怕地缩在角落，也并未去抱铁丝的玩偶，而是一直害怕地躲在角落。假使实验室中，只有一具绒布的玩偶，猴子会依偎绒布的玩偶。实验人员放入机器人，猴子见了之后，会抱紧绒布的玩偶。

一段时间之后，猴子大着胆子，下来触碰机器人，再跑回绒布的玩偶身边。再一段时间之后，猴子胆子更大了，跑去逗弄机器人，逗弄的时间很久，一点也不害怕了。每只小猴子的反应，都是同样的状态。

哈洛的实验很残忍。他进一步做了实验，在绒布的玩偶上安置机关，会突然对猴子攻击，喷射出强劲的气流，或者射出冰冷的水柱，还会突然伸出铁爪，刺伤猴子。猴子受到惊吓，虽然立刻跳开了，却仍然一而再，再而三地回头，拥抱绒布的玩偶，也不亲近铁丝的玩偶。

这些猴子长大的过程中，都没有被母猴子陪伴，陪伴者是铁丝的玩偶，或者是绒布的玩偶。猴子离开笼子之后，被放回猴群生活。被放回猴群的小猴子，完全无法融入群体，不仅会攻击猴同伴，还会有自残的行为，甚至不懂得交配。哈洛用强硬的手段，让成年的猴子生育。这些被无生命的玩偶带大的猴子，在成为母亲之后，却无法胜任母亲的职务，有的对幼猴置之不理，有的还会伤害幼猴。

这个实验备受争议。

在脑神经日益发达的今日，科学家有了新发现，**原来照顾者的拥抱、抚摸，与幼儿的说话等互动，会对孩子的大脑发育产生巨大的影响，还会影响孩子的人格**。因此儿童期的不良经历（Adverse Childhood Experience，简称 ACE，即把十八岁以前没有被很好地对待，或经历父母的打、骂，父母的婚姻失和等，都归纳成童年的不良经历）对孩童的发展有巨大的影响。

对于刚出生的婴儿，若只是放任他哭，他长久地处于无人拥抱，无人呵护，无人与之互动的状态，这样的婴儿长大之后，情绪特别易发怒。若父母失职，家庭长期处于失和的状态，孩子的大脑就易处于警戒状态，因而影响孩子的内在，孩子容易注意力不集中，甚至有情绪障碍。

可见，在孩子的成长期，孩子有一个温暖健康的家，对其内在的发展至关重要。家庭中的主要照顾者，在照顾孩子的过程中，和孩子有更多的互动，比如温暖的对话，肢体的拥抱与触碰；能专注地对待孩子，并且自己有稳定的情绪状态，对孩子发展也是非常重要的。

加速的时代的教育

让我们回过头来，检视“我是垃圾”的少年，“我一无是处”的女孩，以及沉迷于网络的少年C。他们都有貌似完整的家庭，那么孩子的状态为何如此呢？

我的评估意见，原因可能和“互动”有关，更具体地说，就是家庭成员间是否有温暖的联结？这是我经过数千个家庭的谈话经验，并综合大脑发展的知识，给出的合理推测。前面提及孩子成长需要“一来一往”的互动，互动会影响大脑的发展。

当孩子哭了，他需要被抱起来，需要被人呵护，温暖地抚慰。

比如，奶奶抱起哭泣的孩子，说：“宝贝，怎么哭啦？你想奶奶啦？”如果孩子听到后哭得更厉害了，奶奶会说什么呢？奶奶通常会说：“乖，奶奶在这儿，奶奶抱抱。”奶奶会摇晃着怀中的孩子。孩子的哭声会渐渐地停下来，甚至笑了出来。奶奶会逗着孩子：“笑啦！宝贝……”孩子一边笑，奶奶一边跟孩子说话。孩子虽然可能不能完全听懂奶奶在说什么，但是可以从奶奶的神态、动作里接收到奶奶的爱，并且孩子会以微笑、肢体动作回应奶奶。这就是一来一往的互动，在这个过程中，是有爱在传递的。

在健康美好的状态下，照顾者有这样的特质：会拥抱孩子、会专注地与孩子互动、有稳定的情绪，以及充满爱的给予。孩子在日渐长大的过程中，父母是否有时间陪伴，能否专注地陪伴孩子，能否保持稳定的情绪和孩子一来一往地互动，这些地方看似细微，却会给孩子的成长带来关键性的影响。

如果从孩子三岁时，他的父母为了让他听话，就开始大声地吼，表现出不佳的情绪状态，又发表过多的强制性的意见，也不懂陪伴孩子……在这些状态里往往没有真实的“互动”，即缺乏一来一往的互动，因为父母只要孩子“听话”，却没有倾听孩子的声音。

如果父母为了让孩子听话，而展开了一段对话，在这段对话里，孩子就是没有“好奇”的，只是父母在给孩子讲一个道理，给予孩子一个答案，然后对话就停止了。整个过程，父母并未了解孩子的内心——孩子的“冰山”的各层次会是什么状态呢？

那么父母该如何在对话的过程中去了解孩子的内心呢？举例来说，孩子考试失利，感觉失落悲伤。父亲安慰孩子：“不要难过，下次再加油。”接下来，**孩子的“冰山”的各层次，有没有可能如下：**

感受：仍然难过，对自己生气。

观点：认为成绩好才重要。

期待：期望自己再努力。期望父亲别失望。期望父亲为他感到骄傲。

渴望：自己没有价值感，不接纳这样的自己。

自我：自己真没用！自己真糟糕！

当父亲安慰孩子说“不要难过，下次再加油”，这个父亲的表达已经很温暖了，他也很关注孩子了。但每个孩子的冰山不同，有些孩子仍有可能呈现上面的冰山状态。为什么会这样呢？这牵涉很多层面，其中最重要的层面是在日常生活中，孩子被如何对待。

如果父母看重“人”，而非看重“表现”与“成绩”，孩子在家常与父母互动，孩子的渴望层次就会很稳定，他也不会感觉自己“没价值”“自己真没用”。当听到父亲“不要难过，下次再加油”的安慰时，孩子就会有力量。如果家庭的互动，都是单一地说理、指责与命令，没有产生家长和孩子之间的信息流动，那么当孩子考试失利后听到父亲“不要难过，下次再加油”的安慰，孩子冰山的渴望层次，就有可能是

“没有价值感”，而自我的层次，可能是“自己真糟糕”。

所以，孩子之所以会认为“我是个垃圾”“我一无是处”的原因，有了一个线索。

因为过去信息不流通，大家比较愿意相信父母、老师的话，父母、老师的权威相对稳固，且社会秩序亦是如此。如今的时代，美国专栏作家汤玛斯·佛里曼称为“加速的时代”。这个时代的环境是信息大量流通，权威被解构，因此孩子、学生，较之过去都更易反抗，甚至忽略权威存在。一旦孩子与家人的关系，缺乏深刻的、触及实质的互动，孩子就容易进入社群取暖，或者沉迷网络、影音等虚拟世界。

正因如此，现在作为父母、老师，比过去面临更大的挑战。社会上的自杀率，逐年攀升；精神疾病与情绪障碍患者，越来越多；孩子不服管教，拒学与叛逆的现象也屡见不鲜。

过去的年代，父母回应孩子是命令、道理与指责，带来的负面影响较小，少见学生出现问题，多半只是潜藏于内在，如今则大不相同。如今的年代被解构，当孩子脱离了襁褓，有了行动、语言的能力时，家庭的主要照顾者，若是温和稳定的状态，孩子的内在就会相对稳定，孩子行为偏差概率就会较小。

我的观察与归纳：孩子在成长期间，若是主要照顾者偏向说教、命令，或者忽略孩子的感受，缺乏一来一往的温暖互动，孩子出现状况的概率就会偏大。主要照顾者，若是经常焦虑、烦躁、生气或沮丧，孩子出现状况的概率也偏大。

过去影响今日

人类的大脑发展规律是，大脑在婴儿时期发展迅速，需要大量的温暖与呵护。十八岁以前大脑仍处于发展的阶段，其间，如果人被粗暴地对待，那么成年之后仍会受影响。贝塞尔·范德寇医师在《心灵的伤，身体会记住》中，认为重大创伤、童年的不良经历，作为人的生命经验，会在身体里被记住。那么，身体如何记住呢？比如，内心莫名地焦虑、烦躁、不安、害怕、紧张、悲伤……遇到特定的事件，身心的感受容易被挑起。

这里分享两个案例，看看过去的事件是如何影响人的。

七岁与三十三岁的冰山

阿南是三十三岁的工程师，与妻子共同养育三个孩子。他们常为小事吵架，这本不是个大问题，但问题是阿南在吵架之后，常常与妻子冷战，而冷战一开始就是半年之久，夫妻关系紧绷，家庭气氛也受影响。

我与他们夫妻对话，邀请他们扮演吵架时的应对姿态：两人遇到意见不合时，两人的争执姿态是指责和超理智的姿态。妻子在这个过程中，一旦感觉疲累，便转身不再说话。只要在吵架过后，丈夫见妻子沉默，也随之冷战。这时两人的姿态，就是“打岔”的姿态。

妻子的心肠软，几小时之后，恢复跟丈夫说话，甚至低声下气地道歉，对丈夫呈现讨好的姿态，丈夫却冷漠不语。妻子随即感到很挫败。每次吵架过后，都变成这样的情况，一冷战就是半年，妻子感到压力极大。

了解了夫妻的应对姿态之后，我与阿南有一段对话，我记录在下面。

我问：“冷战的时候，想跟妻子和解吗？”

阿南答：“不想。”

我问：“发生了什么，你不想和解？”

阿南想了一下，说：“不知道。我就是不想。”

我问：“从小到大，曾经有被忽略，或不被重视过吗？”

这一句问话，来自我的观察：妻子不说话，是因为吵架累了。阿南不说话，是因为妻子的沉默。**当人被沉默以对时，某种程度上，人体验**

的感觉就是被忽视，以及不被重视。

阿南听了我的问句，他的脸色变了，点点头说："有。"

我问："那是几岁的事？"

阿南情绪激动起来，说："在我七岁的时候，我妈为了赚钱，成为职业女性，要去别的城市工作。"

我问："这件事对你的冲击大吗？"

"很大。"阿南开始一边流泪，一边继续说，"父亲不希望她去。父亲说如果她去了，那他们就离婚。"

我问："母亲去了吗？"

阿南眼眶泛泪地说："他们大吵了一架，我妈宁愿离婚，也要去工作。"

我问："他们离婚了吗？"

阿南流着泪点点头。

我问："你还记得，当时七岁的你，有什么感受吗？"

这里探索的，是阿南七岁的冰山。他受到这个事件的冲击，是否影响了现在的他？而阿南对这个影响是否有觉察？

阿南说："我很生气，很难过，感到受伤、孤单，还有无助。"

阿南说到这里，泪流不止。

我在他的冰山的"观点"层次继续探索，问："对于母亲的离开，你有什么看法？"

阿南说："我觉得母亲不要我了。"

我说："当时你期待母亲留下吗？"

阿南说："我希望母亲留下，希望她不要走。但是母亲要工作，不要留在家里。我觉得是自己不乖，所以母亲才不要我的。"

阿南所说的"我觉得自己不乖，所以母亲才不要我的"，正是进入他的"渴望"层次。从期待层次"我希望母亲留下，希望她不要走"进入，可以看见阿南未被满足期待“但是母亲要工作，不要留在家里”，然后阿南在意识里形成“不接纳”自己的认知，与“渴望”层次无法联结。

阿南突然跟我说：“老师，我说到母亲的离开，带给我的那种感觉，跟我老婆不理我的时候的感觉，一模一样。”

阿南跟妻子吵架，妻子一旦转身，不再搭理阿南，阿南冰山的各层次，就会唤醒他的母亲当年离开他的记忆。这是身心的记忆，但是他从未辨识。当妻子不理他时，他只是做出惯性的反应，接着头脑再来对妻子的行为做解释，这个解释会有何问题呢？他很容易会像七岁时解释母亲离开的原因那样，来解释妻子的行为：“你为什么要这样？难道是因为我不够好，所以你不要我了……”

他不会进入客观的全貌思维，思考这些问题：“老婆怎么了？怎么不说话了？”“我怎么会那么生气？我怎么会有受伤的感觉？这是我要的互动状态吗？我可以做些什么？”

我问阿南：“当时，你有跟母亲说，要她别离开吗？”

阿南摇摇头，说：“我什么都没说，我跑出去躲起来了。她离开的那天，我躲在后院哭，让她找不到我。”

阿南跑出去躲起来，是一种打岔的行为，也是用这样的行为在逃避交流。当妻子沉默了，他不说话，跟孩提时“逃避交流”的方式一样。

我探究七岁的阿南的冰山状态，问：“你为什么跑出去躲起来呢？”

阿南说：“我说了也没有用。我害怕她不理我。”

我问：“你与妻子冷战的原因是什么呢？”

阿南说：“我到这里明白了，我以前没想过，原来我怕受伤，所以我也不理她。”

我继续问：“后来母亲回来了吗？”

阿南说：“两年后母亲回来了，但是父亲不要她了，父亲告诉我，是母亲先不要我们的。父亲不要我们跟母亲联络。”

我说："所以一直都没联络吗？"

阿南说："母亲很想见我们，但是我很生气，心里很复杂。我也想见她，但是又不想理她……老师，我发现冷战之后，老婆求我的时候，我心里也是这样想的，谁叫她先不理我！母亲回头找我时，我内心的想法，也是一模一样的。"

我问："你跟妻子的关系，想要得到什么呢？"

阿南说："我想要和谐。不要这样的冷战。"

我说："你刚刚告诉我，冷战的时候，不想跟妻子和解。现在，你怎么改变啦？"

阿南说："我现在想要和解。我不想再这样下去。"

阿南七岁的时候，经历母亲的离去，当时阿南的冰山状态，在他生命中留下了鲜明印记。他爱老婆，当老婆不说话时，他就会感到被忽略了，甚至有被遗弃的感觉，**因为他的内心世界，对母亲很生气，他不觉得自己值得，无法与自己的渴望联结**。这也是"心灵的伤，身体会记住"。

十岁女孩的记忆

参与工作坊的 Z，是温暖的医师。她分享时，分享到了某个段落，她觉察到自己的身体在颤抖。Z 停下来说："老师，我的身体在颤抖。"我邀请她感觉颤抖，并且允许这份感觉。当她专注地感觉颤抖时，她的颤抖瞬间地加剧了。恐惧与悲伤的情绪，瞬间地从身体涌现，眼泪再也止不住。究竟是什么样的故事，让情绪埋藏了这么久，并且在此刻涌现了呢？

她开始叙说故事，故事是从她的颤抖、恐惧与悲伤的情绪、眼泪所延伸出来的。镜头转瞬回到过去，来到她小学五年级的教室。

上五年级时她也就十岁吧。她成绩向来不错，前一天班上的小考，她考了 100 分。考卷要带回家，让家长签名。十岁的女孩忘了，忘了给家长签名。若是我考了 100 分，我早拿给父亲签名，还会拿给母亲签名，因为 100 分是光荣的印记。但我很少考 100 分。

十岁的小女孩，忘记让家长签名，可见她并非逃避。隔天女孩到了课堂，心中突生一念，那就自己签名吧！她模仿母亲的字迹，自己在卷子上签了母亲的名字，把卷子交上去了。签名的字迹可能太稚嫩了，被老师的“慧眼”识破了。老师在众目睽睽之下，严厉地教训了她的行为，不仅话说得重，还打了她两巴掌。

事情到这里还不算结束。老师扯下她的书包，丢向教室的窗外，书包里的物品掉出来，如天女散花一般。Z 描述这一幕时，描述了窗外的阳光、景色，甚至物品落下的姿态，仿佛慢镜头回放一般。随后她在自己的座位上被罚站了。她的座位在教室中间，所有人都坐着上课，只有她在教室的中间罚站。她座位上没有书包，桌子上没有课本，因为书包与课本都在窗外。

她陈述自己像“透明人”，被所有的人无视。**特里沙修女说：“爱的反面不是仇恨，而是漠不关心。”**十岁的女孩被无视，所有人都无视她的存在，课堂继续在上着课，仿佛与她无关。

她描述那段回忆时，流着眼泪，脸上还带着一丝微笑，透露着天真，也予人疏离之感。她怎么能不疏离？单纯天真的她，以十岁的视野探索，看见这样的世界面貌，内在一瞬间就崩毁了。

这十岁女孩的冰山到底是什么样的呢？

她有个温暖的母亲，不认同老师的做法，虽然母亲未到校抗议，却提出转学的选择。她并没有选择转学，母亲也尊重了她的决定，但是她的伤痕始终没有愈合，就一直留在她的身心间。

转眼女孩小学毕业了，升上了初中就读。她提到初中的一幕，大概是初一初二年级的时候，也就是十三四岁的年纪。青少年时期的她，脱离曾经的伤痛了吗？

女孩上了初中之后，骑自行车上下学。有一天放学后，她骑自行车回家，心情特别轻松。她骑车接近红绿灯时，自行车突然失去控制。她握不住车把手，脚也无法有节奏地蹬车，因为身体在一瞬间冻结了。

自行车突然失控，如同打结了一般，让骑车的女孩突然摔下了车。

其实，摔车是因为在那瞬间，女孩的心打结了。

她跌坐在马路的旁边，久久不能自已，号啕大哭起来。她哭，不是因为摔疼了，不是因为自己技术不佳，也不是因为自己不谨慎，而是因为觉得自己真没用……她究竟看见了什么，导致她突然摔倒，还气自己没用呢？

她看见小学老师了——当年那位打她巴掌，指责她，扔她书包，罚她站的老师，正站在路口等红绿灯。对这个少女而言，看见小学老师是无比恐怖的。她小学时被老师霸凌，虽然已升上初中，但是路上遇见那位老师，她的身体还是会像冻结了一样。

所幸女孩有温暖的母亲，自己也很努力上进，一路勤奋求学，毕业后成了温暖的医师。但是她的内在，创伤仍然存在。当年她是个小女孩，在众目睽睽之下被侮辱，这件事对她影响很大：除了见小学老师身体会冻结，也使得她日后有了“心魔”——不敢当众讲话，不敢对众人演讲。

因此当她突然意识到自己在当众分享时，身体会突然地颤抖起来，但思考还跟不上，不知道这是怎么回事。当她专注于颤抖时，悲伤、恐惧的情绪涌现，随即一股能量突然冲出。**创伤潜藏在身体里，它何时显现出来不是理性能控制的。**

冰山的各层次

大脑的运作很细腻。造成伤害的不仅是重大的事件，有时看起来很小的事件——也许只是某人一句话——也能让伤害埋藏一辈子。

冰山的各层次，是人从出生到此刻，内在所形成的状态，仿佛大脑

刻下的印记。

试着问问自己，从童年到成年，被这个世界对待，所形成的生气、烦躁、沮丧、恐惧、无助等感受，是否还在身体里呢？从这个世界学来的，对世界、对人，甚至对自己的观点，适合此刻的自己吗，对自己是好的吗？未被满足的期待，是否还在影响着你呢？你感觉自己有价值吗，能接纳自己吗？你觉得自己是很棒的人吗，很有生命力吗？

以上这些问题触及的是冰山的各层次。

自己平常的状态如何呢？遇到冲击的时候，状态又是如何呢？自己会怎样面对这个丰富的世界呢？

沉迷于上网的少年 C，面对他的学业，选择的应对方式，就是沉迷于网络。认为自己一无是处的高中女生，选择写作文抒发，跟同学、朋友倾诉，甚至有自我伤害的行为，这些都是呼救。跳楼的少年，他选择的是跳楼。

少年 C 的父母，经常对他大吼，他觉得无人理解，所以少年 C 觉得上网能放松，网络的游戏里的朋友，能够理解他。

高中女生曾经学习很好，她的父母安排她补习功课，也补习各种才艺，但是女生不快乐。女生在家的意见，总是不被重视，父母以为自己开明，女生却说他们专制。父母若能多倾听女生那充满好奇的声音，女生就有机会更健康。

跳楼的少年，被父亲撕掉了小说，被禁止去网吧。少年晚回家，父亲不知道，少年早晨上学，父亲仍在睡觉。在我眼里，这样的图像反映出的是很不和谐的家庭关系，跳楼少年和家人是没有深刻的互动的，和家人没有深刻的联结。少年很可能会感到孤单，感到自己不需要存在。

我们培养出什么样的孩子？我们又是怎么长大的？如果孩子已经出现状况，我可以怎样对待呢？如果出现状况的人是我，我可以如何自救呢？

通过冰山的探索，我们可以得到答案。

以车比喻冰山的各层次

我以车试着比喻冰山。这个比喻的目的是将渴望、自我的层次，与其他层次区别。虽然不完全恰当，但有助于识别渴望与自我层次。

如果人是一辆车，冰山最上层的行为及应对姿态，就是车的运行状态。

冰山中的感受、观点与期待，是车子的引擎，象征引擎运转的速度、方式和流畅度。

冰山中的渴望——爱、自由、接纳、价值、意义、安全感、信任感等——是车的能源。能源是否纯净，带来何种动力，这是由灌注了何种能源所决定的。

冰山的自我层次，是车子的材质、组装、动能输出与形式，也是一辆车的灵魂。自我层次与宇宙相关联，与万物相呼应。当人能体验自我时，就能体验存有的“大我”。以车的比喻来看，宇宙有其他车、器具、道路……既是独特的存有，又无法独立地存有。

就渴望的层次而言，在人的成长过程中，被赋予的爱与照顾，被给予的自由与接纳，将形成一个人的能量，滋润着人的情感思考，奠定着人的根基——知道“我是谁”。

敬唯回顾：

> “冰山模型用一幅示意图表示，浮在水面上的表象，是事件、语言与行为，呈现出来‘可见’的状态。……自己平常的状态如何呢？遇到冲击的时候，状态又是如何呢？自己会怎样面对这个丰富的世界呢？”

练习的小工具

每日与渴望对话

你只要每天花十五分钟时间，在任意一个时间段，找一个安静舒适的地方，就让自己舒服、放松地坐着。假如眼镜、手表或腰带等太紧的话，先摘下或松开，然后闭目和你的渴望对话：联结自己，保持稳定自由的呼吸，倾听呼吸的感觉，让自己回到自己的中心；说出来你希望联结的渴望是什么，比如，安全感、平静、自由、理解、尊重、被看见等。不说负面或否定自己的词语，比如，不联结“我不会”“太难了”“我不行”等想法或信念。联结你渴望所表达的画面，并说出来：我三个月后会成为一个——比如，有安全感的、被爱的、自由的、放松的、平静的——人。

请慢一点，慢一点，慢慢地呼吸……

静心体会，你有“联结渴望”的能力……

敬唯说：什么样的成长环境，青少年不易沉迷于网络游戏？

这个章节中活生生的实例，不仅向我们展示了孩子的冰山，还间接地向我们揭示一个家庭的冰山，孩子就像一面镜子照见我们的冰山下渴望的基本面，这个基本面就是：爱。爱在渴望的第一层次，爱又是一种体验，它不需要任何理由，也不用论对错。如果一个家庭把对错放在第一位，爱的体验就会被阻隔，安全的需要就有可能被破坏。正如萨提亚女士所说：一个家庭关系是否健康，要看这个家庭成员的价值感高低，而安全是价值感高的基础。

如果孩子内在有这样否定自己的声音——我不行，我是垃圾，我一无是处，我没用等，孩子此时的价值感就很低，是无法和自己的渴望联结的。这是沉迷于网络游戏的青少年家庭常会出现的家庭感受与行动方式，最终就会发展成家庭系统与社会外界失联的互动模式。反之，**一个有爱的、开放的、充满希望的成长环境，孩子比较不容易沉迷于网络游戏。**

练习的小工具

请大家从本书的案例中检视自己的生活现状，给自己更多的觉察空间，整理自己的爱的联结力，和自己有一个对话：

我爱我自己吗?

我理解的爱它代表什么?

为此我付出过什么代价?

如果有一个改变，我从哪里开始呢?

我的新的选择是什么?

此刻，我的感觉怎么样?

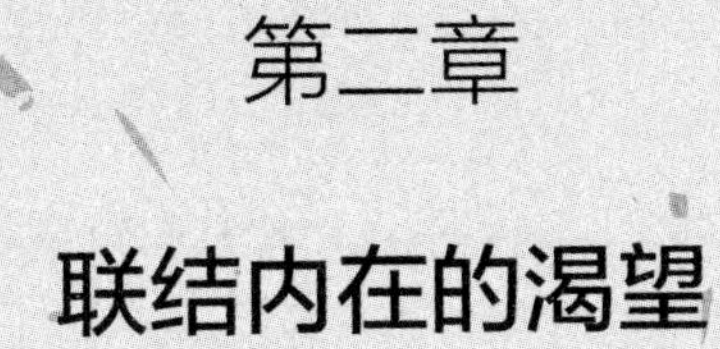

第二章

联结内在的渴望

情绪问题的根源

朋友M从事自由职业，经济状况无问题，工作时间自己可以掌握，但他将生活的重心放在工作上，努力地赚钱，让生活质量打了折扣，也疏忽了自己的家庭。既然从事自由职业，就应调整工作比重，追求更有品质的生活，但是他并不愿意，身心仿佛被困住了，常抱怨自己很疲惫。

既然已经感到疲惫了，为何不做出调整呢？M给出一个理由："我没办法调整。如果我不多赚点钱，我会感到很害怕。我没有安全感。"

M的例子很常见。M的生活陷入不得不如此的循环，他感到很无奈。但局外人看到M这样的状态也常疑惑，甚至会忍不住劝说："既然工作时间自由，经济条件又许可，为何不调整时间，提升生活质量呢？"

但是局外人无论怎么说，也无法让M改变。

以冰山模型图检视，"时间用于工作，努力地赚钱"是冰山上层的事件。驱动M努力赚钱的是什么力量呢？从M的理由来看，是M的"害怕"与"不安全感"。

内在改变了，外在的问题就不是问题了

M若要解决受困的状况，不是减少或增加赚钱的时间，而是探索他的"害怕"，不让"害怕"主宰他，从而减少"害怕"对M的控制，让M脱离惯性的思维，改变惯性的应对方式。

当M能面对"害怕"，理解、掌控、减少，或者克服"害怕"，那么

M 就可以自由地决定是否要赚钱，以及要投注多少时间在工作上。

冰山是内在工程，当内在改变了，外在的问题就不是问题了。

如果 M 愿意探索，愿意当自己的主人，不是让害怕当主人，我对 M 可能会进行如下的提问：

“不投入工作，你会害怕呀？你要谈谈害怕吗？

“你害怕什么呢？

“这个害怕有多久了？

“这个害怕怎么来的？

“类似的害怕，是从小就有的，还是步入社会开始工作之后有的，还是进入家庭之后才有的？

“引发你对缺钱的害怕，那个事件可否说说？

“那个事件带来冲击的同时，还带来什么样的观点？这个观点对你是好的吗？

“你怎么看待害怕？

“你期待害怕减少吗？

“你想做害怕的主人吗？

“你愿意靠近害怕吗？

“当你害怕的时候，你是有价值的吗？

“你接纳害怕中的自己吗？

“当你害怕的时候，你怎么看待自己？”

“害怕”是感受层次，位于冰山水平面下，一般人知道自己害怕，却不知道被害怕控制，不知道如何靠近害怕，不知道害怕从何而来，不知道如何应对害怕……

当内在的“害怕”成了主题，往水平面下的内在探索，问句环绕害怕的成因、过去的事件，对害怕的观点、期待，面对害怕时渴望，以及害怕时的自我。对话交织着时间与冰山，探索过去的事件的影响与其对内在的冲击，**通过探索让 M 觉察，让 M 决定自己，让 M 成为自由的人**。

上述问句的后三句，落在“渴望”与“自我”层次，也是问话的目标，让 M 在工作和生活中，能感到有价值，接纳自己，感到自由，体验自己的能量和生命力。

一般人遇到问题，想的都是从外部解决，却忽略问题成因。**解决问题不从内在入手，往往徒劳无功**。比如，上一章的例子，沉迷于上网的少年 C，被家人在网吧找到。家人对着 C 又破口大骂，又好言相劝，甚至还恐吓。家长面对 C，重复着过去的应对方式，殊不知过去的应对方式，形成了今日 C 的状态，正是 C 如今沉迷于上网之因。

若去探索 C 的内在，让 C 觉察烦躁，让 C 改变观点，让 C 面对期待的失落，让 C 成为自由的人，感受身为人的价值，这样才会给 C 带来改变。

一般人解决问题，想到的方式就是说服、说理、命令，或者指责。即使对方听懂了，也没有办法做到，因为内在的改变，需要深刻的体验，需要联结到真正的渴望。

一般的方式是提问，即好奇对方。

传递力量的表达胜过有道理的表达

当父母、教师、伴侣、同事或朋友，想要表达关怀，表达看重对方时，如果想通过表达让对方有力量、感到被重视、感到有价值，或者感到被接纳，就要让对方联结到他自己的渴望。当然，帮助人改变，最重要的就是通过表达，让他完成与渴望的联结。

但是一般人的表达，常常让对方无感，反而产生反效果。比如，妻子生气了，因为家事做不完。丈夫表达：“你辛苦了。”妻子不一定感到关怀和有价值。比如，孩子因为考试失利感到失落，家长表达“下次再加油”，孩子不一定感到被接纳和被爱。

其中的原因是，表达者对于被表达者有所期待——比如，丈夫期待妻子不生气，家长期待孩子继续努力——而忽略了真正的接纳。表达者不忽略渴望层次，有几个重要的要素：

其一是表达者在表达时，要能联结自己的渴望。

其二是表达者的表达，只是单纯地想传递联结，并非想解决问题。

其三是表达者的表达若能传递给对方，即使对方在接收表达后仍然不能联结到渴望，你也能够接纳，并持续地给予关怀。

在冰山的隐喻中，渴望与自我层次，是不易理解的两个层次。若仅以概念理解，很容易与观点、期待混淆，初学冰山者常感困惑。

比如，我有一好友 K，平常很注重养生，身体也一向健康，却突然罹癌了。这对 K 是个重大的打击。K 住院、动手术的过程，痛不欲生，他的身体几乎撑不住了，他甚至想要放弃生命。K 手术完成之后，接着化疗，K 不愿与人联系，将自己与外界隔离了，不与任何亲友互动。

设想 K 的冰山，可能是什么状态呢？

事件：罹癌。

应对姿态：打岔。

感受：惊吓、害怕、彷徨、生气、难过、沮丧、无助。

观点：为什么是我？老天在惩罚我吗？我不够养生吗？我不够努力吗？我哪里做错了？世界好不公平。世界遗弃了我。家人怎么办？我很失败。

期待：一切都是梦。自己没有事。身体快康复。

渴望：很没有意义。很没有价值。无法接纳自己。

自我：我很没力量。我真是糟糕。

如果要去探望 K，如何表达能让 K 感觉好点，让 K 感觉有力量，让

K感觉自己很厉害，有力量克服癌症，让他生命的能量流动呢？不妨想想可以怎么对话，可以如何表达？

K做了大手术，割除几个器官，闭门在家静养，但他允许我去探望，K的理由除了我们亲近，还有我的内在稳定，能接纳他的状态，不会焦虑地叹气、给予他建议、叹息为何如此、问东问西，就不会徒增他的压力。

我去K的家探望，他精神状况不错，我简单地关心他之后，邀请K若愿意的话，对我陈述手术的疼痛，以及心理的转折。我很想倾听这一段，K同意了并且叙说，我当一个倾听者。当K叙说痛苦，我仿佛也感到痛，感到那份不容易。K的情绪通过叙说，比较能够流动，郁闷的感受运转了，情绪不会郁结在身体之中。

我听K说了两小时，觉得K非常了不起，能够挨过这一过程，K也觉得自己了不起。我鼓励K若身心稳定，并且他愿意的话，可跟几位内在稳定，关系较亲密的人联结，多重复叙述自己的经历。

我第二次见K的时候，K果然放开自己，答应一位心理学习者A，到家里来探望他。A来探望K的病，果真善于倾听，正当我觉得安慰，A突然对K说："你哟！你一定知道，自己为什么变成这样。"

我猜A想表达的是：K可以多觉察，重新给自己能量。但是A以"心理导师"口吻说出来的这一番话，听在K的心里并不好受，仿佛自己犯了错，要扛起这一切的"果"。A随后说了一些道理。这个世界不乏道理，也不乏知识，只要上网搜寻，知识与道理会出来一大堆。在影音视频的网站上搜索，更可以得到很多讲解操作方法的音频、视频。

因此关怀人、让人变得更好，不是给予知识与道理，也不是教对方如何操作。所幸K有所学习，懂得维护界限，懂得如何爱自己，要A别再说下去。可见即使心理学习者，也未必懂得表达关爱，让人体验自己能量。已经罹癌的K，最需要的是内在能量。

人的能量来源，冰山归类为“渴望与自我”，启动人的能量，能让人感觉有力量，有幸福感，感到安全与可信任。

敬唯回顾：

“M若要解决受困的状况，不是减少或增加赚钱的时间，而是探索他的‘害怕’，不让‘害怕’主宰他，从而减少‘害怕’对M的控制，让M脱离惯性的思维，改变惯性的应对方式。

“当M能面对‘害怕’，理解、掌控、减少，或者克服‘害怕’，那么M就可以自由地决定是否要赚钱，以及要投注多少时间在工作上。

“冰山是内在工程，当内在改变了，外在的问题就不是问题了。”

对话中的好奇，助人联结渴望

人所能感到的幸福和谐、充满活力的生命能量，基本来源于大脑可塑性最强的婴儿期。被动物养大的孩子（比如，狼孩子、豹孩子、狗孩子），保姆看管却不互动的孩子，与受到父母关爱的孩子不同，生命的能量不像“正常人”，不适合在人类社会存活。

长期受忽略的婴儿，被遗弃的孤儿，家庭缺失功能的孩子，不断更换照顾者的孩子，家庭不和谐的孩子，缺乏关爱互动的孩子，被内在不稳定的主要照顾者养大的孩子，在成长期间出现行为偏差、情绪障碍等问题的概率很高。这样的孩子在一般的社群团体中，因其不协调的生命能量，不太能融入群体。他们的生命充满浮躁和不安，缺少幸福感、稳定感、价值感与意义感。

教养成长期的孩子，教育班上的学生，或者对待朋友，招呼客户，都应该保持和谐温暖的态度，这是众所周知的礼貌互动的原则。但是主要照顾者、教育者，以及应对者，如果内在不和谐，那么即使说出来的话语，做出来的应对，都很礼貌得体，但是和你互动的对象，仍然会觉得别扭。如果应对者内在不和谐，已经从话语和应对中流露出来了，那么就会对应对的对象造成显性的消极影响。尤其是长时间的互动，影响更持久深远。

好奇有效突破对话“瓶颈期”

无论在教养、教育，还是在其他的任何互动中，应对者如果想让对方联结到渴望，我会**请应对者在互动中觉察：应对姿态、语态、呼唤名字、停顿、专注的互动，以及好奇**。很多父母、老师与为人子女者，给我的不少反馈中都有提到使用好奇的应对，好像互动双方的关系瞬间得到改善。

因为“好奇的对话”带有几层意义：

“好奇的对话”能带来积极的倾听。

“好奇的对话”是一来一往的互动，让人感到安全和谐。

“好奇的对话”能让人诉说，让内在的能量流动起来，带来深刻的同理心。

加拿大心理学家、医生加博尔·马特，在纪录片《创伤的智慧》里说：“孩子受创了，不是因为他受伤，而是因为他无人诉说，只能独自面对。”

“好奇的对话”能够了解对方，打破惯性应对。

“好奇的对话”能够让人有所觉察，自己能意识到问题，进而深入渴望层次，带来能量的流动。

“好奇的对话”，能带来创造力。

相对于容易封闭思维的陈述句，“好奇的对话”可以打开人的思维。

若应对者以帮人联结渴望为目标，深入地运用“好奇的对话”，同有行为偏差、情绪障碍等问题的孩子，生命力不流动的成人，或者内在进入瓶颈的朋友进行互动练习，在他们身上将会看见新的可能出现。

用好奇对话可能会遇到的困难

然而，很多对话练习者，在改变应对的过程中出现不少困难，以下是我归纳的问题、原因，以及我的建议。

问题：对话时，应对者的话引来孩子的反感，孩子不说话，甚至感到不耐烦。

原因及建议：刚刚转换对话方式，对话太过刻意，过程比较粗糙。其次，转换对话的方式，孩子也有可能不习惯，需要用一段时间，让孩子适应和习惯。

当孩子不说话，或者不耐烦时，可以探索孩子此刻的冰山，或者在回溯中探索，或者以表达做结束。请刻意练习：将对话的不顺或卡住的地方记录下来，重新思索，找伙伴讨论，或者借鉴书中成功的对话，突破对话的障碍。

问题：开始学习对话的人，所开启的对话没有得到效果。

原因及建议：对话是联结彼此，不是为了解决问题。虽然不是为了解决问题，但是长期来看，一个能联结自我、健康、负责任的人，在解决问题时会为自己做最好的选择。

问题：别人提到自己的不足时，自己就会发脾气。

原因及建议：自己的内在未被照顾，多练习跟自己联结。若有伙伴一起练习“好奇的对话”，当自己有情绪状况时，试着通过伙伴的“好奇”，探索自己的过去，深入自己的渴望，开始学习照顾自己的内在。

但是有些时候，也许并不适合好奇的问句，比如，人遭遇重大的失落，人生病虚弱的状态，不想讲话的时刻。这些时候应尊重对方，不宜对人好奇，因为好奇的基础，来自接纳与尊重。

前面我提到的好友K，其母罹患阿尔茨海默病。每当他去见母亲，他从来不会问母亲：“你知道我是谁吗？”“我叫什么名字？”“你还记得我吗？”他总是一见母亲，就自己报上名字：“妈，我是你儿子。我是K啦！”让人倍感温馨，这是他体贴母亲的做法。K在疫情期间，不能去疗养院探视，只能通过视频连线和母亲见面。在视频连线时，他除了自报名字、称谓，还会表达对母亲的尊敬，对母亲过往的辛劳的感谢，对母亲的爱，完全不以“好奇”应对母亲。

除此之外，我见过不少问句——其中多半封闭的问句——会存在主观性太强，或者导向自己期待的问题。我的建议是，与其他的对话学习者一起讨论，共同看见对话的问题。**说话是大部分人参与社会生活的必备技能，若是对话能力强，在各种关系里就更自由。**

敬唯回顾：

“好奇的对话”的意义：

“‘好奇的对话’能带来积极的倾听。

“‘好奇的对话’是一来一往的互动，让人感到安全和谐。

“‘好奇的对话’能让人诉说，让内在的能量流动起来，带来深刻的同理心。”

…………

“‘好奇的对话’能够了解对方，打破惯性应对。

“‘好奇的对话’能够让人有所觉察，自己能意识到问题，进而深入渴望层次，带来能量的流动。

“‘好奇的对话’，能带来创造力。

“相对于容易封闭思维的陈述句，‘好奇的对话’可以打开人的思维。”

稳稳的幸福是联结渴望与自我

一个人如果与渴望联结，会较常处于和谐、稳定的状态，生命能量丰沛，对当下也更有觉知，更专注而自由，能为自己负责任。因此好奇的探索，引导意识的能量，帮助对方觉知。通过冰山的脉络，进入渴望层次，去看见自己的价值，接纳自己的不足，让爱的能量流动，生命力就能源源不断地涌现。

但是，当人的外在遇到冲击时，人有时会与渴望断了联结，在很长一段时间内都会受到影响。只要能够觉察，接纳自己的状态，就已经与渴望联结了。当渴望联结了，便会进一步和自我联结，能体验深刻的当下，有人称之为“合一”，也就是萨提亚模式的“一致”。

冰山底层的“自我”层次，即本质、核心生命力、精神等，当人联结了自我，就意味着能深刻体验生命的核心能量。但是人非圣人，甚难完全地、永远地联结自我，除非是个“开悟者”。尤其遇到冲击，遇到未满足的期待，内在难免会有晃动，但一般人若能常觉察，运用现代医学证实的诸多方式，身心就能逐渐联结，生命状态常保稳定。

在成长的过程中被爱，家人能与其专注地互动的人，会更有机会让自己活出自在、稳定、和谐的幸福感。人的幸福感与他是否取得外在的成就，并没有绝对的关系，但一个内心自在、稳定、和谐的人，更有机会获得美好的成就。

所以我这样归纳：取得外在成就的人，比如，事业非常成功，拥有好的社会价值的人，不一定与渴望、自我有良好的联结状态，也不一定拥有稳定、和谐的内在。**但是一个能联结渴望、自我，内在稳定和谐的人，更容易感到幸福，如果此人愿意的话，也更有机会取得成就**。

看似成功的人生为什么遭遇毁灭性的打击?

常听闻有身家过亿，甚至过几十亿的成功的人，走向自杀的绝路，或者铤而走险，过不了钱关、情关、名关，以及人际关。其实，不难明白，非常多的优等生，或者表现杰出的孩子，因为成长中的一次失败，就走上了关闭自我、沉迷于网络游戏等自毁人生的路。

其中，我印象最为深刻的，是一位朋友 H 的案例。朋友 H 自小非常优秀，不仅考试成绩名列前茅，还常获得各类竞赛奖项。她一路就读的都是名校，毕业后成了执业的医师，也嫁给了一位医师，两人合开了自己的医院。医院的生意也非常好。H 育有三个孩子，家庭看起来很美满。

有一次 H 找我，言谈之间毫无生命力，她感觉不到生命的意义。她的家庭没问题，孩子虽有时调皮，但都不是太大的问题，且夫妻感情无状况，只是相处如公式，但物质生活极其滋润，存款也非常充裕。她人到中年，觉得每天日子都过得没意义，不懂自己要追求什么。

H 从小很听话，成长过程中一直表现得很优秀，但是她的内在缺少联结，因为她一路走来都在满足他人的期待、社会认定的价值，从未探索自己的需要。这里很多人会困惑，难道普通人的成长，有探索自己的需要吗？

升学主义下的成长，人很少有机会探索自己的需要。H 的时间被满满地安排了各种才艺的学习、课业的补习，H 从小对此没有喜欢，也没不喜欢，因为她在每个项目上都表现得很突出。她的时间被安排好了，她又表现得出色，所以很少有机会探问内在，因为她没有失落，甚至不知何为失落。即使偶尔成绩失落，父母都要她再努力，遇到其他的失落，父母跟她说不重要。考上医学院，一切都能解决了。她没有给自己时间，时间都用去考试了。

她形容现在的自己，似乎什么都有了，就是心空了。如今，若让她空闲下来，她不知道要做什么，如何与自己相处。但是令她矛盾的是，每天规律的日子，让她感觉不到意义，她形容自己像机器人。

在她的原生家庭里，家人之间的互动，是不谈内心的感想的，家人也很少一起玩耍、交流。她想谈自己的想法，却觉得很不应该，因为父母只是要她好好读书，其他的想法最好不存在。她回想父亲的爱，就是载她去补习班，回想母亲的爱，是考试时为她熬汤，他们所做的一切似乎都与她的成绩有关。父母的爱似乎模模糊糊地建立在她的用功和考出的好成绩上。她很难跳脱这样的思维。因此她也极力地培养子女，但是子女并不符合期待，还会反抗她。她觉得心很累，生活也没有目标。

一般孩子的家长，不会对孩子进行这样精英式的培养，即使家长采取了这样的培养模式，家长和孩子也应有正常的互动；孩子学习跟不上时，私下也有打混的时间，可以和同学交流彼此的失落。

在她的成长过程中，她依循着既定的轨道，安定有序地成长，但是家人与她之间的互动，只是一个形式，并不是一来一往的深刻的互动。如今她的婚姻生活，与孩子之间的关系，也走入了一个形式，并不知道什么是深刻的互动，也不知道如何通过互动联结渴望。

联结渴望就要体验生命的当下

联结渴望的内涵，就是让人回到生命本身，体验生命的价值感、意义感、接纳感、安全感、信任感、自由感，被自己爱的感觉等。渴望的层次是冰山的底部（在渴望下面还有一层自我），是可以让生命生出源源不断的能量的基础。

若是 H 想与自己联结，触碰生命中的能量，让自己的生命饱含生命力，首先要让自己去体验。在生活中让自己停顿，通过静心与正念，去体验当下自己的状态。然而，现代人思考力很旺盛，与自己内在的联结很少。想要通过静心正念去体验，需要合适的引导，并且持续地练习静心，方能体验生命的和谐。

在每个生命的当下，不是通过思维进行的，而是通过体验去参与的：在事件、感受、观点、期待、渴望中体验，去联结深刻的自我。这就是冰山的对话，探索生命状态的成因，增加生命的觉知，打开体验的能力。

H如今的状态，也能通过对话，回溯并且觉知自己。在童年的成长历程中，许多心里的感受、想法、期待，未被她觉知与认可，现在她通过对话，重新在历程里体验，就能体验生命力。但是一个照社会期待顺利地长大的人，并不容易认识“渴望”，因为“渴望”需要“体验”，并非只用思考就能理解。比如，遇到一个事件，她内在有了愤怒，她不能觉察愤怒、承认愤怒、接纳愤怒，更不能专注于愤怒。或者，愤怒瞬间就不见了，突然就打岔了，或被思考与道理占据了。或者，她的内在有愤怒，但是她通过所学习的知识，了解要接纳愤怒，接纳事件的发生，专注地觉察每个当下。**虽然她在概念上了解了，但她是做不到接纳和觉察当下的，因为她并未与渴望联结，这就是被“小我”欺骗了。**

她的孩子不守规矩，她感到非常生气，很愤怒地指责孩子，孩子愤而甩门离开。她想要改变这种状态，却始终做得不够好。

我通过一小段对话，呈现H理解的“渴望”，只是停留在观点上，还没有进入渴望的层次。

我问：“能接纳自己的生气吗，能接纳做得不够好吗？”

她说：“我能接纳呀！每个人都能生气，也能接纳做得不够好呀！”

她说的接纳生气和做得不够好只是她的概念，是“她以为的她”，事实上，她不一定接纳。**接纳是身心的感觉，不只是头脑的认知。**

我接着帮她回溯，问：“小时候曾因为自己做不好，而感到生气吗？”

她说：“不大记得，但是应该有吧。”

我说：“请你深呼吸，想想孩子生气地甩门，你的内在感到生气。”

她瞬间红了眼眶。

我问：“当孩子生气地甩门时，你的内在有什么感觉？”

她说：“我很难过，也很沮丧，还有生气和无助。”

我问：“为什么感到难过呢？”

她说：“为孩子这样不懂事感到难过，也为自己做不好感到难过。”

我问："为什么生气呢？"

她说："气他太过分了。"

我问："还有气谁吗？"

她说："我对自己也很生气。"

我问："为什么对自己生气呢？"

她说："我气自己不是好母亲，气自己又生气了。"

我说："你不是可以接纳自己吗？接纳自己做不好，接纳自己生气。你怎么还会气自己呢？"

她泪流不止地说："我没办法接纳自己，我怎么都做不到……"

我等了她一会儿，问她："这种感觉以前有过吗？"

她大概想到过去，眼泪落得更多，这表示她接触到过去的自己："小学毕业的时候，父母要我好好读书，不许我毕业旅行，我生气地跟他们吼……"

我问："父母有说什么吗？"

她悲伤且愤怒地说："我爸站在门外，骂我这么不懂事，不懂得把握时间，说我们为你好，你还任性地发脾气……"

我问："现在的你，怎么看那个生气的女孩呢？"

她说："我觉得她很糟糕，怎么可以对父亲生气……"

后续的对话我省略了。在此处可以看见，她所谓的接纳生气，接纳自己做不好，并不是真实的生命体验，只是头脑的概念罢了。

渴望不是观点，也不是个期待，是生命中所必需的，也需要通过体验理解。那么，H 该如何联结渴望呢？

若是通过对话，H 要先觉察自己的情绪，去体验在过去不被允许的情绪，不被接纳的自己。如今 H 长大了，她有能力去爱自己，去爱当年未被照顾的自己。这个过程与大脑有关，当她重新体验了，意识真正地改变了，与自己的渴望联结了，能量也就流动了。

同样，在后面《重新爱童年的自己》中，珊珊通过一点点地与我的对话，进行自我觉察，最后完成了重新与自己联结。

练习与自己联结，除了前述的静心与正念的方法，还有帮助自己深呼吸、各类禅修活动等。在信息高速发展的年代，我们学习的渠道更畅通，找到适合自己的方式，并持之以恒地进行与自己联结的练习，你的生命能量便会源源不断地流动起来。

敬唯回顾：

“取得外在成就的人，比如，事业非常成功，拥有好的社会价值的人，并不一定与渴望、自我有良好的联结状态，也不一定拥有稳定、和谐的内在。但是一个能联结渴望、自我，内在稳定和谐的人，更容易感到幸福，如果此人愿意的话，也更有机会取得成就。”

…………

“她（H）依循着既定的轨道，安定有序地成长，但是家人与她之间的互动，只是一个形式，并不是一来一往的深刻的互动。如今她的婚姻生活，与孩子之间的关系，也走入了一个形式，并不知道什么是深刻的互动，也不知道如何通过互动联结渴望。”

…………

“渴望不是观点，也不是个期待，是生命中所必需的，也需要通过体验理解。那么，H该如何联结渴望呢？

“若是通过对话，H 要先觉察自己的情绪，去体验在过去不被允许的情绪，不被接纳的自己。如今 H 长大了，她有能力去爱自己，去爱当年未被照顾的自己。这个过程与大脑有关，当她重新体验了，意识真正地改变了，与自己的渴望联结了，能量也就流动了。”

练习的小工具

第二章，让我们进入了自我准备阶段。现在给大家提供自我准备阶段的对话练习的小工具：

联结：打开感知。

觉察：安心当下。

倾听：全息倾听。

好奇：不带怀疑。

表达：真诚联结。

提问：澄清核对。

复盘：反思萃取。

第三章

回童年的创伤处联结渴望

那些痛苦的感觉都在呼唤爱

无论成年的自己，是否感觉有缺憾，在生命的成长过程中，肯定有被关怀和被爱过的经验，否则不会长成今天的自己。若是不曾被关怀和被爱过，会如弗里德里希二世实验的孩子，早早地就夭折。

每个人都被关怀和被爱过，但此刻不一定有体验，因为缺憾布满身心，创伤在细微处反应，让人不觉察或习以为常。有些人平时无法停顿，不是被行动占据身心，就是被思考占据身心，甚至有上瘾性的行为。一旦完全停顿下来，他的身心会感觉烦躁、焦虑、害怕与难过。**其实，这些感觉都在呼唤，呼唤人去关注、靠近与爱这样的自己。**

人一定有能力爱自己。人能成长到今天，成长过程中一定有被给予，身心之间一定有爱。身心曾经接收过的爱，人一定也能给予自己。因此正念静心，是去体验当下被忽略的身心、没有杂音的自己，那就是与自己相处了。

正念静心的练习者，一般是从每日五分钟开始，逐渐增加静心时间，体验内在的平静，久而久之可见成效。然而**我更推广随时觉察，随时让自己专注，哪怕是一秒的专注。**在每个当下去觉知，每个当下深呼吸。初学者只要想到，就可以练习一次，久了就会有走向深刻的能力，去觉知每一个当下。

在脑神经的研究中，体验当下的自己，即练习大脑的额叶。将 E.Q 概念发扬光大的丹尼尔·高曼在《平静的心，专注的大脑》一书中提及："不论是僧侣还是基督徒，当专心于祈祷或念诵时，把感知集中在一个焦点。大脑的左侧额叶容易输送阻力脉冲到杏仁体，阻挡负面情绪。通过不断地练习后，久而久之，内心就会常常平和。”

即使不通过正念静心，也可以通过晤谈、工作坊、与自己对话，去陪伴与爱自己。正念静心，是直接参与身心，不动用思维的方式，意味着无论自己如何，都可以跟自己靠近，都可以爱自己。晤谈、工作坊、与自我对话的方式，则是回溯成长历程，看见观点，体验对自己的爱，重新去联结自己。

接下来的两则案例，一则是在工作坊学习之后，启动内在的图像，好好陪伴自己、关爱自己，并且接纳亲人的历程；另一则是刻意练习，将晤谈的情境抽出，通过情境的冥想，与童年的自己对话，练习爱童年的自己。通过不断地练习，去接触内在的自己，与自己联结。

敬唯说：

许多人喜欢掩藏自己，使得他们不知道自己是谁，需要什么。爱自己就是找到自我。通过爱和珍惜自己，改变关系和生活。有人曾经问我：这不是自私吗？**对我来说，爱是习惯、能量，也是能力，只有当我们处于一种爱和喜悦的状态时，我们才能帮助别人。**

爱自己就是深深地赞赏自己，接纳自己的一切——自己的独特之处，曾经耻辱的经历，曾经的失误、害怕等。当你爱自己时，才有机会敞开自己的心灵，穿越各种阻碍。爱自己不容易，所以这是一项挑战。

崇建说：“每个人都被关怀和被爱过，但此刻不一定有体验，因为缺憾布满身心，创伤在细微处反应，让人不觉察或习以为常。有些人平时无法停顿，不是被行动占据身心，就是被思考占据身心，甚至有上瘾性的行为。一旦完全停顿下来，他的身心会感觉烦躁、焦虑、害怕与难过。其实，这些感觉都在呼唤，呼唤人去关注、靠近与爱这样的自己。”所以，在渴望层次联结的第一课：爱自己。

练习的小工具

正念静心的练习：

从每日五分钟开始，逐渐增加静心时间，体验内在的平静，久而久之可见成效。然而我更推广随时觉察，随时让自己专注，哪怕是一秒的专注。在每个当下去觉知，每个当下深呼吸。初学者只要想到，就可以练习一次，久了就会有走向深刻的能力，去觉知每一个当下。

正念静心，是直接参与身心，不动用思维的方式，意味着无论自己如何，都可以跟自己靠近，都可以爱自己。

重新爱童年的自己

工作坊的课程结束后，学员珊珊走过来，问我该如何应对孩子的状况。当时有很多排队提问的人，时间也已经晚了，我请珊珊明日分享，让我在众人前示范，如何对话或应对问题。

隔天珊珊举手分享，我邀请她陈述问题。珊珊随之娓娓道来：

“大约两年前，我和丈夫发生了严重的争吵，那大概是我们在一起以来最严重的一次。儿子当时就在身边，目睹我们争吵的状况。事件发生之后，儿子有天和我说：‘那天你跟父亲吵架，把东西丢来丢去。然后你抱住我，只是不停地哭。后来父亲带我出去了，我以为要送我上学，可是父亲载我到沙坑，让我在那儿玩沙子，过了好久才送我去学校。’”

在叙述的当下探索冰山

珊珊叙述这一段过往，语调明显有变化，内在有一股情绪在流动。我还未听完珊珊的故事，我先关注她的情绪，问：“刚刚你叙述这件事时，语调有点上来，你深吸了一口气，才接着说完，那个情绪是什么？”

珊珊停顿了一下，说：“我很紧张。昨天老师说要当众回答我的问题，我虽然有心理准备，但是一想到今天要谈我的问题，我还是很紧张。”

我所提问的珊珊的情绪，是出现在她陈述孩子的问题的时候。但珊珊回应我的是她想到当众谈自己的问题的状态。**即我问的是 A，她回应我的是 B，我若有意识探索此处，通常会重新提问“聚焦当下”**。

当我提问她的情绪时，是在请她觉知：在被提问的当下，自己的内在发生了什么。若此时不在问题或者事件上停留，而是立刻进入冰山，顺着对内在的觉知，一点点让冰山底层浮现，通常会清楚地看见问题的所在。

珊珊的回答，表面上回答了我，回答的却不是我问的问题。

她前一刻的情绪，并非因为当众分享而产生的紧张情绪，而是她讲到故事中的某个点而产生的情绪。她回应我的不是当下，因为她并未觉知当下她的内在所发生的变化。

我直接地指向她的故事中引发情绪的段落，问："当孩子和你说这段过往的时候，你有什么感觉？"**我的提问，即聚焦当下的发生，技巧是重述前一刻的状态，意味着重现"那刻的客观观察"，重新探索冰山的冲击。**

珊珊在这里停顿，与我进行了交流，我问了几个表达感受的词。其中的一个是"内疚"。

珊珊流泪了，说："有。我有很深的内疚。"

我问："你的内疚是……？"

"我和丈夫的争吵，让孩子有了阴影。虽然我后来抱着他，已经真心地道歉了，并且告诉他：'爸妈会有不同的意见，那次只是讨论的声音比较大。爸妈也像你跟妹妹，意见不同的时候会吵架，不过，我们还是会和好，我们仍然很爱对方。我很抱歉让你受到惊吓，我真的很抱歉。'不过，我知道，事情并没有完全结束。因为最近这半年来，孩子频繁地提起这次争吵。我在他提的时候，会再次真心地向他道歉；另一方面我又害怕这件事造成他心理上的创伤。"

珊珊说到这儿，再度哽咽了。

"你害怕给孩子造成创伤啊？"

"是，我非常害怕……"

珊珊又是一阵哽咽，停顿了一会儿，才继续说："这让我联想到，昨天课堂上，我跟伙伴在练习时，我回溯到过往的经验。我说了'我很难过'之后，就陷入一阵沉默，因为不愉快的经验，让我实在很不舒服……"

过去的影响仍在体内

珊珊再度哽咽了，她深呼吸后调整了一下，继续说："昨天在课上，我参与了活动后的分享，老师听完了我的分享，提醒我分享时的状态：内在有情绪，脸上却带着笑容。于是，我回家之后，花了一点时间，靠近难过的情绪，继续在心里往下走……"

珊珊这里提的分享，是我设计的课堂活动，活动的内容是回溯童年，活动后邀请众人分享，珊珊正是活动后的分享者之一。她分享时红了眼眶，嘴角却浮现微笑，这是与内心的状态不一致的表情，我请她回去觉察难过，并且专注地感受难过。

"你愿意说一下昨天所回溯的事件吗？"

珊珊点点头说："那是我童年时被不公平对待的事件。那一天我妈去烫头发，她进家门的那一刻，我爸对她说了一句话，父亲说完就出去了。这句话听起来没什么，但是我事后想想，应该对我妈造成了冲击。因为那天傍晚，我站在浴室门口，正准备洗澡，我模仿电视里的广告，唱着怪声怪调的台词，陶醉在自己营造的欢乐氛围中。就在那一刻，我妈走到我面前，打了我两个巴掌。我挨打挨得莫名其妙，只记得我狂吼着：'干吗要打我？我又没做什么，你为什么要打我？我做了什么，你要这样对我？！'"

珊珊说到这儿，陷入了痛哭之中，过了一会儿才说："霎时间我明白了，为什么在我的情绪最底层，总有一股愤愤的怒气，为什么总有说不上来的委屈纠缠在心里。我也终于看懂了，在人生面临重要的选择时，为什么我总会莫名地退缩。"

如今，我有能力去爱自己

珊珊停了一会儿，继续说："我看到一个小女孩，那是小时候的自己。愤怒、害怕、孤单、难过地蹲在角落。但是我随后看见，一个长大了的自己，蹲下来陪着小时候的自己。"珊珊叙述的是在工作坊中的发现。

但是故事还没有结束，她回到家之后，靠近自己的难过，她接着说自己的发现："我回到家之后，跟着情绪往下走。我看到一个新的画面：长大后的自己，牵起了小时候的自己。还有一个不可思议的画面：我看到不远处的前方，灯光昏暗的角落里，也蹲着一个脸上有泪的小孩，那个小孩是我的母亲，我母亲童年的样子……"

珊珊说到这儿，停下来默默地流泪，过了会儿，才继续说："接下来的一幕，是长大后的自己，一手牵着童年的自己，也走过去牵起那个女孩——脸上满是泪痕的，还是孩童模样的母亲……

"我突然意识到，母亲的小时候可能也有创伤，也曾被不公平地对待。她心里也很苦吧……"

说到这儿珊珊又哭了，这里的眼泪可能为了母亲，也可能是一份新的理解。

珊珊的这一段分享，让我感觉惊喜，因为她为自己，走了一趟疗愈的历程。虽然不一定完全被疗愈，但这是一个美丽的开始。

疗愈的历程，通常会走入体验，让来访者觉察情绪，让残留的情绪记忆流动起来，先建立稳固的资源（即你相信你长大后具备了很多能力，你具有照顾好自己的能力），再集中体验当时的情绪，让愤怒有机会诉说，让难过有机会流动。这是在感受中进行疗愈，让来访者觉察情绪，也为自己的情绪负责。

下面是我在帮来访者与渴望联结的对话中，常会提出的问题，以珊珊的案例为例：

她怎么看到童年的母亲？为什么想牵起童年母亲的手？

她怎么看待自己的决定？那样的爱是如何流动的？

她牵起母亲的手的力量是从何而来的？她在生活中也有理解母亲的时刻吗？

当她愿意牵起母亲的手时，爱就会流动起来，这在日常生活中会带给她什么呢？

当她的内在改变了之后，对她的生活有影响吗？她会如何觉察呢？会如何应对呢？

这些提问会让来访者停顿，并且有意识地进入爱、价值、自由、接纳等渴望层次的体验中，并且感到自己的力量，落实到现实的生活中。如此一来，新的能量在她的生命中产生，大脑便不再受惯性思维的控制。下次遇到类似的事件，就能走出一条新的道路。

进入新的觉察

未料故事还没结束，珊珊接下来分享了她的新的觉察："是啊。但是我还要提一件事。这次的觉察，产生了一股推动我向前的强大的力量。"

我不禁好奇起来，问："是什么事呢？你愿意分享吗？"

珊珊点点头说："就在上星期六，我们带孩子去看电影。"我忍不住问："去看了哪部电影呢？"

珊珊说："是《超人特攻队》，很温馨的动画片。所以，当天的氛围非常愉快。我们看完电影，吃过午餐之后，我到超市买东西。那天忘了带购物袋，所以两只手都提着东西。准备上扶梯前，我转身呼唤孩子。孩子听见了，从不远处小跑过来，他可能还沉浸在电影中，靠近我的那一刻，竟然学着超人一般，朝我的肚子用力地给了一拳。我丈夫看见那一幕，想阻止已经来不及了。那突如其来的一拳，让我吓到愣住了，只听见丈夫对着孩子说：‘你在做什么啊？母亲站在那里，什么也没做，你过来就是一拳。’丈夫的那句话，仿佛是在我心里引起怒火的‘关键句’，尘封于内心深处的愤怒与委屈，一瞬间燃起。只记得我挪出一只手，毫不犹豫地从孩子的头上拍下去。

“我感觉那一刻，仿佛是油窟上点火，想灭火都难，更何况油窟埋了三十年，我对着孩子怒吼：‘我到底做了什么，你过来就给我一拳？我只是站在那里，什么也没有做，而你过来就是一拳。’当时我怒睁着双眼，咬牙切齿地瞪着孩子。”

我听明白了珊珊的觉察。当孩子看完电影后，孩子还沉浸在电影欢愉的气氛中，幻想着自己是正义的超人，朝珊珊的肚子打了一拳，引发了珊珊身心的痛。孩子打来的那一拳，跟珊珊十岁时被母亲打巴掌的遭遇，是多么类似？丈夫说的那一句“母亲站在那里，什么也没做”，正是十岁的珊珊的委屈。那句话触动了珊珊，让珊珊的愤怒被勾起。

珊珊说这一段话时，我感到神圣的力量，因为那是了不起的觉察，是对儿时的自己的心疼，也是对自己孩子的心疼。我内心有喜悦的感动，也有深刻的心疼，我想确认这个觉察是否真如我所想。

于是，我笑着对珊珊说：“看起来，你瞬间回到小时候了呢。”

“我的确回到了小时候，而且我也明白表面上是母亲在教训调皮的孩子，但实际上不仅如此，那还是一个十岁小孩的灵魂，在我的身体里发泄委屈，她想知道到底为什么母亲要打她。她想得到一句真心的‘对不起’。只是，眼前的孩子，成了当年母亲的替身。”

珊珊说到这儿，悲伤地哭了，停顿了一会儿，才接着说：“大概过了半小时吧，我们才开车回家。”

在珊珊后来的陈述中，我得知她“骂了半小时”后，我对此不置可否。但她当下没来得及停顿与觉察，这股情绪一直延续，隔天还为小事责骂了孩子……

珊珊此时的分享与觉察，是一个珍贵的宝贝，若她能持续地觉察，并且爱那个委屈的自己，接纳当年天真的自己，她就能分辨过去与此刻，心中的情绪便会渐趋稳定，与家人的联结就能更深了。

珊珊上完工作坊的课之后，写了一封反馈信。我征得珊珊的同意，将她的文字整理，分享在这本书之中。

珊珊的信

天色渐渐地亮了，我的思绪由沉重的回忆，回到了此刻的现实。波涛汹涌的情绪，也慢慢地缓和下来。

不知道在什么时候，压在胸口的大石头，已经碎成小石头，在我哭泣颤抖时掉落一地。仿佛像金字塔般沉重的，我曾扛在肩上的包袱，也在一瞬间成了沙河，伴随眼泪从身上流走。

我在自己的呼吸里，感到前所未有的轻松、自在。

在记录这段历程的同时，我仿佛再一次陪着童年的自己，回顾了这段历程中的心酸和眼泪。我仿佛看着童年的自己，她时而靠着我的身躯，时而趴在桌子上，晃动着双脚，陪着我难过，也陪着我哭。

未愈合的伤仍然有痛，探索仍需要勇气，也许伤口会慢慢地结痂，也许只是维持现况。但在此时此刻，我不再害怕触碰它……

敬唯说：

重建爱自己的场域，与小时候的自己的情感联结，回溯当时的体验并看见对现在的自己的影响。看见它，做到这一点并不容易，因为那个曾经的体验很痛，有些人不能，不敢，不愿去联结。崇建在珊珊的疗愈历程中带她走入体验，让珊珊残留在身体的情绪记忆流动起来。“先建立稳固的资源（即你相信你长大后具备了很多能力，你具有照顾好自己的能力），再集中体验当时的情绪，让愤怒有机会诉说，让难过有机会流动。”在感受中的疗愈，启发了珊珊对情绪的觉察，开始愿意为自己的情绪负责。

以上这个历程，在珊珊关于爱、价值、自由、接纳等渴望层次的感受都有体验，同时也用了停顿，停顿是很好的体验当下的练习。第一，建立意识觉察；第二，感知自己的力量；第三，落实在生活去实践；第四，一旦新的能量产生，大脑便不再受惯性的控制，再次遇到类似的情景，就有了新的可能性。

这是一个重要的疗愈历程，不建议还没有太多自我疗愈能力的人士自己操作，建议寻找专业人士的支援。

与童年的自己对话

对话从专注地体验自己的感觉开始

QQ 今年三十七岁了，内在常有无力感，会自责，觉得自己一无是处，被巨大的无助感笼罩。

以下是引导自我对话的历程，加上我的解说。

我问："你此刻有什么感觉？"

QQ 说："我胸口常常很闷，被压得很沉重，有无力感。"

我问："现在也有吗？"

QQ 说："现在也有。"

我问："这个闷与沉重，是什么呢？"

QQ 说："我觉得自己很糟糕，什么事都做不好。"

我问："你会常常自责吗？"

QQ 说："我常常自责，那声音像铁锤，不断地在我脑袋里敲。"

针对 QQ 经常自责，感觉无力的状态，我建议他专注地与这感觉在一起，就是与自己同在。一般人即使感觉无力与自责，也并不会专注在这种感觉上，去处理掉它。因为"行动"上并未处理，"意念"上就会任思绪纷飞，于是就会时不时地陷入无力和自责的情绪里。

这就好像作为孩子身边的大人，你觉得哭闹的孩子很烦，你希望孩子停下来，不要继续哭闹了，不要继续影响你了。但是你在"行动"上，没有去抱孩子，而是继续做自己的事，并且抱怨孩子的状态。这就是你在"意念"上思绪纷飞，却不是专注地抱孩子，跟孩子说话。

因此，当感觉无力时，请专注在这感觉里，体验这感觉的状态，就是专注地拥抱自己，去爱这样的自己，而不是陷于无关的行动，或者无用的意念之中。

回溯感觉的由来

我问："小时候谁常指责你？"

QQ 说："我母亲常指责我。"

这里就是回溯，在记忆中探索自责的由来。就像孩子哭了，找到孩子背上的刺，知道孩子被刺刺痛了，将他背上的刺拔掉并且呵护他，孩子就会停止哭泣。

我问："你对被指责这件事有印象吗？发生在你几岁的时候？是什么样的事件？"

QQ 说："有的。我八岁的时候，骑自行车摔倒了，母亲没有理我，我追上去的时候，母亲就骂我。"

我问："当时你骑车摔倒了，她没有理会你，后来还指责你了，是吗？"

QQ 说："对。"

这里进入了具体事件，用意是让体验感强烈，后面通过对细节、具体画面的提问，让来访者进一步体验内在的感受。有时候我会刻意地询问，当时穿什么样的衣服？是在白天还是在晚上？希望引导来访者将具体事件中的细节呈现出来，让头脑中的印象更鲜明，体验得更深入。为什么要这样呢？因为那些感觉，不断地影响着身心，但你又很难捕捉到。这样进入具体情境，去专注地体验并看见原因，才能真正将残留的情绪处理干净，身心才会顺畅。

我说："所以，你长大后遇到事情没做好，就会陷入自责的状态，这是你小时候被忽略、被指责的体验的惯性延续。你会站在母亲的立场，去责备没把事情做好的自己。你能体验八岁的自己骑自行车摔倒了，被母亲责备的状态吗？"

QQ 说："现在还不太能。"

我说："你试着回想一下那个画面，你骑着自行车，突然摔倒了，你被母亲责骂，母亲是怎么骂的？"

QQ说："母亲用眼神瞄我，她骂我怎么这么笨，骑自行都会摔倒！母亲让我不要靠近她。"

我问："当时你的内在有什么感觉？"

QQ说："我当时很害怕，还有很多难过。"

当QQ的回忆来到八岁时，试着探索当时的他的冰山。先从感受入手，因为童年的冰山各层次是未被照顾的感受不断地衍生出来的。在爱自己的程序中，人会不断地跳跃在两个冰山之间，来回聚焦在童年与此刻。诚实地陈述感受和观点，是将人稳定地聚焦在童年的一个简单且基础的方式。接下来的引导，皆是如此处理。

帮助QQ探索他的冰山

我问："你看见当时的QQ，有很多害怕、难过，你能理解他吗？"

核对此刻的观点。

QQ说："他难过是因为跌倒，身体感觉痛，好像做错事了，又给母亲添麻烦了。"

我问："你现在有什么感觉？"

核对此刻的感觉。

QQ说："我觉得他很烦。他怎么这么笨！"

我说："那你试着告诉他：我觉得你很烦，你怎么这么笨！"

引导来访者诉说此刻的观点，所说的观点有时是不认同童年的自己的——那是依附大人的观点而产生的认知，是为求生存而衍生出来的，并不是贴近"自己"内心的真实观点。只要试着说出来，再核对说完的感受，冰山就会有变化。

QQ 说："我觉得你很烦，你怎么这么笨！"

我问："讲完以后，你有什么感觉？"

QQ 说："我现在觉得很难过。"

我问："你难过什么呢？"

QQ 说："我难过他没有被人了解。"

此处可见，你说完观点之后，立刻觉知当下的感受，会发现内心细微的状态变化。如果你不专注地在感觉上去觉知，一般这样的变化都会被忽略。因为大人的观点，与自己的感受会错综地交织在头脑中，并未真正地理出头绪，从而创造了身心的无力感。

我说："那你告诉他，当你看见他摔倒了，被母亲骂的时候，你觉得他很烦，也觉得他很笨。当你这样说的时候，同时也感觉很难过，难过他没有被人理解。"

QQ："我看见你摔倒了，然后被母亲骂了，我觉得你很烦，也觉得你很笨。当我这样说的时候，我也感觉很难过，难过你没有被人理解。"

QQ 一边说着，一边眼眶噙泪，声音已经哽咽。

我问："说完之后，你有什么感觉？"

QQ 说："我感觉胸口舒畅多了。"

我说："这是一种与自己的联系。你刚刚说骑车摔倒了，童年的你感到害怕，你愿意去理解他吗？"

QQ 说："愿意的。"

我说："那你告诉他，当他骑车摔倒了，母亲骂他的时候，你知道他很害怕、难过，因为他摔倒了，身体感觉很痛。"

QQ 说："当你骑车摔倒了，母亲骂你的时候，我知道你很害怕、难过，因为你摔倒了，身体感觉很痛。"

我说："现在说完之后，你的感受如何？"

QQ 说："难过的感觉更多。我感到委屈，还有孤单的感觉。"

一个受伤的孩子，没有人来呵护，所以他的潜意识里试着坚强，但是内在会感到郁闷。郁闷在体内流转缠绕，能量就不能顺畅。一旦有人呵护了，缠绕的情绪开始解开，就会有各种感觉上来，能量在这时开始流动。

此刻的自己很安全

我说："委屈与孤单的感觉，是来自童年的自己，还是现在的你？你现在很安全，没有发生任何事地坐在这里。"

这里要辨识清楚：此刻的自己长大了，此刻的自己很安全，这些情绪是童年时未被处理而沉积在体内的。此刻的自己有时候会误以为那些感觉是现在的，所以必须厘清那些感觉来自过去。

QQ 说："是来自童年的自己。"

我问："你知道这时的委屈和孤单，是什么吗？"

QQ 说："我知道，这时的委屈和孤单都是因为没有人在意他。他永远都是一个人。"

我说："你跟他说这些。"

表述此刻的理解，理解童年的自己的感受、想法，这就是在靠近自己，联结自己的渴望。

QQ 说："我知道你很委屈、孤单，因为没人在意你，你一直都是一个人。"

QQ 一边说，眼泪一边不断地落，我认为他终于看见自己了。

我问："说完之后，此刻你有什么感觉？"

QQ 说："我很悲伤。但是，我也有一点力量了。"

此刻有能力照顾自己

我问："你此刻几岁了呢？"

QQ 说："三十七岁了。"

我问："三十七岁的你，是靠什么力量活到今天的呢？"

QQ 说："我很忍耐，也很努力。"

我说："你能保护他了吗？因为你长大了，当时的他还很年幼，没有能力照顾自己，但是你现在有能力了。"

此处是建构资源，即意识到长大的自己，具备了很多能力，才能一路成长至今。因此现在你有能力照顾自己。

QQ 说："可以。"

我说："你可以告诉他吗？你会在意他，当他的朋友，也会永远都在他的身边。因为你长大了，已经有能力了。"

QQ 说："可以的。"

我说："那你试着告诉他，这些心中的话。"

QQ 说："我会在意你，会当你的朋友。我不会离开你，因为我已经长大了。"

与自己联结的能量，是通过厘清与核对所激发出来的。在下面的对话中可以看见 QQ 的变化。可见当人专注地觉察自己时，生命的状态会有多不同。

我问："说完这些，你有什么感觉？"

QQ 说："我感觉有一股暖流，从肚子里升起来。暖暖的，很舒服。"

我问："你能静静地去感觉这一股暖流吗？"

这股暖流是联结自己的产物，这就是能量。在这样的能量里浸润、停留与体验，就是在爱里面成长。这个过程可视为脑神经的运作，人的大脑神经不断地在细微的意识中拉扯，但是自己在惯性中无法觉察。若能觉察，并专注地应对自己，身心将会更有能量，平常的烦闷感、无力感都会减少，精神也会很充沛。

陪伴童年的自己“回家”

QQ说：“好的。”

我问：“当你专注地感觉时，你的内在发生了什么？你又多流了眼泪。”

QQ说：“那是我找了很久的感觉，我一直想要找这样的感觉。我好像真的回家了。”

我说：“你可以常常回家。”

QQ说：“嗯。”

我说：“你刚刚说童年的自己做错了，又让母亲烦了。那是自责的声音。”

此时回到刚刚的观点，回到自责的议题，刚刚已经有了力量，因此当你自责的时候，就能以温暖的爱、力量去陪伴自己。

QQ说：“对。那种声音很大。”

我说：“你认为他添麻烦了，你现在怎么看待他呢？”

QQ说：“我觉得他很可怜。”

我说：“你会心疼他，愿意爱他吗？”

QQ说：“我很心疼他，也很想帮助他。”

我说：“那么，当自责的声音出现了，你可以告诉他，你愿意陪伴他，愿意理解他吗？无论发生什么事，你都会陪伴、接纳，并且愿意认可他吗？因为你长大了，已经三十七岁了，可以决定怎么对待他了。”

QQ说：“我愿意。”

我说：“你试着整理一下，当自责的时候，你发自内心地对他说出这些话。”

QQ 说：“我会来陪伴你，也会接纳、理解你。无论发生什么事，我都会站在你这边。”

我问：“你现在感觉怎么样？”

QQ 说：“我感觉很好，很有力量，胸口也很畅通。这种感觉很奇妙。”

我问：“平常除了觉察自己，是否有无力感，或者感到沮丧，并且会专注在这些感觉上呢？一旦自责的时候，能不能也像今天这样对童年的自己说话，去爱当时的自己呢？”

QQ 听着这些话，眼眶又湿润了，点头说：“我会经常爱自己的。”

与自己对话的方式，是在两个冰山间——此刻的冰山和童年的冰山——做联结。我通常在晤谈的最后，整合来访者个人的问题之后，用这样的联结收尾。台湾资深的萨提亚家庭重塑导师张天安老师也认为“与自己对话”这样的对话练习，是可以邀请任何人来练习的。练习者练习与自己对话，其内在会更和谐。

上述对 QQ 的引导，我们可以看见冰山的运作，也可以理解“与自己联结”的方式。此举与正念静心的结果一样，都会将同样的和谐能量导入我们的生命之中。

敬唯说：

在这个章节，做了很好的体验与童年的自己对话的示范，在与三十七岁的QQ的对话中，崇建有自己的解读，这是非常重要的提示：这本书不是关于心理治疗的对话，而是关于心理教育的对话。重点是在自责、无力、难过、烦躁等感受中，对来访者的冰山进行探索。我特别邀请大家在遇到类似感受时，仔细地感知书中解读，用成人成熟的状态与小时候的自己联结，有觉察地体验小时候的感受对自己的影响。

这里有一个重要的提示：专注地与此刻体验的感觉在一起（即觉察它）。一般人当感觉无力与自责时，更多地被这样的情绪带走，并未有觉察地专注在这种感觉上。如果只是头脑知道自己在无力和自责中，但是“行动上并未处理，又在意念上任思绪纷飞”，自己就会一直用隐藏、逃避、僵住或忽略等消极的方式来应对当下的情绪。

在你读这个部分的时候，邀请你放慢速度，多一点停顿，回想你生命里让你无力的事情，让意识和身体勇敢地去体验这无力的感觉，专注在这感觉里并描述这感觉的状态。这就是在拥抱自己、爱自己，而不是陷于无关的行动，或者无用的意念之中。

这个案例是一个很棒的冰山运作，也是“与自己联结”的示范，如果你可以与正念、冥想、静心结合起来，和谐的能量就会在你这里更多地聚集、流动、运行。

第四章

在成长困境中联结渴望

成长历程中，被爱的孩子更易联结渴望

童年被爱过的孩子，拥有更大的可能，更能体验自己的生命力。童年若经历困顿，成长受挫，若有内在稳定、温暖的陪伴者，生命将有更多的机会与自己产生联结。

我在成长历程里，虽然经历母亲离家，但是我从出生到十岁间，获得了完整的爱。当母亲离家之后，我也得到了父亲完整的爱，这使得我后来的生命，能在学习萨提亚模式、埃克哈特·托利的活在当下的理论、静心与正念等之后，能够深刻地联结自己。我认为这和我童年拥有完整的爱有很大的关系。

渴望的联结与生命历程有关，但这并非绝对，因为只要当下有意愿，当下的专注就能带来力量。但我的成长历程，可以提供父母与教育者一点启示：**在孩子的成长期间，看重对孩子的爱，而不是看重解决问题**。

陷入困境之坑

十岁是我人生的分水岭。

我十岁那一年，举家搬离台湾省台中市北屯区，到台中市太平区定居，房子从平房换成楼房。旧的居住环境是平房，邻居中的女性很少是职业女性，都是在家带孩子的妇女，或者做家庭代工的妇女，左邻右舍的人常串门子，大家彼此互动很频繁；新的居住环境是楼房，邻居之间的关系较为疏离，彼此之间不常往来。新旧生活环境迥异。搬进新的房

子，新家迎来新变化，家庭命运也瞬间改变。

大概因为生活环境变了，母亲迁居之后感到无聊，决定到工厂去工作，从家庭主妇变成职业女性。

母亲去工厂上班，跟工厂的朋友熟了，还考了摩托车驾照。母亲拥有人生第一辆摩托车，她为“行动自由”欢呼，这是我记忆很深刻的一幕。那是身为孩子的我们失去照顾的前奏，母亲的橘红色铃木 90，将她载到陌生之地——我童年永远无法理解的地方。

母亲认识一群朋友，跟着朋友到处玩，不仅常加班到半夜，甚至夜里还不回家睡觉。父亲为此跟母亲吵架。母亲只要一吵架，便嚷嚷着要自由，不想将青春耗在家中，随即转身离去，一连几天都不回家。

因此童年的我，内心形成很多感受、观点、未被满足的期待，还有渴望与自我层次的缺憾：无自我价值、不值得被爱，以及“我是糟糕的人”。

母亲带来的冲击

母亲结交了一群女友，这群女友江湖气都很重，我弄不明白这是怎么回事。母亲的行为日益变化，她学会了抽烟、喝酒、赌博，夜里不回家，家庭逐渐陷入了混乱。

我成年之后，曾跟弟弟妹妹聊天，聊到童年的经历，以及成长于这样的家庭，会如何认识这个世界，如何认识母亲。我们聊起来感慨万千。

记得那一段时间，我常常睡到半夜，醒来看到父亲气急败坏的，而母亲半夜不见了。一早醒来，我就会坐上父亲的摩托车，去外头寻找母亲。有时，父亲等母亲至深夜，母亲却彻夜不归，谁也不知道她去了哪里……我与弟弟妹妹四人，内心感到惶惶不安。

我脑海里大概从十二岁开始，一直有个画面长存：屋外下着倾盆大雨，父亲在夜校兼课，原本在家里的母亲，突然接了一通电话，告知孩子们要外出，今晚就不回家了。母亲走得很潇洒，我们的心中惴惴不安，充满着困惑、恐惧、难过与愤怒，只能目睹母亲的离去。

我曾将这一段记忆，写于《心念》一书之中。

在那个大雨滂沱的夜晚，父亲从风雨中归来，却得知母亲离家了。他兼一节课的钟点费是40元，一晚为了赚80元，在风雨中骑车归来。回家面对此情此景，情何以堪？

母亲昨晚才承诺在家，今晚却放下孩子们离开，父亲沮丧极了，决心去找母亲。

在通信不发达的年代，他不知道母亲去哪儿了，怎么找回母亲。

父亲要骑摩托车，到台中的繁华处寻找。父亲这样的打算，无异于大海捞针！何况外头大雨滂沱？

父亲披上雨衣之前，我们央求他别去，我的心绪凌乱复杂。但父亲说家里怎能没有妈。他跨上伟士牌摩托车，进入风雨的夜里。

我望着伟士牌摩托车的尾灯，在雨中淡出巷子口，我对世界感到绝望。

窗外大雨未曾歇止，我的眼泪也未曾停止，盼望父亲平安归来。

父亲在风雨里骑车寻找，孩子在窗前引颈盼望，母亲则与朋友欢乐。

我日后曾读到一首诗中的一句：“东边日出西边雨。”内心有深深的感触。

夜雨无情无止境，父亲无奈无方向，茫茫夜雨的城市，他竟然听见母亲的声音，循音望去，她正与朋友开怀欢饮。

父亲在风雨中，将母亲载回家，母亲已烂醉如泥。

我看见风雨归来的父母，心虽然短暂地放松了，愤怒又瞬间炸开了……父母从风雨里归来，不是风雨的结束，而是另一场风雨的开始。母亲酒后的身形，狼狈失序的举止，都让我难以接纳。

我内心伤感莫名，胸中愤怒满溢，上楼将自己关在房间，不想待在难堪之地。

我不想要这样的家，我不想有这样的母亲。

但是我无法关起耳朵，我还能清楚地听见弟弟妹妹的哭泣，母亲呕吐的声音。我脑海里各种噪声，无法不胡思乱想，只有愤怒地捶打墙壁，不想待在这个家里……

我内在那股难解的情绪，成了好多年的主题。我经常感到慌乱、烦躁、不安、悲伤，继而又涌起愤怒，突如其来的情绪，莫名地席卷而来……

对母亲既痛恨又维护

类似这样的事件众多。父亲曾到台北受训，要离家一星期，母亲允诺会照顾孩子。

父亲出门的那一日，母亲仿佛解放的青少年，带着一群女友回家。她们在家里喝酒、抽烟、唱歌，家里乌烟瘴气的，杯盘狼藉。我看不下去了，竟然跟母亲说：“父亲不在家，你就带坏朋友回家。”

母亲伸手给我一耳光，语气严厉地威胁我：“你有胆再说一次。”我的个性挺倔强的，我就一次又一次地说……

母亲把我拉至顶楼，关在顶楼的阳台门外，要我好好反省。我一个人在阳台上生闷气，看着辽阔的天际线。直到夕阳落下，夜晚与星空降临，妹妹才偷偷地放我进屋下楼。我与母亲几乎“势不两立”，母亲曾对父亲说：“我最痛恨阿建。”

我二十岁时父母离婚。在父母离婚的协议中，母亲只提了一个要求：

“家中唯一的房子，不能转到阿建名下。”可见母亲对我痛恨至深。

家中四个孩子，我与母亲的关系的冲突最大，情感上也最疏离。我虽然讨厌母亲，对她充满着愤怒，但我也想保护她。在那群朋友之中，母亲跟其中的一位关系最好，我们称呼她“胖阿姨”。母亲与胖阿姨好的时候如胶似漆，坏的时候恶言相向。

我十三岁那一年，母亲跟胖阿姨闹翻，她突然返回家中。

当天晚上，大概深夜两点，家中门铃突然大响，继而有人咆哮、捶门，怒吼母亲的名字，伴随着一连串的粗话。咆哮之人正是胖阿姨。胖阿姨喝醉了，半夜来家中闹事。母亲要父亲去开门，她到我房间躲藏。

当时我睡在上铺，母亲爬到上铺来，躲到我被窝里说：“让我躲一下。”我听到胖阿姨的叫骂，我心里害怕极了。母亲躲在身边，我却直起身板，决计保护母亲。

胖阿姨进入家门，边喊着母亲名字，边搜索家中各处，不信母亲不在家。胖阿姨在家中翻箱倒柜，疯了一样地搜索。她竟开门进我的房间，满身酒气与烟味扑鼻而来，她把衣柜打开翻了个遍。

我心里充满恐惧，却也做好了打算，若是胖阿姨找过来，我一定给她一拳，全力保护我的母亲。

那天夜里对我冲击很大。胖阿姨闹了一个晚上，一无所获地离开了。

隔天清晨出门上学，我看见大门前胖阿姨留下的呕吐物、烟蒂，还有鲜红的槟榔汁，真是耻辱！邻居纷纷前来探询，问我们家中发生了什么事。我仓皇地上学去了，内心无比羞愧，又觉得母亲不会离家，因为她与胖阿姨闹翻，也许家庭从此就安宁了。

母亲在家待了几天，最后仍然离家不归，又去找胖阿姨了，我感到沮丧又无奈。

父亲期望家庭和谐，曾经找胖阿姨协商，甚至为了留住母亲，打算让胖阿姨住家里；父亲曾请律师写状纸，欲上法院告胖阿姨，告她妨碍家庭关系。但是胖阿姨是女性，当时社会并不开放，同性妨碍家庭关系，应无案例可循，最终父亲放弃了。至于父亲放弃的原因，我已不得而知。

二十多年的冲击

十八岁那一年，我接到胖阿姨的电话，对她出言不逊，胖阿姨找了流氓，到家中威胁并且恐吓我。我无力回呛反击，只能沉默地受着屈辱。自此，我心灰意冷，再也不想见到母亲，也不想听到她的消息。直到我二十岁左右，父亲终于跟母亲离婚。在此后的十余年中，我与母亲见面的次数，屈指可数。

母亲十九岁嫁给父亲，生了五个孩子，长子一出生即夭折，我是家中的次子。母亲在三十岁时认识胖阿姨，当时妹妹年仅三岁。从此家中无宁日，弟弟妹妹受到的冲击，应该比我还要大，因为我内在混乱不安，外在学习差劲，无法满足父亲的期待，我就转而控制弟弟妹妹，经常以恐吓、打骂的方式对待他们。

妹妹曾经公开地演讲，陈述她幼年受到的家暴——我恐吓与揍过她。

我很爱弟弟妹妹，也很爱父亲，但是自从母亲离家，我与家人经常起冲突，关系也变得很疏离。这样的关系持续了二十多年。

我的内在状态，还有外在表现，与母亲离家应有关联。除了童年创伤指数量表能反映出这一点，从冰山的状态来看，十岁之前的冰山，以及十岁之后的冰山，可看出母亲离家对我的影响。我的感受经常是惊慌的、恐惧的、愤怒的、焦虑的、不安的、悲伤的、无奈的……与之相对应的思考、应对、行为与生命核心，又怎么会有妥善的状态呢？

我重新回溯、审视过去。十岁之前，我在学校成绩优秀，也很少与弟弟妹妹打架，我还常去河里抓鱼，在林子里抓鸟、昆虫，跟邻居玩橡皮筋、弹珠、风车、跳房子、跳高等游戏，生活看起来很健康。

十岁搬家之后，母亲断断续续地离家出走，我的心情经常处于混乱的状态，无心于课业，学习成绩下降。我认识了新邻居，玩的游戏变成扑克牌，结伴去玩吃角子老虎。邻居的家庭和我一样，也是父母失和的状态，我常跟他们玩在一起，内心感觉彼此很靠近。

如今，我的这些邻居玩伴，有三位进入帮派，另一个邻居常赌博，人生走上一条特别的路。

十岁之后我开始偷钱，偷父亲口袋里的钱，流连于电动玩具店，学校的作业再没完成过，成绩也日渐退步。父亲是中学教员，任教于我就读的中学。我与弟弟的成绩差劲，校长怕有损老师的尊严，请父亲为我们转学，以免让别人说闲话。

我在九年级下学期转学，脱离了熟悉的环境，感到无比孤单、无助。我的数学成绩低，数学老师当众嘲笑我说："只剩一学期了，你为什么转过来？别以为我不知道。"老师拿藤条鞭我的手掌，手掌肿了，仿佛变成透明状。物理考试考了五十九分，物理老师当众为我落发，将我的头发剪了一块，如杯口这么大的光头。我感觉无比耻辱，回家之后父亲很生气，但他无法为我出气，谁要我不争气呢？他只能将我头发剃光。

我的大学考了四次，备考期间迷上电动玩具，甚至终日在外游荡，不知自己要做什么。直到当兵后心志受到磨炼，人才成熟不少，退伍后考大学还有些加分，因此二十三岁才上大学，进入东海大学中文系。上了大学之后，为了赚零用钱，我白天上课，晚上四处打工。因为晚上要打工，大学课程也不吸引我，所以我白天常常逃课，但是我经常阅读。此间，我阅读了大量古典文学，现代的散文、小说，还有现代诗，有关社会学、哲学与美学的书，同时也开始文学创作，投稿赚零用钱。

我分析自己上中文系，还有阅读习惯的建立，跟父亲的教养有关。

二十七岁大学毕业了，我考了四次研究所，都名落孙山。我没有固定的工作，因为找不到喜欢的工作。从十八岁到三十二岁，我一直打零工维持生计。我的工作履历很丰富，曾经当过泥水匠、货柜搬运工、传单派发员、餐厅服务员、酒廊的酒保、工厂作业员、记者……

改变永远有可能

我的命运在三十二岁彻底改变。因为报纸求职栏的一则广告，我在1998年应征教职，那是一所体制外的学校，并不需要教师证，我很幸运地被录取了。我在山中教了七年书，其间，接触到萨提亚模式，我因此改变了自己的命运、家庭的命运，家人之间的关系也转变了……

不少人会非常好奇，或者感到存疑：这样的人可以改变吗？

萨提亚女士说：“**改变永远是有可能的**，即使外在的改变有限，我们内在的改变仍是有可能的；也许我们无法改变过去已发生的事件，但依然可以改变那些事件对我们所造成的冲击。”

我的改变是一点点地发生的，**改变的关键点在于了解内在究竟怎么了**。这是认知层面的理解，却也为认知的方向带来新的能量路径，这是“觉察”自我的开始。我开始意识到自己，而不是认同心理结构。正是这股能量的汇聚与重整，让我的内在逐渐变化了。

所谓内在的改变，就是冰山的变化，是一个内在的工程。当人的内在丰富、和谐、美好了，外在的作为也会改变。自从探索冰山之后，我对自己的成长，有一个新的看见。

我从青少年时期开始混乱，不仅学习成绩落后，日常生活也是一团糟。我追溯自己的状态，十岁是个分界点。从十岁开始至三十二岁，我的人生都挺混乱的。在我混乱的青少年期，我并未跟着邻居徘徊，我虽然沉迷于电动玩具，但是并未离家不归，并未加入帮派，也未学会抽烟喝酒，我认为这与十岁之前的经验，还有父亲坚毅的教养有关。

环境影响人的内在

人的年纪越小，环境对人的冲击越大。大脑神经的塑造，形成人的情绪变化、惯性思维、惯性应对模式。我们将内在用冰山隐喻，冰山的路径交织，如同脑神经图像，会让人看见大脑是如何运作的。通过对话、渴望的联结、专注的自我觉知，可以看见冰山各层次的变化，以及惯性模式是如何改变的。

我在三十二岁时遇见约翰·贝曼老师，看见他与人沟通的示范，决定投入萨提亚的专训，我的人生也因此发生了大转变。有人会问，若是有相同遭遇的人，也能如我一样转变吗？我的答案是肯定的，只是每个人的历程会有不同。

当我重新审视生命时，我认为十岁前父母给予我的环境，让我拥有坚实的生命底蕴，这就是冰山的渴望和冰山最底层的自我。这部分会在人的生命中定义“我是谁”，以及联结生命本质的能量。

除了十岁前的环境，还有父亲无与伦比的爱，让我更深刻地联结自我。当我能时时联结渴望，甚至更深地联结自我时，过去所受的伤害，将转化成美好的资源，带领我走上独特的生命历程。

敬唯说：

这个章节，崇建用自己生命的实证，讲述了他自己的人生故事。这里有渴望的联结，有青少年期间的叛逆与生活的一团糟。崇建尤其可贵地呈现了十岁的分界点及分界点前后的变化，借此我们可以看到一个生命的成长脉络，有爱有恨，有高光也有黑暗。我知道很多教养孩子的父母每次听到崇建的生命故事都会增加很多希望和力量。

崇建说："我从青少年时期开始混乱，不仅学习成绩落后，日常生活也是一团糟。我追溯自己的状态，十岁是个分界点。从十岁开始至三十二岁，我的人生都挺混乱的。"你允许孩子的人生有这样混乱的经历吗？很多家长之所以焦虑，就是不愿意承认，又无能为力。

崇建后来重新审视生命时，说："我认为十岁前父母给予我的环境，让我拥有坚实的生命底蕴，这就是冰山的渴望和冰山最底层的自我。这部分会在人的生命中定义'我是谁'，以及联结生命本质的能量。

"除了十岁前的环境，还有父亲无与伦比的爱，让我更深刻地联结自我。当我能时时联结渴望，甚至更深地联结自我时，过去所受的伤害，将转化成美好的资源，带领我走上独特的生命历程。"

所以，今天无论我们的孩子有什么样的生命状态，我们都要先爱自己，让自己先在渴望层次联结到自己生命的沃土。只有生命拥有了如同大地承载万物般的稳定能量，你才能更好地迎接各种挑战。

走出困境之钥

拥有美好的童年和一个宽容、懂得表达爱的父亲，对我的一生非常重要，是我体验爱、感到自己有价值的基础。我非常清楚自己，在任何情况下自己都是被接纳的，这是我有安全感的根基。

父母的生命历程

我父母于 1964 年结婚。父亲是山东流亡到台湾的学生，父亲离开山东之前，我奶奶、大妈、叔叔、姑姑、二堂哥都已亡故，其他大陆的亲人因战争迁徙到各处。1949 年，父亲来到台湾澎湖县。父亲经历澎湖事件，以学生身份被编兵，他当时内在应该充满惶恐、愤怒、沮丧，他学到凡事要靠自己。因此，他在军中反抗，甚至被威胁要把他装进麻布袋里投海，他决意要离开澎湖县，到高雄投靠舅爷。

父亲为了离开澎湖，报考二十四期陆军官校并被录取。他搭船到高雄报到，一落地随即逃兵，与考上军校的伙伴分道扬镳，各自踏上不同的旅程。他逃兵，是因为爷爷曾告诉他："好男不当兵。"因为战争给祖父辈和他都留下了不可磨灭的阴影。

父亲在澎湖县时得知，舅爷在师范大学任教，暗自希望舅爷资助他，让他买一张身份证，顺利完成学业。他心中有个信念：读书能出人头地。

曾祖父曾留学日本，任山东优级师范讲习所所长，相当于如今的山东省教育厅厅长，四十岁时被土匪绑架并杀害，但曾祖父留下来的书，成了父亲童年的读本，曾祖父也成为父亲心仪的典范。这是父亲求学的原因，也可能是我坚持考学的原因。

据说，舅爷见了父亲，慌张得不知所措，没料到父亲会来台湾，担心收留了父亲，父亲将是负担。当时舅爷的朋友在军中，正巧朋友的下属在火烧岛当伙夫，恰巧这时当伙夫的下属跳海当逃兵了。舅爷因此与友人商议，将父亲送往火烧岛，也就是今天的绿岛，顶替逃兵当伙夫。

父亲像个棋子，被送往火烧岛，换了名字和身份，在火烧岛待了四年半。其间，因反抗曾被关押，在火烧岛自杀了两次，两次均未遂。他认为把他留下来是天意，因此利用零碎的时间偷偷地读书，通过政工干校的招考，他成了一名军官。

当时父亲考政工干校，只为了脱离火烧岛。父亲无意在军队发展，以少尉军官退役，考入师范大学语文专修班，自此边打工边完成学业。于 1970 年左右分配工作，任教于台中市四育国民中学。

父亲担任军职之际，通过相亲认识我的母亲，父亲四十岁娶了十九岁的母亲。

母亲住在苑里乡下，外公因家贫而入赘，但外公能说会道，年轻时风流倜傥，婚后女人缘不断。据说，外婆因此发疯，有一年的时间都疯疯癫癫的。

母亲是家中的长女，出生于穷困的家庭，她的家族关系很复杂。我从小就见母亲的亲戚，但还是常弄不清他们的关系。母亲的学历是小学，从小去山里捡柴火，据说她经常在山里休息，大概体弱多病之故。家庭环境的纷扰，她的内在大概也因此终日惶惶。

父母各自带着自己的婚前生命历程，在这样的时代背景下结婚了。母亲生了五个孩子。我的大哥李宗夏，很不幸是个早产儿，因为父亲筹不到钱，付不出三千元的住院保证金，大哥无法进入保温箱，降生一天就夭折了。我是下一个出生的孩子。

在萨提亚的家庭系统中，前子夭折后再出生的孩子，是家庭里面的“王子”或“公主”。十岁以前我应备受宠爱。父亲曾经说我很任性，任性是被宠出来的。

在我三岁左右，父亲骑自行车载我出门，途中我嚷嚷着要下车，他一开始并没有答应，后来禁不住我哭闹，答应让我下车。得到父亲的允许后，我仍然闹脾气，并吵着要父亲将自行车倒回去，因为下车的地点过了。父亲只得退回去，在那儿放我下来走路。从这件小事来看，父亲应该很宠我。

我十岁之前的生活

我十岁之前的生活，家里面非常和乐，那是理想家庭的样貌。

父亲曾经带我去军中，晚上睡在宿舍里，白天牵着我的手散步。我至今记忆犹新。

当时家里经济条件差，父亲在师大就读，仅靠着打工与奖学金，维持一家生活所需。即使这样，父亲仍为我买玩具、糖，带我去照相馆合影；我在乡下生病，父亲连夜搭火车带我到台北就医；父亲说故事给我听，带我去图书馆读书，甚至亲自教我认字，开始读“孔孟”与诗词；父亲常常读书，案头与书桌都放着书，他是我自学的典范。

童年时，母亲都在家，但是并不常跟我交流。我记忆中对母亲没有深刻的印象，唯一有印象的画面就是母亲挺着怀孕的肚子，骑自行车到学校为我送中午饭。父亲因为生逢战乱，失去了原生家庭，也失去第一次婚姻，加上舅爷送他去火烧岛，又曾将自己所有的钱借给朋友却遭朋友背叛，他失去与亲友联络的热情，所以特别关注家庭生活，所有的精力都奉献给了我们这个小家。

十岁前的生活画面，如今想起来都是甜美的。父亲在厨房煮菜，母亲在一旁帮忙；父亲在河边种菜，母亲打理菜园；父亲和面、擀面、拉面、切面条、蒸馒头、包饺子、蒸包子、炒菜，母亲在旁帮忙；父亲在家种花、养鸡鸭、劈柴、修理水管、砌墙修缮，母亲偶尔帮忙；父亲生炭炉烤橘子，一家人围着炭炉等待；等等。

这些日常画面看似稀松平常，却成了我心中家的图像，想想就觉得温暖。以至于我长大之后，我也学会下厨煮饭，学会亲自动手做家事，愿意去打工、做粗活。这可能是我童年环境使然。

十岁前全家常一起散步。在黄昏的田埂上，在夜里的巷弄间，在公园里面转悠，父母手牵手地聊天，我和弟弟妹妹跟在父母身边。十岁前全家常一起说故事。在老家的河堤上，夏天晚上，凉风习习，父亲在河堤上铺上塑胶垫子，全家躺在上面看星星，伴着河水缓缓流淌的声音，听父亲说家乡的故事、历史故事与传奇。那个时候可能不仅让我学会听故事，也让我学会了说故事。我与父亲有很好的联结。

童年被安全感包裹着，和亲人之间的情感顺畅地流动着，也被父母和谐宽容地对待着。童年的自己不会特别意识到这些，把父母的关爱视为理所当然。长大后，我发现这些是一个人生命的基础，也是人生命中渴望的根基。**渴望的根基有何重要？它是一个人内在幸福的来源，有助于人不陷入困境。**

记忆中父亲会骂我，也曾动手打过我，但打我的次数甚少。最重要的是他不记仇，他在责骂过我之后，就让事件过去了，下一刻还是会温暖地叫我吃饭。父亲不记仇的特质，对孩子的影响很大，我们四个孩子常觉得父亲宽容。甚至，父母离婚后，父亲对母亲虽然有怨言，但他仍挂念母亲，生怕母亲无法维生，常想着未来有机会还是要照顾她。这可能是我性格宽容的原因。

关于我的成长历程，我写得很琐碎，但是我想通过呈现琐碎的日常，表达一种爱的面貌。十岁前我拥有爱和安全的环境，我虽然当时不会意识到这些，也不会特别珍惜，它们却建构了我的冰山的渴望层次，让我拥有更多的可能。即使我十岁后受到冲击，但那份渴望的联结，深觉自己有价值的感受，以及被爱和安全感包围的感受，为日后我与“渴望”“自我”重新联结打造了根基。

父亲是风暴中的支柱

我十岁后家庭发生了变化，父亲带着我们四个孩子，早晨为我们带便当，晚上回家煮饭给我们吃。虽然饭菜并不可口，甚至难以下咽，因为父亲为省钱，总是会让我们吃剩菜，但是父亲始终坚守照顾我们的岗位，在我们心中他一直是坚定安稳的形象。

母亲断断续续地离家之后，父亲自己的状态也是一团糟，但是父亲从未懈怠，从未外出不归，从未置我们于不顾，也从未与我们冷战。

父亲最重要的特质，是他不会将情绪带到照顾我们的生活之中，他在家中忙得像陀螺，却如常地照顾孩子，从未带着愤怒、烦躁或焦虑的情绪。这可能与他的经历有关，他从战乱逃难中存活，练就了如常的能力。我的学习成绩不佳，父亲想方设法地帮我，我却一直不成材，父亲最常说的话就是："继续努力，不要放弃。"我流连于电动玩具，每日沉迷其中，停不下那股玩兴，但是偶尔内在会有一道声音——父亲的教诲，或者脑海里出现一幅画面——父亲煮饭的神情，会将我拉回现实。

当我联考落榜了，父亲虽有失望的神情，但随后就鼓励我"加油"。

我在重考的日子里，无法安定下来读书，到工厂打零工，父亲并不赞同，但是我已经十八岁了，父亲并未干预我，他懂得给我自由，让我在自由中领略爱。父亲对我的宽容，还有他认为读书重要的观念，使我坚持考了四次，最终考上了东海大学。

大学毕业之后，父亲期望我当教师，我并未满足父亲的期望，父亲有时想说服我，却不阻拦我探索，也从不责备或讽刺我。甚至，我到酒店、娱乐场所打工，父亲虽然不喜欢我去，但是因为我已经成年了，父亲也从不阻止我，只是要我注意安全。他从始至终都没有放弃过我，对我一直有期望，他对我说过一句话，我牢记在心："咱们家的人，常是大器晚成。"如同台湾的谚语："大只鸡慢啼。"我常觉得自己会"啼"，只是时候还未到，那是父亲给予的接纳，也给了我一个“愿景”，我是晚成的大鸡，我终将起早鸣叫。

父亲常不同意我的选择，但是他关心而不控制，对我有很大的帮助，那是一种期待却接纳的状态。

自从我二十七岁大学毕业，打零工或在家写作，他都不喜欢我的选择；我后来的职业生涯，从离开记者职务、三十九岁离开教职、决定开设写作班，父亲的意见都与我相左，但是父亲从未干涉。他虽然不同意我，却仍旧鼓励我。正是父亲对我的接纳，让我有足够的伸展空间，内在不至于很纠结。

父亲的未干涉，不代表他不谈论，而是他不以自己的意志，压迫我的意见。但是我们两人的沟通，仍出现了很大的困难，只要父亲谈及我的工作、我的人生选项，我就会有他想要说服我的感觉。我们的对话充满火药味，所幸父亲最后都会表达他的初衷：他是关心我的未来，但我要做什么都行。

我对父亲也有期望，我期望他不要骑摩托车，不要那么辛苦地做家务，不要跑很远去买菜……我的这些“不要”也会引起我和父亲的不少争执。我对此感到无比沮丧。

但是父亲不记仇，每日买菜、煮饭如常，胸怀宽大，情绪稳定，这是我从父亲身上体验的爱与接纳。父亲从不吝惜说爱，表达对我的需要，他总是告诉我：“你没回家，老子想你了”“老子很爱你”“我是你老子，我当然爱你”“我需要你帮忙”……

被父亲守护的童年是一生的宝藏

我在父亲的呵护下成长，在父亲的接纳与稳定的情绪中浸润，虽然经历了十岁后的风暴，但是在那样的环境下，心情除了愤怒、孤单、悲伤、沮丧与无奈，也有宁静和暖流。我在生活的某些时刻，也能安静下来，思考重新开始。

十岁后的心灵，一直到三十余岁，我心里为自己下定决心，做了无数次“重新开始”的决定。虽然我无数次地重新开始，又被打回原点，但是我也没彻底地放弃自己，随波逐流。我在酒店打工，并未沾染抽烟、喝酒的坏习性，也并未因为赚钱容易，就待在我不喜欢的环境。在二十七岁离开那个环境后，我继续打零工维持生活。

待我三十二岁上山教书，开始认识萨提亚模式，接受约翰·贝曼老师的教导，目睹他的对话与冰山脉络的书中所写，我内在受到冲击，感到深刻的安顿内在的力量，身心充满顺畅流动的能量。

这是非常特别的体验，我认为与十岁前的生命，以及父亲的守护有关，让我的渴望能在我接触萨提亚模式之后重新联结。我还记得课后几日，叔叔婶婶来家中，婶婶一见我就惊讶地说：“你怎么变了，变得这么深刻？我说不出来，但觉得你不一样了。”我记得当时回应婶婶：“我也觉得自己变了。”

过去我常感浮躁不安，体内常有浮动感，“我不是我自己”这句话最能说明此状况。但是认识贝曼老师之后，开始浸润萨提亚模式，体内的浮动感降低，深刻感常驻。我与人的对话状态也有变化，变得能安静地倾听，能进入他人的内在，变得更专注。生气的次数大幅减少，宁静的气息大幅增加，我喜欢这样的状态。这种神奇的体验，我自己也说不清，直到近年我开始思索，这样的变化应与“渴望”的联结有关。

到了 2012 年我读埃克哈特·托利的著作，对当下的概念理解得更深刻，对观想、联结自我更有方向，并且常练习通过感受联结自我，内在逐渐地更自由，也更趋于稳定、深刻。2016 年左右，我通过脑神经科学认识到：**真正被关爱的童年，以及重要的人的真心关爱与守护，对人会产生巨大的影响。那些过去的创伤经验，可以通过正念、静心与疗愈，**

可以转化为帮助自己的资源。

父亲过世前曾表示，母亲离家之后，家庭纷乱不堪，四个孩子的状态都混乱。孩子的成绩差劲，考不上学校，弟弟妹妹还有留级、出乱子、打架等状况发生。麻烦事一件接着一件，父亲为此几乎心力交瘁，常在夜深人静时落泪，但是父亲都挺过来了。在生命最后的十年，他最常说的话是："每个孩子都变了，我太满足了。"

父亲过世的时候，我们安排了亲人家祭，三弟提议每人写一篇祭文，在父亲的灵堂前朗读，代表对父亲的无限思念。我们每个人都有对父亲的追忆。我们的追忆都是特别的个人体验，都属于每个人自己的独有画面，皆是父亲给予我们每个人的爱，那是滋养我们生命的恩典。

父亲赐给我生命，也给我联结生命的宝藏。我曾经在不堪的处境，被他深深地接纳，被无条件地爱过。接纳和爱是冰山的渴望层次中，很重要的存在。

与母亲和解

我内心与母亲的和解，在三十三岁左右。那时接触萨提亚模式，我开始打电话给母亲，有次居然讲了三小时的电话，母亲应该很讶异。

我上课时听到家庭图像时，瞬间与母亲之间的仇恨化解了大半。我绘制了母亲家庭图，好奇她的童年生活，好奇外公外婆的应对，我看见母亲生命历程的全貌。从那时候开始，我开始过年给母亲包红包、平时给母亲生活费，也会给当年恐吓我的胖阿姨红包和生活费。我并非为了孝道，也不是同情与可怜，只是想力所能及地让她们幸福点。

在 2010 年的夏天，我赴香港中文大学演讲，并参加全球萨提亚年会，我临从香港出发时有些感触，出发前买了香芋和其他食物，带给母亲与胖阿姨。我还记得那天午后，一轮红日在窗外映着，母亲从厨房端着一锅姜母鸭，她们两人招呼我吃饭，我已经多年未尝母亲的手艺。胖阿姨抽了一口烟，若有所思地说："以前我最讨厌你，想不到现在你拿香芋给我，对我们最好……"我听了她这句话，亦感触良多，生命有很多的可能，成长的状态很美。

回首往事，我在青少年的那段彷徨时期，视胖阿姨如寇仇，怎么也不会想到今天我愿意彻底地放下成见。她们仍旧生活在一起，多年来仍旧吵吵闹闹。年纪大了的她们既无工作，无房，身上也无存款，所幸有儿女提供生活费。我们也决定为母亲购屋，让她们能老有所居。

胖阿姨如今对我，应已放下多年的敌意，但她的个性一如既往。弟弟妹妹的孩子不喜欢她，因为她的言语充满负能量、讽刺与调侃。虽然她本意并非如此，但说出来的话很难听。她的经历或许给身心带来很多创伤吧。

2020年的除夕夜，因为父亲已经仙逝了，手足齐聚母亲家吃饭。席间全家拍大合照时，胖阿姨坐在一旁看着此景，心情或许很复杂，她用语言促狭侄女的姿势，侄女为此哭了很久。年夜饭的聚餐结束之后，我载着妹妹一家人回家，外甥女三三谈起侄女的哭，对胖阿姨感到生气。在外甥女愤愤不平的叙述之后，问我："大舅舅，你有包红包给姨婆吗？"

孩子们唤胖阿姨"姨婆"。我点头应着："有啊。"

三三更进一步地问我："你包了多少钱？"

我诚实地回答她。

三三脱口而出："你为什么要包那么多？"

我继续说道："若是你呢？你会包多少钱？"

三三快速地回答："给她包200元就够了。"

我沉思了一下，征得了妹妹的同意，跟三三说了关于我与胖阿姨的过去的"恩怨"，以及对家庭造成的冲击。

三三说："那更应该包少一点，不是吗？"

三三并未说"不要包"，而是说"包少一点"，可见她的善良可爱。

我以前恨胖阿姨，如今已不恨了，但我也并未爱她，更不是可怜她，我只是接纳了她。最重要的是，我的内在安定了，常感到平静而深刻，很少受外在的影响。让胖阿姨"老有所终"，让她过年感到开心，是我力所能及的事，何乐而不为呢？

我对三三说："如果有一天，你能过得幸福，感觉圆满和谐，你不会想报复'敌人'，也会希望'敌人'过得好一点。如果真要说报复，我是用'爱'来'报复'她而已。"

有一段漫长的岁月，我童年的期待失落，视胖阿姨如敌人，如今童年已经过去，失落的期待不可能完成。但是我的内在能够改变，我可以让自己活得自由，活在丰盛的联结之中，不再受过去的影响。

"渴望"的联结意味着：活在"爱""接纳""意义""价值""自由""安全感""信任感"的体验里。

渴望层次的体验，在遇到外在事件时，内在正如不倒翁，可以让自己在外在事件的冲击下恢复平稳的状态，感到平静的能量。比如，与人发生语言冲突了，自己内在受伤比较轻，也比较容易复原，受冲突的影响小，不会被生气困住太久，不会被伤害击垮，也不会陷入烦躁、不安或痛苦的旋涡。在平常的状态下，更易专注在当下。不管是遇到事情还是处在平常的生活中，都可以练习时时觉察自己，时时专注在当下的自我。随着专注自我的能力的提升，内在就能感到深刻，身心间丰沛的能量感更深。

而觉察与专注的能力，我认为与十岁前的经历有关，也与父母给予的爱有关。那是大脑神经发展的关键，是一个人生命力的钥匙，是开启日后内在能量的关键。

十岁之前的冰山，以九岁为基准点

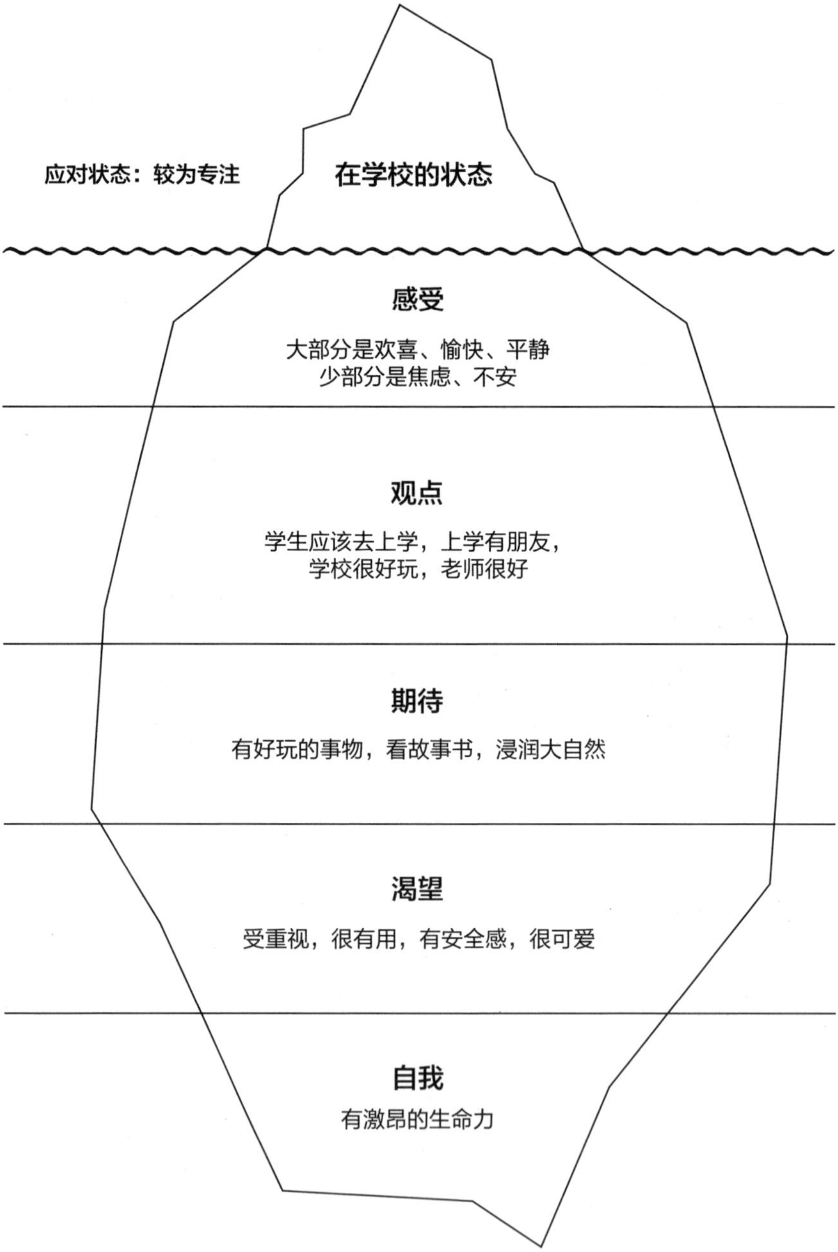

应对状态：较为专注

在学校的状态

感受

大部分是欢喜、愉快、平静
少部分是焦虑、不安

观点

学生应该去上学，上学有朋友，
学校很好玩，老师很好

期待

有好玩的事物，看故事书，浸润大自然

渴望

受重视，很有用，有安全感，很可爱

自我

有激昂的生命力

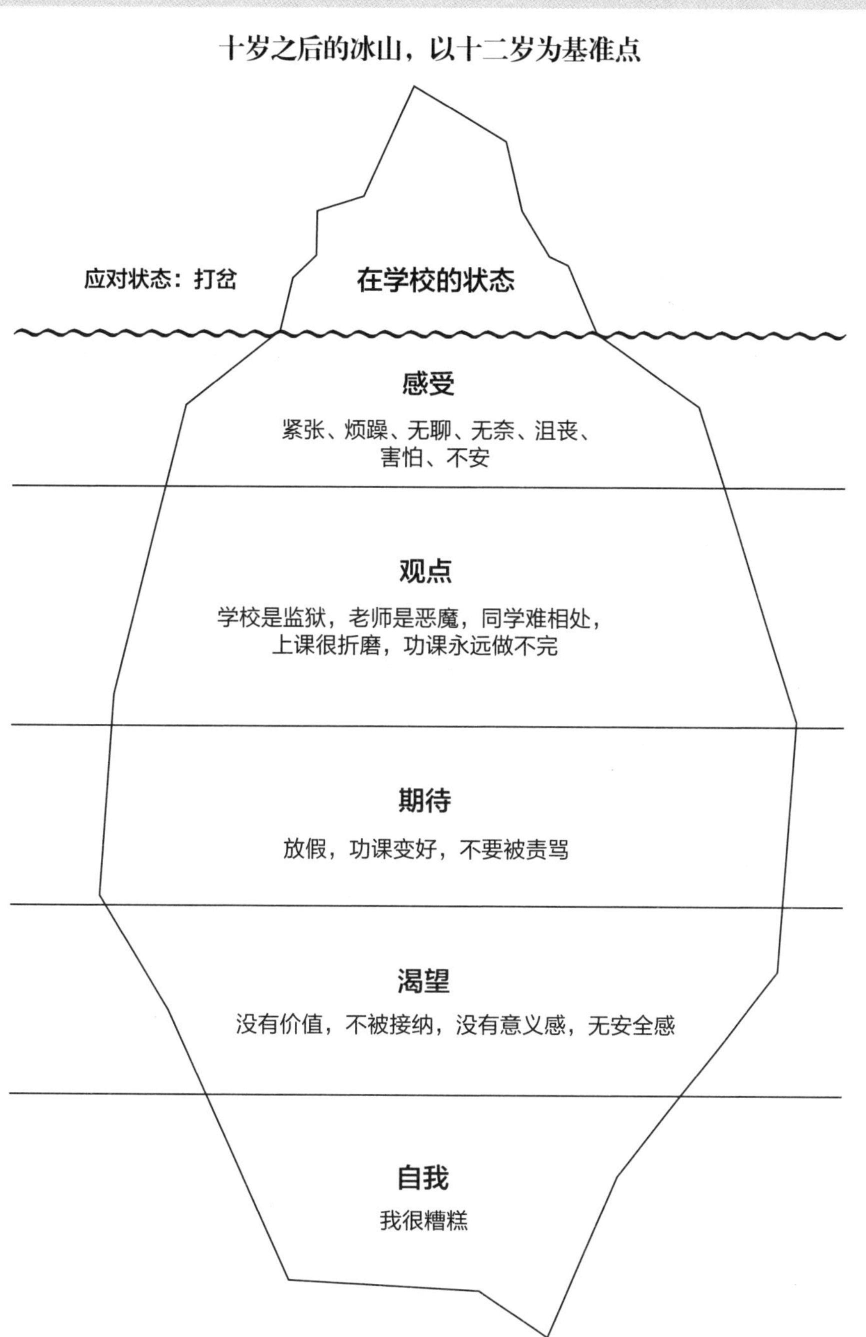
十岁之后的冰山，以十二岁为基准点
应对状态：打岔
在学校的状态
感受
紧张、烦躁、无聊、无奈、沮丧、
害怕、不安
观点
学校是监狱，老师是恶魔，同学难相处，
上课很折磨，功课永远做不完
期待
放假，功课变好，不要被责骂
渴望
没有价值，不被接纳，没有意义感，无安全感
自我
我很糟糕

十岁之前的冰山，以九岁为基准点

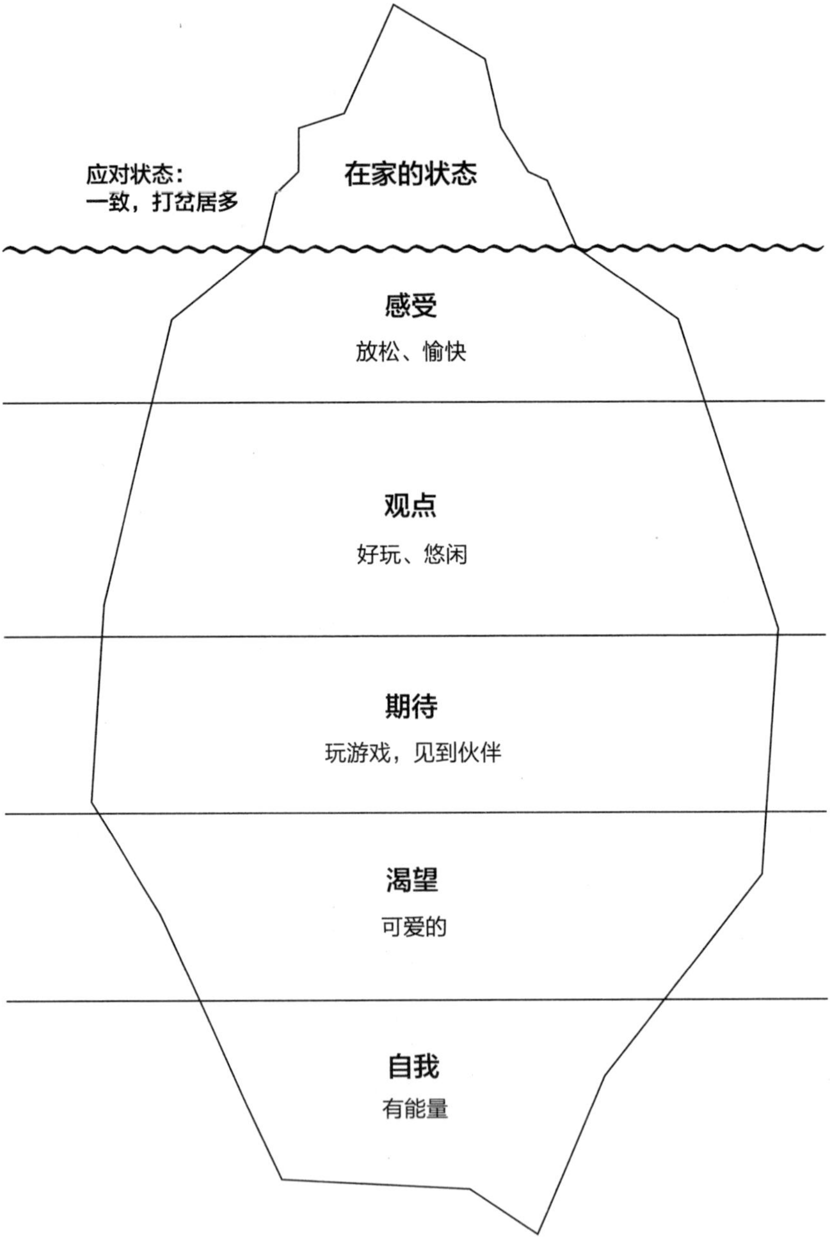

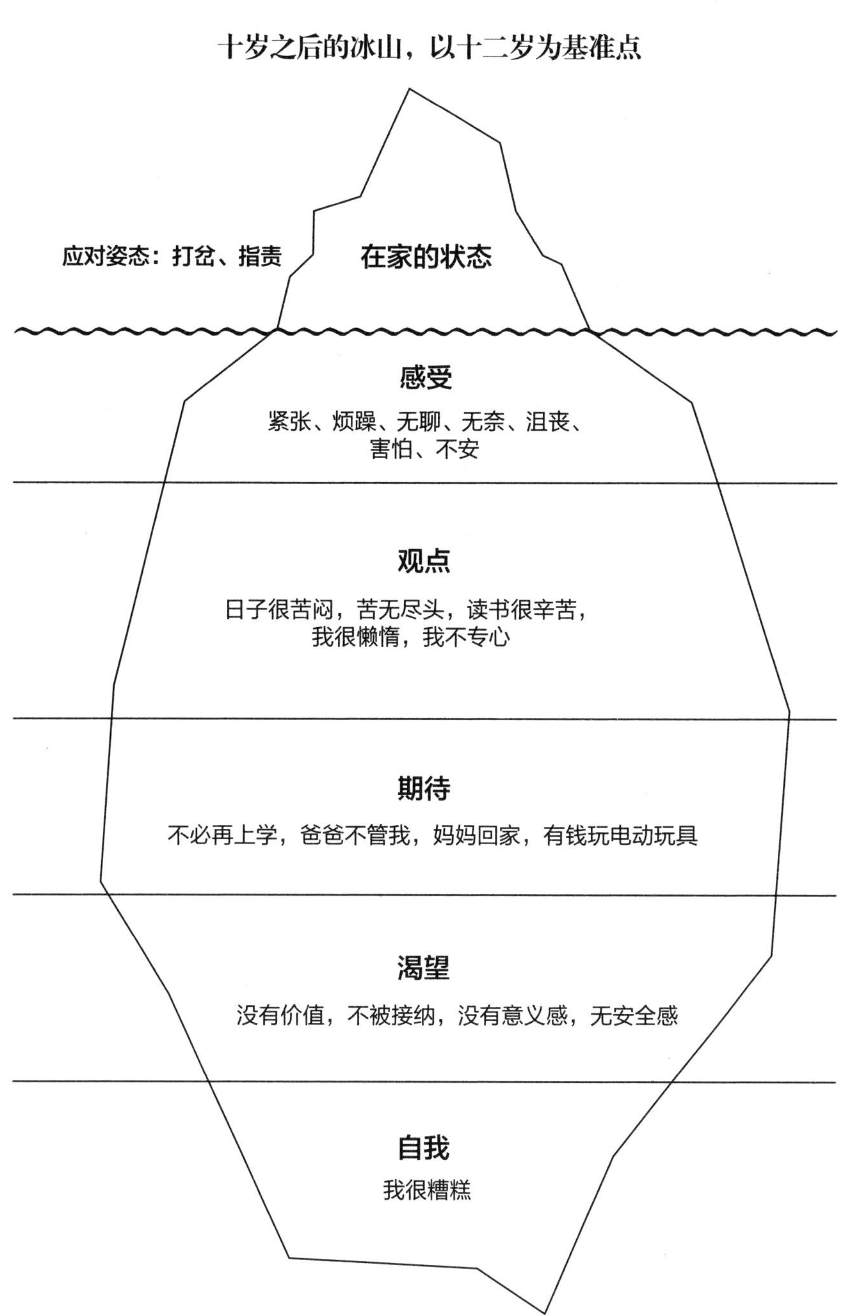
十岁之后的冰山，以十二岁为基准点
应对姿态：打岔、指责
在家的状态
感受
紧张、烦躁、无聊、无奈、沮丧、
害怕、不安
观点
日子很苦闷，苦无尽头，读书很辛苦，
我很懒惰，我不专心
期待
不必再上学，爸爸不管我，妈妈回家，有钱玩电动玩具
渴望
没有价值，不被接纳，没有意义感，无安全感
自我
我很糟糕

敬唯说：

这是我第一次如此系统而完整地听到崇建讲述自己的原生家庭，回溯原生家庭带给自己的影响，他体验到“拥有美好的童年和一个宽容、懂得表达爱的父亲”是他“体验爱、感到自己有价值的基础”。这些都成为崇建有安全感的根基。这是一个孩子在童年被安全感包裹后的渴望被满足的充分体验。

不知道你读到这些亲人之间的情感流动，和谐、宽容的对待的体验是什么感觉呢？我会深刻地体会到人的冰山下渴望就是这样造就生命的基础的。这就解释了渴望的根基为什么特别重要。与渴望联结后所拥有的稳定、深刻的渴望根基是人内在幸福的缘起，是人即便遇到更大的苦难也不至于陷入困境的保证。

崇建非常详细地描述了自己的父亲，特别希望更多的父亲可以读到这本书，体会一个父亲的力量和价值。崇建说：“母亲断断续续地离家之后，父亲自己的状态也是一团糟，但是父亲从未懈怠，从未外出不归，从未置我们于不顾，也从未与我们冷战。

“父亲最重要的特质，是他未将情绪带到照顾我们的生活中，他在家中忙得像陀螺，却如常地照顾孩子，从未带着愤怒、烦躁或焦虑的情绪……”

父亲的爱，是崇建走出困境的钥匙。

练习的小工具

本章崇建做了自己九岁的冰山模型图和十二岁的冰山模型图，这些都是他的生命的关键节点。如果你也可以走进自己的成长冰山，这对你是一个很重要的整合过程。你可以参照崇建的冰山模型图进行成长冰山模型图的绘制，如果自己进行有难度，也可以寻求专业的支持。

第五章

联结亲人内心的渴望

能与自己相处，才能与世界相处

学习萨提亚模式，让我渐渐地懂得，真正的问题在自己。**只有懂得与自己相处，也就是与自己联结，才有能力面对世界。**

无论世界如何变化，自己都可以不受影响，或者可以觉察到自己受了影响，进而懂得安顿自己，那么和谐的状态就从自我拓展到这个世界了。

生活中有诸多状况，状况也总是接连不断，但是我可以不一样。**他人如何都没问题，问题在于我是如何**。我懂得与自己相处，便懂得与他人相处。这是身心的体验，并非在脑袋里的运行。

我在这一章中，将举出我与不同的亲人相处时发生的一件事，观察我学习萨提亚模式之后的应对。虽然当时仍不成熟，但是已经与过去大有不同。

联结母亲的渴望

父亲八十七岁的那一年，经历大车祸，肋骨断了三根，脾脏因此破裂了。

父亲的车祸

女孩为了上班能准时打卡，车速可能过快，撞上了父母的摩托车。

女孩双膝挫伤，在医院见到我父亲，她哭得非常伤心，对撞伤我的父母感到自责。当时父亲伤势严重，只知道肋骨断了三根，要住院观察一阵子，同行的母亲手断了，要住院开刀治疗。

女孩家境清寒，半工半读地念大专。面对突然发生的一场车祸，她不知如何是好，问我们要如何善后。父亲反而安慰女孩："你赶快回去吧，不用你赔钱。"手断掉的母亲，当时感到很生气，认为应向女孩索取赔偿。

父亲住院一星期后，在小年夜当天出院了。父亲在家仅睡了一晚，隔日就发现腹部肿胀，又匆匆被送入医院，检查后得知脾脏破裂。在除夕夜当天，通过手术摘除了脾脏。

2011 年的春节，我在医院度过，其间，女孩仍致电，询问父亲的伤势如何。父亲浑身都疼痛，在病床上翻来覆去，开刀后边打点滴边吸氧，身上还插着引流管。这个春节他只能在医院度过了。

大年初三的上午，女孩来医院探望父亲。她非常纯朴天真，带了六七颗橘子，橘子放在塑料袋里。女孩到医院才知道父亲通过手术摘除了脾脏，女孩难过地哭了。

父亲在病榻上醒来后，问："是谁来啦？"

我告知父亲："女孩来了。"

父亲鼻腔插着氧气管，说："赶紧回去吧。过年的时候，来医院不好。"

女孩哭得更厉害了，再次问是否要赔偿。

父亲见女孩未离去，将鼻腔里的氧气管取下，手指着自己鼻子，问："你知道我是谁吧？"

女孩愣在当地，不知如何作答。

父亲停顿了一会儿，仿佛在等待答案，他没得到女孩的回应。

父亲随后认真地说："我是个老师，你知道吧？老师不会处罚你，更不会要你赔钱，赶紧回去过年吧。”

父亲说完话，疲累地躺下来，闭上眼睛休息了。

保险赔偿金

上述这件事，我也在《麦田里的老师》里写过。经历一场大车祸，父亲痊愈出院之后，在家躺了一个月，终于回到正常的生活，只是后续病情上还会“余波荡漾”。

父亲发生车祸，没有让女孩赔偿，母亲有她的意见，认为对方撞伤人，就应该负起责任，怎么可以不赔钱？但父母住院期间，外务皆由我打理，有关医药与看护的相关事宜，都由我来做主。我支持父亲的做法，自认拥有对此次事件的善后能力，母亲也就不坚持了。

事后，我从保险员那里得知，父亲的摩托车有强制险，父亲因车祸切除脾脏，保险公司应理赔三十七万元，也向父亲告知了此事。

父亲疑惑地问：“不是女孩赔的吧？”

我向父亲解释：“不是。是保险公司理赔的。”

父亲惊讶地说：“怎么有这样的事？”

我进一步地解释：“我们每年都给摩托车缴了保险，因为您发生车祸摘除了脾脏，保险公司理赔了三十七万元。这笔钱你要不要？”

父亲开心地说：“保险公司赔偿，我当然要呀！不是那孩子给的，那就没问题。”

我向父亲要了证件，准备办理理赔的事宜。父亲在我耳边，偷偷地告诉我：“理赔的事情，不要让你母亲知道，我每次寄钱给你大哥（这是作者同父异母的大哥），她都不高兴，老是跟我吵。”

我点点头，表示理解父亲。

父母的情感经历

我此处提到的母亲，是父亲的第三任妻子，也就是我的继母。

父亲于1941年左右，大概十六岁时，就结婚了，那时父亲已是村中小学的校长了。亲事是爷爷决定的。

大妈（父亲的第一任妻子）生下大哥宗唐，二哥宗虞，当时战争仍未停歇，父亲离开村中的小学，辗转到济南读书。大妈带着两个孩子，一路逃难前往开封，二哥在路上夭折了，大妈亦因肺痨病殁。战争结束之后，父亲与家人相隔两地，再也未与亲人相聚，直到1949年。大妈病殁后，年方五岁的大哥，先跟着亲戚过日子，后来亲戚四处离散，大哥从此成为孤儿，过着行乞、寄人篱下与流浪的生活。

父亲就读济南的中学，1949年跟随老师，撤退到台湾省澎湖县落脚，成了流亡的学生。机缘巧合之下，父亲与他人相亲之际，遇见我的生母，展开了一段姻缘。

生母生下五个孩子，兄长宗夏夭折。生母在我十岁时离家，在我二十岁时与父亲离异。我大学毕业后，期望父亲再娶，能有人陪伴他，来减少我的愧疚感。

父亲经人介绍，与继母通信数年，我大概三十岁时，父亲征得孩子们的同意，将继母娶回台湾。本文中出车祸的母亲，就是我的继母。继母嫁入台湾，孩子们为了与她亲近，让她与家人少点隔阂，所有孩子皆称她为“母亲”，不称呼她“阿姨”“小妈”或“继母”。此文之后的称谓，我亦用母亲称呼。在我的内心深处，我拥有三个母亲。这是出于我尊重父亲，尊重三位女性，尊重我的生命历程，以及内心深处的感激。

此处提及的母亲，是我第三位母亲，前夫病殁数年，她独立工作养家，将四个孩子提拔成人，与父亲同样坚忍辛勤，在贫穷的绝境中挣扎。但母亲原是孤儿，由养父母养育长大，内心深处常有被忽略、不重要、被背叛、被遗弃之感。这可能与她的成长背景有关，我与母亲常深谈，听她谈论童年与家乡，也听她谈及前夫，母亲常称我最懂她。

父母在心性成熟之后结婚，皆非初次进入婚姻，都经历了人生的风浪，但也并未因此懂得婚姻。两人在家中相处，常为琐事争执，母亲也常与父亲冷战，我学会“不痴不聋不做儿孙”，能接纳两人的相处状态。争执也好，冷战也罢，那是他们两人的功课，但我很会倾听，倾听他们两人的心声。

父母的争执

兄弟姐妹成年后，在各地工作、生活。只有我留在台中，我几乎每天都回家，陪父母聊天或吃饭，偶尔参与他们的争执。父母的价值观有差异，对婚后的财产，有各自不同的看法。

父亲穷苦了半辈子，早年经同乡介绍，参与地下的投资公司，1989年赔光八十万元的积蓄。他生平唯一的一次投资，即遇到诈骗的“老鼠会”[①]，是台湾经济史上最大的经济犯罪活动。当时事情发生后，家中几无存款。父亲辛勤教书二十五年，又省吃俭用了一辈子的积蓄，除了我生母赌钱挥霍掉的钱，几乎尽数被“老鼠会”欺诈了去。父亲退休后，退休金本就不多，却又常想寄钱回大陆，给大哥宗唐一家用。我估计父亲想要弥补他未照顾宗唐的遗憾。

父亲只要寄钱回家乡，母亲就会要求比照办理，寄钱给她之前的亲生子女。她认为对待子女要公平，既然给宗唐寄钱了，也要给她的子女寄钱。父亲自然极不乐意，他认为除了宗唐，所有的子女都正当年，皆可自食其力，没有寄钱的必要。但是唯独宗唐年已花甲，家庭又不富裕，

① 即非法传销组织以向人们提供发财机会为名，采用“拉人头”的方式，从事欺诈活动。——编者注（如无特殊说明，后文页下注均为编者注。）

自然需要父亲的帮助。然而所有家务事，本无绝对的对错之分。父母有不同的生活环境和成长经验，也有各自在乎的人和事，因此他们在期待、观点上差异很大，自然经常发生争执。

当父亲因撞伤摘除脾脏后，保险公司理赔了三十七万元，父亲不想告知母亲，我完全可以理解此事。母亲跟邻居相熟，听邻居说父亲的情况可以走保险理赔的程序，应有保险金可领。母亲问了我数次申请赔偿的事情。我只能支支吾吾，含混过去，没有给她确定的答案。然而瞒着母亲，不是件容易的事情。三十七万元的理赔款入户，父亲户头就会有记录，母亲常查看户头的存款，秘密终究难以掩藏。母亲一旦发现，到时候真难善后。

瞒母亲的事情

钱拨入户头的那一日，我陪着父亲去银行，想将这笔钱领出来，暂存入我的户头，日后父亲可自由提领。当时我出了一个馊主意，请银行补发存折，新存折就不会有记录，母亲也就不会知道了。

父亲惊奇地说："你怎么想到的？"

"我小时候坏事做多了，脑袋里都是这些小聪明。"

父亲哈哈大笑，一派轻松的模样。

当时午后的银行大厅里，电视上正在播放新闻，父亲满足地看着电视。此情此景仅一瞬，但一瞬几如永恒，我万分珍惜当下，心中充满幸福与感动。尤其前不久父亲刚从车祸中死里逃生，当时竟能与父亲一起，共同做着一件"坏事"，内心涌现幸福之感。

然而祸福相倚，所以须珍惜当下。正当我们父子在银行，等待银行办事员叫号时，母亲就来了电话，告知收到一封信，信上说保险金有三十七万元。我竟然忽略了保险公司会寄信通知的事情。我与父亲去银行的时候，挂号信就被母亲收到了。我没听母亲讲完，脑袋就陷入轰然巨响之中，恍如童年做坏事后露馅了，那种熟悉的慌乱感，随即涌现在胸腔各处。

我实在不忍打断父亲的美好想象：他能拥有一笔钱，资助宗唐大哥，无须再与母亲争执。可以说，那是他切除脾脏换来的。在一刹那的摇晃中，我见父亲正哼着小曲，但还是硬着头皮把这件事告诉了父亲。父亲对这样的结果颇难以置信，问我怎么会如此。

我仅能自嘲百密一疏，天网恢恢之类的说辞，也因为这个原因，小时候做坏事常受折磨。既然已经东窗事发，银行事务无须再办，我和父亲匆匆忙忙地回家了。

那天，我载父亲到巷口，我心中仍旧慌乱，决定不进家门了。

父亲问我："你不进来了？"

我推说还有别的事要忙，就先不进去了。父亲点点头，表示理解我了，父亲自己只身走回家里。我该怎么办呢？东窗事发，滋味难熬，日子总得过下去。

为自己的错误负责

晚上，我考虑再三，决定要回家面对，心想若被母亲责骂，就完全地接受吧！但是我决定了，要与母亲好好地联结。

当晚我开了大门，母亲在楼下看电视，听见我回家开门的声音，起身来向我招呼："你回来啦！"

父亲正在二楼看电视。

这是两人吵架的模式，先是母亲"指责"，父亲以"超理智"的姿态回应，接着两人进入"打岔"模式，一人待在一层楼，各自看各自的电视。

过往我分别与他们说话，听他们心中的抱怨，彼此的"打岔"模式就模糊了，他们会渐渐地恢复正常交流的生活。但是此刻我是"事主"，虽然保险金理赔给了父亲，但是我与父亲是“同谋”，共同向母亲隐瞒了此事，母亲应会有被背叛的感觉。若是此次我和父亲不向母亲解释清楚，我们之间未真诚地沟通，家庭就会从此有一禁忌，彼此心中都有疙瘩。

我以前常觉得做人真难，但是随着年龄渐长，也经过了更多的学习，知道了自己的方向，于是我的内在不再于烦忧处运转。若在烦忧处运转，混合着复杂的思考，我的内在就会陷于困顿，这对解决难事并无帮助。在我学习了冰山理论之后，常将能量导向目标——**觉察和接纳自己，思考我想要的是什么，我可以做些什么，是否可以为自己负责**。

觉察、接纳、联结自己，是内在冰山的运作过程。我从感受中觉知和探索，专注地停留在感受中，再进入渴望层次，与深层的自己联结，内在能量就会稳定。若是渴望处不易联结，强烈的观点就会浮出，我便探索自己的观点层次、期待层次，看看自己过往的经验，再导入渴望层次，重新给自己接纳与爱。如此，内在就容易和谐与稳固。

如同萨提亚女士所说：“**面对问题，不是问题。如何应对问题，才是问题**。”当我们照顾了自己，与人应对就会自由，而不会陷入指责、讨好、超理智、打岔四种应对姿态。

进入母亲的冰山

母亲一如往常地对我说：“你回来啦！”

仿佛什么事也没发生，母亲的冰山表面，没有任何波澜。

就在母亲招呼完我之后，我突然询问母亲：“保险金的事，你知道了吧？”

这是一个客观事实，我只是通过**重述**，让彼此有介入的点。

母亲听到我这样单刀直入地询问，她倒是不知所措起来，并未立刻接我的话。

我停顿了一下，继续跟母亲说："我没跟你说真话，你会不会生气？"

这句话是**直接的探索**，概念是关心对方：感受层次是水平面下冰山的第一层，我将关注的点，带到母亲的内在。

但是这样说话，对一般人很困难，其原因如下：

原因一，违反谈话的习惯，平常并非这样谈话。

原因二，说话者仅用"套路"，并非真心地与对方联结。

原因三，说话者的姿态高，他仿佛在照顾别人，说话者容易呈现"超理智"的姿态，并非真诚地进入交流。

原因四，对方没准备好，暴露自己内在，引发一连串的变化。

原因五，对话者内在不稳定，容易被挑起波澜。

原因六，目标是期待对方理解，而不是在渴望处联结。

母亲有点惊讶，情绪起伏了一下，瞬间地恢复平和的状态说："我不生气。"

我静静地听母亲说。当我专注地听母亲讲话时，母亲有了情绪，话锋一转，说："我为什么要生气？你们父子俩，都是知识分子，联合起来欺骗……"

我没有辩解，只是静静地听着，并且跟母亲表达："妈，你生气是理所当然的。"

母亲听我这样说，难掩受伤、难过的情绪，眼泪不断地涌出，夹杂着新的愤怒，说："那你为什么这样做，为什么要欺骗我？瞒着我，将钱藏着、掖着？你们到底要做什么？"

母亲发泄她一连串的情绪，倾诉她复杂的思绪，表示无法理解我们父子俩的行为。

我听完母亲说的话，我能理解母亲的伤心、孤单与愤怒，除了因为她对钱的重视，还因为她有被排拒在外的感觉。母亲那层层叠叠的痛苦，是她生命的课题，在此刻被我和父亲的行为彻底地勾起。还好，我有机会倾听。

我在母亲哭泣时，真心地向她说："妈，对不起。我错了。"

母亲接着质问我："现在知道错了，当初，为什么那么做？"

我理解母亲这么问的原因，客观并如实地回答母亲的问题："父亲要瞒着你，我依他的意思。"

母亲愤愤不平地说："你父亲做错事，难道你也跟着？他为什么要瞒着我？"

"妈，你们的钱是怎么用的，我从没问过，因为那是你们的家务事。我作为儿子，只能看着，因为我爱你们。所以我也不明白，父亲为何藏私房钱。"

很多人不明白我为何会这样说，会认为我是在推卸责任，将责任归咎于父亲。但这里的表达，需要从对话的"脉络"来看，而非单看这"一句话"。

我将陈述的方向，归纳为后面几点：

第一，陈述客观事实。这件事的客观事实，有一连串的脉络，指向父母长期的争执，因此后续的对话显得至关重要，这句话只是开了门。

第二，将对话带到觉察。后续的对话触及父母间一直存在的问题，让母亲有机会觉察。

第三，我与母亲之间本就有深厚的联结。

第四，我的谈话目标，不是追究谁对谁错，而是与母亲联结。

这句话让母亲停顿了。

母亲的内在经历了一番翻腾之后，涌起了诸多怨气，说："你父亲不让我花钱，他老是说我乱花钱。我自从嫁过来之后，都以你们为重……"

母亲的这句话透露了无价值感、不被接纳感，这是母亲的渴望层次。因此要与母亲联结，做子女的人需要联结自己的渴望，才不至于沦于解释或讨好的状态。

表达对母亲的感谢与爱，联结母亲的渴望

“妈，你待我真好，比生母还好，我生母离开之后，还好你来了家里。”我说的是真心话，并非场面话。她在家为我煮饭，常关心我的生活，也陪伴父亲生活，我可以感到她的爱。

母亲瞬间流了更多的眼泪，说：“你们从小就没妈，我看着都心疼，总想照顾你们。”

“妈，谢谢你。我一直都知道，我喜欢吃馄饨，你就包馄饨；我喜欢吃蒸鱼，你就为我蒸鱼。我一直都知道。”

母亲听我这么说，哭得更伤心，接着说：“那些不是事，我真把你当儿子。”

我走上前去，抱着母亲说：“妈，我都知道。对不起。你生我气没关系。”

母亲也抱着我说：“我不生气，我不生气。要生气，也是生你爸的气，他老想寄钱给你大哥。”

“妈，这我就不知道怎么帮你了。他寄钱给大哥，你不同意呀？”

母亲擦擦眼泪说：“不是不同意。你爸都寄多少钱了？他老想着宗唐，钱不花在你们身上，尤其应该给你钱。你看家里的开销，每星期吃饭都是你花钱，你连车都舍不得买……”

我听着母亲的絮叨，是在为我抱不平。最后我仍告诉母亲：“关于钱的事情，你还是好好跟父亲商量。”

这个事件落幕了，父母之间的关系，重新回到过去。关于她与父亲，两人金钱观的差异，我只是做到接纳，接纳他们会争执，怀着爱看两人的日常。弟弟妹妹知悉此事，纷纷感到好奇，在出了这么恐怖的纰漏之后，我怎么还可以跟母亲谈话？

我并非运用策略，目的亦非让母亲释怀，我只是想联结彼此，联结母亲的渴望，真诚地关心她，也真诚地表达自己，我认为这样就足够了。

敬唯说：

约翰·贝曼博士（我和崇建共同的老师）说，我们每个人都是复杂的、独特的、可爱的。我们通过崇建讲述的与母亲的故事，看到的是一个人与自己和解的内心之旅。学习萨提亚，学习对话就是要我们通过悲催的事件或复杂的关系，依然去看到人性的光芒汇聚起来，从而形成爱的心流，让这股爱的心流在家庭的系统中流动。这就是本书特别吸引人的原因之一。

相信阅读这本书的人都会想去学习冰山理论，用崇建的话在此特别提醒："学习了冰山理论之后，常将能量导向目标——觉察和接纳自己，思考我想要的是什么，我可以做些什么，是否可以为自己负责。"

崇建为我们示范的他与母亲的对话过程，没有策略和套路，没有非要母亲释怀、原谅的目标，而是真诚地关心母亲，表达自己，从而联结母亲的渴望。当对话双方都和自己的渴望联结起来，即使双方有些小问题，解决起来也就不难了。

此刻，我邀请你写出自己的生命故事，找到另外的伙伴，表达分享出来，这是对联结渴望，整理家庭系统的有意义的练习。

联结大哥的渴望

台湾于1987年开放探亲，父亲在1989年重回故乡。当时祖父已经仙逝，父亲的大陆亲人在战乱逃亡中死伤殆半，剩余的亲人有我大姑、二姑、四姑、三叔与宗族中远近的亲戚，还有五岁即成孤儿，当时年过半百的大哥，也就是父亲的大儿子。

1989年我仍在军中，无缘跟随父亲返乡，当时十五岁的妹妹陪父亲返乡。她返乡后目睹亲人相聚的场面，泪水自然流了不少，但也看到了相聚后亲人间非常多的冲突。据妹妹转述，亲人为了照顾彼此、给彼此爱，却因为不理解彼此，反而形成了冲突。

爱是渴望层次的关键部分。但爱若未联结，就只是个观点，或者是个期待。

亲人送行引发的冲突

1989年父亲返乡一个月，经历了天伦的相聚，也和亲人发生了无比真实的冲突。其实，这些冲突都是鸡毛蒜皮的小事。

父亲返台前下榻西安，隔日从西安咸阳国际机场起飞，亲人纷纷前来送行，这本是一件满含盛情的美事。但父亲不想劳师动众，亲人珍惜亲情，彼此都有相同的渴望，却有不同的期待。

姑姑、叔叔与大哥，都是务农维生，生活清贫劳务多，父亲不愿看到他们奔波。彼此都为了爱，但意见相左，世间类似情景，恐怕不在少数。

白发苍苍的四姑，身形瘦弱的三叔，都在黄河滩务农，他们乘火车、公交车、皮筏，走路，花了整整一天的时间，带了大批的礼物到旅馆。四姑见了父亲的面，直呼：“哎哟！累死我啦！我给你带了东西……”四姑胳膊下夹着大西瓜，提着好几袋农产品，还有自己织的布、做的鞋子，要父亲带回台湾。他们哪里知道农产品不得私人携入台湾呢？

父亲见久违的亲人为自己耗尽心力，而且徒劳无功，父亲内在会有何种变化，画一幅冰山模型图，或者稍一推敲，可想而知。

亲人不仅奔波，还盛情地带了礼物，极尽所能地表达爱。他们家极为穷困，每天天一亮就到田地里，劳动到天黑才回家。当时，亲人吃饭连烛火都没有，要摸黑在户外吃饭，吃到飞入碗里的蚊虫是很稀松平常的事。当父亲见了此情景，身为长子又离家多年的他心里有多难受，可想而知。姑姑带礼物送行，此举让父亲动怒。

父亲若懂得觉察，在渴望处联结，让自己安住当下，像树一样扎根深处，就拥有了深刻的能量，也就能怀着接纳、感激与爱，去接纳礼物所承载的心意，并且恰当地回绝这份礼物，甚至有创意地回应送礼物的亲人。**人一旦内在自由了，就能自如地、创意地应对各种冲突。**

但是父亲并未学过，内在只有着急、生气、心疼与难过，在应对上展现的是指责、说理的姿态，亲人见此情景，内心应该也很受伤。美事瞬间不美了，彼此可能都很难下台。

父亲的生气源自愧疚

父亲的心疼与生气，在看到大哥之后，更是爆炸开来。

大哥从山东乡下千里迢迢地前来，历经几天才到西安。他身上扛着一麻袋刚收上来的花生，他将麻袋打开，说：“爹，这是刚收上来的花生，您带回台湾给弟弟妹妹吃。”

父亲的心疼、不舍、难过与愧疚的情绪，可能都在内心翻腾，但他的表达是愤怒，这是艰苦地走来的生命常出现的生存模式。他关怀并爱大哥，但他的表达与内心背道而驰，他无法传递给大哥爱与关怀。父亲不断地责骂，兼之以说理。大哥只要一解释，并试图安慰，都被父亲强烈地训斥一番。

当十五岁的妹妹回来后和我描述这些画面时，二十二岁的我只能摇头，感叹那就是父亲的个性。父亲在家就是这样，暴脾气说来就来，也常让我生气，但是他的暴脾气去得也快，下一刻父亲就平静了，回到对孩子充满关爱的常态。所幸弟弟妹妹都懂他，而我年纪渐长之后，也懂得这是他的生存模式，或者说，这是他的沟通姿态，不是他真正的表达。他真正想表达的是爱。

但是父亲有一种特质，只要争执落幕了，父亲爱的表达，就能通过行动与言语流露出来。除了父亲照顾家的身影，他还常跟我们坐下谈话，那就是父亲和我们之间爱的流动。爱的流动对我们的生命成长是至关重要的部分。与此特质同等重要的是，父亲很少对我们控制或有执着的要求，给了我们接纳与自由（渴望层次的要素）。

我回溯家庭的变化归纳出来：经历母亲离去的波折，身为孩子的我们的生命受到震荡，但是我们的生命能从谷底回升，我们家庭的命运也在动荡后回归平静，父亲给我们的爱、接纳、自由是非常关键的要素。

但是大哥与我们不同。父亲与大哥多年不见，对大哥未尽到养育的责任，父亲对大哥自有愧疚。大哥少有机会与父亲相处，获得父亲的关爱，而与父亲重逢后，又受到父亲的责骂，无疑是让大哥的内心新增了伤痕。

等父亲的大哥等来的责备

2005 年的夏季，我离开山中教职，与妹妹一起陪同父亲，返大陆的故乡省亲，那是我第一次见大陆的亲人。大陆的家族成员，主要分布在陕西与山东两地，父亲先飞到陕西，见叔叔、姑姑，再从渭南搭长途大巴，到山东菏泽去看大哥。

长途大巴有卧铺，长途跋涉约八小时，大哥仅知我们当日乘车，不知道我们何时到，也不知道在哪儿下车。大巴凌晨时分抵达菏泽，司机在交流道放下我们，开着大巴继续前往青岛。我们三人找不到旅社，临时联络菏泽的亲友，最终投宿在表姑家里。

隔日表姑设宴款待，设法联络大哥出席。当时是2005年，手机通信和网络的普及程度都不如今日，大哥是老农民，家中没有电话，身上没有手机，和大哥联络只能通过熟人传话。表姑在中午设宴，宴席上仅有表姑一家的两人，还有我们三人，显得有些冷清。表姑一早就托人传话，请大哥中午出席。

午餐开始后不久，大哥终于出现了。大哥六十岁了，头发的一半已花白，脸上的皱纹深刻，身着白色衬衫，破旧的黑裤，黑色的农民鞋。

大哥一落座就说："爹呀！俺在公交站蹲了一夜，一口水没喝，一口饭没吃，就等着你们来。"

大哥这句话，想要表达的是：我很重视你们，我非常关注你们。

父亲听了这句话，并没有接受这份爱，因为内心有对未亲自养育的大哥的愧疚，还有"想要好好教育大哥"的未满足的期待，父亲的感受、观点与期待让他无法联结自己的渴望，当然也无法向大哥表达出他心中的爱。

父亲当时八十岁，看着儿子比自己还老迈、疲倦的身影，父亲的内心搅动起万千的心疼，翻腾的是生命的遗憾。父亲对着大哥就是一顿教训："谁叫你等了？我叫你来接了吗？你怎么这么傻呢？我们不会找地方住吗？你用用脑子嘛！谋定而后动……"

父亲教训大哥的时候，大哥插不进一句解释的话，只要大哥一开口，便动辄得咎。席间，大哥没敢动筷子，频频以手擦着老脸，看得出他的满腹委屈。表姑在一旁调解，称道大哥的孝顺，劝大家吃菜，就这样也止不住父亲的教训。当时我也插话调解了，但是能力不够强，对现实没有帮助。

父亲讲到负气处，不知怎么说出这句："你要是这样子，下次老子来，就不要见你了。"父亲内在心疼大哥，不想让大哥操劳。这句话想表达的应是：日后若无法联络，不要勉强来见我，因为"我关心、在乎、爱护你，你这么操劳，我很心疼你"。但父亲说出的语言成了伤人的话。

大哥应是伤心至极，感到"一片真心换绝情"，朴实的大哥问父亲："爹，你是不是不想见俺？"

父亲正在气头上，马上跟大哥说："你要是这样子，老子就不想见你。"

大哥肯定沮丧，似乎想确认清楚，说："爹要是不想见俺，俺这就走了。"

大哥这句话，也不知是出于孝心，还是出于负气。听进父亲耳朵里，那会是什么滋味呢？

父亲立刻回大哥："你走好了，我不想见你了。"

大哥悲伤地说："你不想见俺，俺走了。"

不是只有青少年才与父母沟通不良的，都当了爷爷的父子俩，虽然经常在心中挂念彼此，发自内心地想照顾、想爱对方，但是一见面还是会发生这样大的冲突。

过去面对此种情景，我常觉万般无奈，觉得人生实在艰难。直到进入冰山理论的学习，理解人内心的脉络变化，才能看清对话中呈现出的渴望以上的各层次的变化、彼此应对的姿态，进而看清渴望层次的联结状态。我渐渐地懂得人要先觉察，要先跟自己同在，联结了自己的渴望，才容易与别人联结。

我与大哥初次对话

大哥起身离席了。大哥是一个六十岁的老人，一人蹲在公交站一整夜没有休息，也没有喝水、吃饭，等待久违的家人。不仅人没等到，还等到了满腹委屈。

大哥伤心地离开，眼泪顺着脸上的皱纹流下，我立刻追了出去。大哥曾经长居陕西，现在回到山东老家，无论在哪里，都是在乡下务农。他陕西的口音，我一直难明白，沟通就无比艰难。我初次见到大哥，心中只有尊敬，只想要与大哥有所联结，但我留不住大哥。

我追到了电梯口，急着跟大哥说："爹就是这样的脾气，在台湾也是这样，您别往心里去。"

大哥听了，问我："是吗？俺爹在台湾也这样吗？"

我费了好大的劲，才听懂大哥的话，频频地点头，说："俺爹就是这个倔脾气。"

大哥也听得似懂非懂，估计对台湾口音陌生，他反复地问了我几次，才点点头说："俺爹是不是老了？"

我赶紧点头回应："俺爹真老了，今天不是您的错，大哥真是辛苦了。"

我从兜里取出钱，拿了五千元人民币，塞到大哥的手里。钱是父亲准备的，是父亲要给大哥的零花钱。因为父亲觉得大哥太辛苦，大哥的年收入又相当微薄，所以想要贴补大哥。

大哥无视我的钱，听了我的话，老泪纵横地说："唉！俺爹老了，俺爹真老了……"

我将钱再次拿给他，塞到他手里，大哥却坚决不收，只是擦着眼泪，频频地说："俺爹老了……"大哥应该是感叹，自己没时间多陪父亲，父亲就已经老去了。我想到，自己在成长的过程中，父亲始终陪伴我，真是“奢侈”。

我将钱推给他，他就推回来，这样几次之后，他说：“大兄弟，俺不能陪俺爹，你要好好地照顾俺爹……”

大哥的一番话，听得我心酸。

我与大哥两人，听彼此的腔调都费力，但心意完全相通。他最后哭着离去，我目睹他苍老的身影，心中无比感慨。我猜倔强的父亲，那一餐吃得很挂怀，他怎么放得下儿子？但老人家的倔强，也给予了我学习路上的最大礼物：**接纳人的状态，接纳人的应对，那对我是一门功课**。

当时我学习萨提亚模式的专训结业已经有两年了，我的身心仍未深刻地安顿，餐桌上仍跟父亲唠叨着，而非进入父亲的内在，帮助他更深地觉察。但是，与过去的我相比较，已经有了很大的进步。

过去我有很多愤怒，跟父亲有过激的争吵，觉得自己才是对的，殊不知那是更糟糕的表达。其次，我过去的内在有很多无奈，外在变得无力且冷淡，殊不知自己的渴望都没联结，又如何能联结父亲的渴望，让亲人间的关系和谐呢？

2005 年的探亲，我仍与父亲说理，话语间夹杂着对他的抱怨，但我当时感觉自己最大的变化是觉察力变强了，不会执着于惯性的应对，接纳之心也宽了许多。

记得当时父亲说：“老子爱他，才会念他。他自小没人教他这些呀……”父亲心疼大哥未受教育，执着于自己未养育他，生怕大哥吃亏受骗，因此时时教育大哥。父亲难得生气很久，两天后才被说服，愿意到乡下看大哥。

那是我生平唯一一次，回到父亲成长的村庄，村里养着羊、驴等牲口，家门前种着榆树。大哥周身都洋溢着喜悦之情，像过节一样办桌。虽然桌上只有四个菜，且在院落里吃饭，但就大哥一家的条件来说，这绝对是盛情款待了。父亲还是老样子，仍然一直教育大哥。

大哥是我见过的，面对父亲教诲时“最顺服的儿子”，我在一旁看着这场景，除了无限唏嘘，我思考着该如何与大哥联结。

大哥爱的表达

阳光无私且明亮地洒下，穿过榆树叶的缝隙，与树荫的影子和谐地交错着。我环顾这庭院里的一切，心想：这是爷爷、父亲与大哥住过的家。我曾在河堤的夏夜星空、日常的餐桌上、陪父亲擀面的台前、父亲与在台老乡的闲聊中，听过这个家的那些人、那些事。

庭院摆上几张矮木桌，矮木桌的油漆斑驳，家人分桌而坐，在院落各处用餐。两道寻常青菜，父亲尝了两口，咸淡不合胃口，旋即放下筷子，只顾着跟家人谈话。大哥想让父亲尝猪肘，于是说：“爹，您尝一口大肉，可好吃了。”家乡称猪肉为大肉，父亲因为高血压，连尝都不想尝，但耐不住大哥劝菜，夹一口到嘴里，旋即吐了出来。

父亲生气地说：“肉都臭了，怎么能吃呢？”

大哥连忙尝了几口，说：“滋味挺好呀，今天才刚煮的啊！”

父亲更是生气，要我尝尝且评断肉是不是酸臭了。

我尝了一口猪肉，的确已经有酸臭味了。但傻子才去当判官，何况来者是客，作为客人批评菜色是对主人的不尊重，而且这也是大哥的一番心意。我摇头说尝不出酸臭味，捧场多吃了几口，这是我能向大哥表达心意的方式，顶多吃坏肚子。

大哥为父亲回家，特别烹调猪肉，那在家乡是珍馐。夏季天气炎热，肉品要冷藏保鲜，大哥借来冰箱贮藏，但家中无电力系统，猪肉依然馊掉了。父亲因此教训大哥，边训斥还教些生活常识，一发不可收拾，仿佛要把五十年来离家，未尽的父亲责任都弥补上。大哥只要稍一解释，父亲的教训就又来了。

过去我在家中，练得好口才，估计与父亲说教有关。我若说不过父亲，我常常留下愤怒，不再去理会父亲。随着我年纪渐长，我和父亲争辩的形势转换了，父亲总说不过我，只能说我“爱抬杠”。我渐渐地跟父亲一样，也变得爱争辩、说道理。

若非学习萨提亚模式，我与父亲的关系，会纠缠于各种情境，并且常感到困惑、愤怒、受伤与痛苦，父亲何尝不是同样的状态呢？我与父亲一直朝夕相处，很亲近，因此抬杠、打岔都很习惯了。但大哥阔别父亲多年，只能以讨好的姿态面对。大哥始终尴尬地听训，仿佛尽了全力，却始终搞砸学习的学生。那情景我在旁边看着都难受。

院落里都是亲人，大哥是爷爷的辈分，大哥的儿子比我年纪长，大哥的孙子在一旁看着。我在父亲的耳边说：“大哥已经当爷爷了，别再说了……”未料父亲听了，大着声音对众人说：“就算当爷爷了，也是老子的儿子。老子教育儿子，天经地义。”

依照旧观点行事，不问做的方式是否有效，固执的人常如此，他们做事的惯性早已形成。如今固执的人是父亲，尽心力的人是大哥，又回到日前餐厅那一幕，除了接纳，我心里想着该如何是好。

大哥为了准备肉品，在无电力供应的老家，借来了一台电冰箱，在我的眼中是“尽力”“朴实”，是一种爱的表达，在父亲的眼中，却是“愚蠢”表现。**他生怕大哥处处吃亏，却忽略大哥历尽沧桑，不缺人生的智慧。**

大哥期待父亲开心、健康，除了借一台冰箱，更亲手盖了间新厕所。家乡是蹲式厕所，如厕后沙土掩埋，再清扫至他处。大哥考虑到父亲年事已高，用蹲式厕所费劲，为了让父亲舒适，特意弄来坐式马桶。除了亲手挖坑洞，还弄来储水的橡胶桶，再组合成像样的厕所。这都是大哥为父亲准备的。大哥是农民，为父亲的到来提前安排好，借冰箱，研究、组装与施工新厕所等，这些都出自大哥的一片孝心，父亲并非不明白。

但大哥所有的心意，都抵不过父亲的“自责”：他没有好好地养育大哥。

“自责”不是一种感受，是一种内在的应对。玛丽亚·葛莫利老师说：“自责是在自我层次。”自责影响着人的根基，影响着人的自我价值，甚至衍生潜藏的愧疚感。

父亲无比心疼大哥，也很想关爱大哥，但一经语言表达，就是说理与指责。父亲的渴望层次，渴望爱的联结，但估计未接纳自己，未体验自己对大哥的价值，因此期待弥补一切，衍生出说教的表达。父亲的做法不仅难改变现状，还容易让亲近的人受伤，甚至造成关系疏离。这是世间常见的景象。

用接纳与爱，联结大哥的渴望

父亲在家乡是老爷爷，众子孙只能听他滔滔不绝地说教。父亲说教的应对惯性，想停也停不下来。当时，我已经了解到这是父亲的生存模式，都是人生经历而来的。我不像以前急着介入，接纳的心变宽了，虽然仍忍不住说两句。除了接纳此刻状态，我想停止这场面，转移对话的路径。

我想起大哥的母亲（后文我称为大妈），我也早视她为母亲。父亲常提起她的往事，说她是吃苦耐劳的女子，年轻时得肺痨走了。父亲提起她常感惋惜。父亲应怀着内疚和自责，急于想教育大哥，他的内在冰山的运转，我已经有所理解。那不是全貌的父亲，父亲有固执之处、慈爱之心、坚忍的意志，若非个性如此，也不会在母亲离家之后，一手拉扯我们长大。我既然能懂得父亲，就能减少跟父亲争辩。我渐渐地懂了一个道理：**人内在的执着，有时是惯性，并非不想停下来，而是无法停下来。**

我在父亲停顿的空当，打断父亲说教的话题，问父亲老家的事，问堂屋在哪儿，枣树种在何处，也问到了大妈的历史。

父亲不断地称赞大妈，是贤惠吃苦的女子，大哥听了应有感触。我临时起了动念，想知道大妈埋于何处，因此问了大哥："大妈的坟在哪儿？"

大哥轻描淡写地说："在别人的地里。"

我请大哥带我去看，大哥摇摇手说："就是一土堆，没啥好看的。"

我向大哥问了两次，大哥都摇手带过了。父亲听到我这么说，很慈祥地跟大哥说："带你大兄弟去看吧！"

大哥非常顺从父亲，点点头就领我去了。那一段路走得安静，经过杨树林、荷花池、一片旱田，再走入他人的玉米田。玉米田间裸露一土丘，光秃秃的，没有墓碑，也没有其他任何的标志。大哥指着土丘说："这是俺妈的坟。"

我与大哥同父异母，他的生命历尽辛苦，我的生命接受父爱，堪称顺遂。两个生命日前才初见，并没有太多的联结。大哥的心思都在父亲身上，父亲则执意尽"教育的责任"，大哥的心绪应难喜悦。我们的隔阂还有口音，彼此很难准确地辨认对方所讲的内容。即使我刻意地转换腔调，对大哥理解我的话帮助也不大。加上大哥本就木讷，我们沟通得并不容易。

父亲曾谈到大妈，除了说婚姻故事，也提及若非大妈病故，他不会在台湾结婚，又组成一个新家庭。我心里尊敬大妈，也感谢大妈的成全：让我有机会拥有生命，拥有父亲的关爱。我见着大妈的土坟，便跪了下来磕头，对着土坟说："大妈，我是崇建，我是你的儿子，我来看你了……"

一旁的大哥很激动，一把将我拉起来，说："大兄弟，别这样……"

然而在那一刻，我与大哥靠近许多。因为我与大妈的联结，仿佛也与大哥联结了。在回程的路上，大哥主动跟我说话，虽然我们依旧难懂彼此的话，但此时我们彼此心意相通。

回到院落之后，大哥逢人就竖起大拇指，说："俺大兄弟，是这个。"

午饭后的气氛变得轻松，父亲也不再"教育"大哥，坐在院落与旧相识聊天。大嫂拿了一把蒲扇，站在父亲身后扇风。父亲一直称赞大嫂，还要大哥懂得珍惜。

院落里的榆树摇曳，炽热的日头西斜，天空如此湛蓝，父亲仿佛不执着了，大哥似乎也放松了，院落里有一种恬静的氛围。傍晚告别故乡亲友，告别大哥一家人，带着一丝惆怅，一大家人彼此道再见。

当天回菏泽的路上，白杨树在路两侧整齐地排列，故乡的风轻轻地吹着，吹散了所有的执念。父亲在车上仍聊故乡，并谈起了大哥的辛苦：那么小的年纪失去母亲，只身四处流浪……父亲的爱显现在言谈里。

以前我始终不明白，为何人们会将爱深埋，相处时却常深陷互相折磨之中？现在我明白了，这些折磨彼此的行为往往是求生存的应对，常来自生命的历程。唯有自己的渴望联结了，自我的根基才能稳固。**在行动与表达之间，自我根基稳固的人，才更能让他人与渴望联结，体验到爱、自由、被接纳、价值感、信任感、安全感与意义感。**

从冰山的各层次，我明白了一个道理，美好关系的经营，来自自我的联结，否则我们辛辛苦苦经营好的关系，遇到了一个事件的翻搅，自我的层次就开始不安。尤其，我们常会做出自以为正义或正确的应对。我们虽然起心动念都是爱，但常忽略了生命的全貌，做出的应对无法传达出爱。眼看回程的路上，蓝天渐渐地暗淡，西边的天空金光被火红覆盖，父亲、妹妹、我与一位叔叔，找了一家餐厅吃饭，席间父亲不断地感叹，大哥一家本来日子就不富裕，知道他要回老家，还为他弄了冰箱、坐式马桶，真是难为大哥了。

大哥七十岁之后，就定居陕西了。若是我去西安讲座，我会坐高铁去见他，他知道了都兴奋得睡不着。大哥每次必定亲自来接我，张开双臂拥抱我。大嫂在罹癌住院时，我去医院探望大嫂；大嫂生病过世之后，我去她坟上祭拜；每年除夕向大哥问安。我和大哥的这份联结一直到今天。

我总是想着那一幕：我跪在大妈坟前，大哥一把将我拉起，激动得眼泛泪花。我们并肩走了一段路，那天的风吹得轻盈，天空也蓝得澄澈。

敬唯说：

这是一个情真意切的混合家庭关系的生命故事。当我们在冰山的水平线以上互动，我们就会产生误会、挫败，感到不解、自卑、沮丧、羞愧。崇建经由这个真实的体验，让我们明白人与人之间的关系保持和谐的互动状态，就要看到生命的全貌，这样才能把爱传达到对方心里。现在父母和孩子之间，尤其是父母和青春期的孩子之间爱的传递存在很大的阻碍：父母说把一切都给了孩子，孩子说完全感觉不到，甚至认为父母根本就不爱自己。

就像崇建的父亲见到久违的受了很多苦的大儿子，父亲心疼、不舍、难过与愧疚，但他的表达是愤怒、指责，父亲关怀与爱大哥，但他的表达与内心背道而驰，无法传递给大哥爱与关怀。大哥非常渴望与父亲靠近，却紧张得不知所措，挨训后无奈又自责。崇建的父亲真正想表达的是爱，大哥想要表达的是：我很重视你们，非常关注你们。表现出来的却是：你不想见我，那就算了。这是艰苦地走来的生命常出现的生存模式。

现在不仅是青少年和父母沟通不良，即使是成人后的父子，心中经常挂念彼此，都想照顾、想爱对方，一见面也还是会发生冲突。双方都为爱耗尽心力，却徒劳无功。从父亲与大哥的故事中体验到爱是渴望层次中核心的一层，爱若未联结，爱就变成了想法、观点，或是期待，不满足的感受就会出来。

崇建说："直到进入冰山理论的学习，理解人内心的脉络变化，才能看清对话中呈现出的渴望以上的各层次的变化、彼此应对的姿态，进而看清渴望层次的联结状态。我渐渐地懂得人要先觉察，要先跟自己同在，联结了自己的渴望，才容易与别人联结。"

第六章

以好奇对话抵达求助者的渴望

写给帮孩子联结渴望的家长和老师

我学习萨提亚模式后，在学校带领学生，常与学生谈话，跟学生有很深的联结。离开山中学校之后，到山下开办作文班，成立了青少年协会，常要跟学生谈话，跟家长沟通学生的情况，跟老师沟通教育的理念。在这些对话中，都运用了好奇对话的模式。此种对话模式我也呈现于多本著作中。

在多本著作出版之后，以好奇对话的形式，已经为众人所了解，而好奇对话的目标，就是帮助对方，能与渴望进行深刻的联结。**通过好奇对话的形式，帮助他人联结，使其内在拥有力量，感到深刻的能量生起，使其愿意为自己负责，为自己做适当的选择**。

本章展现的对话案例，我选择了不同的方面，但都是以进入渴望层次并产生联结为目标。读者可以从不同案例中，看见目标相同，但是谈话的方式有别。**当孩子能与内在联结，就能活出自己真实的状态，外在问题就随之解决了**。

《心灵如诗的男孩》讲述的是和男孩的简单谈话，从中可以看到渴望的联结是于他人内在发生的，也可以看到何谓“体验”。整个过程并未探索太多事件，也没谈太多道理。短暂的对话看似如云雾般缥缈无脉络，事实上脉络就是理解他，核对他说不清的状态。他一旦被理解了，内在就会有联结，外在的烦扰就解决了。

《从写作文探索渴望层次》展示了要解决问题，须了解问题是如何发生的；重新让孩子体验接纳，逐渐长出力量的过程。体验被接纳是渴望层次的目标，因此所有的作为，包括允许孩子作文写不好、等待、对话与反馈，都是为联结渴望的目标前进。当孩子体验了被接纳、自己的价值感、自己决定的自由，安全感与信任感，他的作文书写就有意义了。写不出作文的窘境，或者写不好作文的困难，全会迎刃而解了。

《网瘾女孩小薇》，与我过去的书写相似，但是我将对话的脉络，还有思维细节的呈现，写得比较细致。初学者大概不易卒读，也不易完全明白，但是对于接触萨提亚模式有一段时间的学习者，此篇阅读应无困难，可以看出对话的细节，以及对话是在什么样的思维下进行的。后面另附一篇《小薇的冰山》，详解渴望层次的探索，也是较难理解的篇章，若是阅读上感觉吃力，建议可以先跳过去。

这一章有助于设计课程的教师，想要改变孩子行为的父母，看见自己应对孩子的状态，并且了解如何以渴望为轴心，一步一步地帮助孩子联结自己。

敬唯说：

崇建学习萨提亚模式后，在学校任教期间带领孩子，与孩子沟通的时候常常要用到这种模式，“通过好奇对话的形式，帮助他人联结，使其内在拥有力量，感到深刻的能量生起，使其愿意为自己负责，为自己做适当的选择”。

这个部分的重点是关于助人者的练习对话历程的纪实。崇建分享了三个用冰山探索渴望的案例，这三个案例从不同的方面入手，我们可以发现联结渴望的目标是相同的，只是谈话的方式不一样。不同的对话方式会给孩子或其他对话对象带去不同的体验，这一点特别重要，就是助人者不能生硬地对话，或者用套路（技巧）对话。无论采取什么样的方式，我们的目标始终都是推动孩子或其他对话对象与内在联结。当孩子或其他对话对象能与内在联结，就能活出自己真实的状态，外在问题就随之解决了。

心灵如诗的男孩

分享会结束了，读者捧着书来到我前面签名，我照例留下一段时间给读者签名，偶尔回答教育的问题。我瞥见一位女士，在队伍的后方探头，神色不安地张望，工作人员邀请她排队，她摇摇手表示自己不是来签书的人，她看见我注意她了，急切地跑过来问："老师，你可以跟我儿子谈谈吗？"

觉察自己的冰山

我摇摇头回答："我已经不晤谈了。"

"我儿子说他想见你，一定要见你，他已经来到这里了。"女士手指着玻璃窗，里面坐着一位男孩。

我的手并未停下来，重复一次："不过，我已经不晤谈了。"

女士弯下腰来，蹲在我身边说："拜托你谈几句话，只要五分钟就好，他说一定要见你。"

女士突出"一定"两个字，特别加了力道。

我刻意地望向玻璃窗，男孩坐在棕色的沙发里，头上仿佛被乌云笼罩，眉头紧锁地低着头，双手交错地插入腿隙，看得出来他有点坐立不安。

女士的说法与态度，很容易让人反感，给人的压迫感强大。

女士以孩子已来现场，还有“一定”的字眼，让我觉察到那股压迫感，内在生出一丝反抗。可能我过去有此经验，被人用权威勉强做事，我内心潜藏着被“逼”的感觉。这样的情况下，我常有条件反射的动作，连问都不想问，坚持拒绝这种“邀请”。

我觉察内在的发生，还有外在的应对，亦即冰山的流动，如此可以看见过去内心未被解决的问题，看见自己应对的惯性。

我停顿了一会儿问：“他为什么想见我呢？”

“他现在不去上学，每天在家里睡觉……”母亲说了孩子的现状，只是说得细碎繁杂，容易让人分神和不耐烦。

“他想见我做什么呢？”我打断母亲的叙述，想要进一步确认。

“老师，你是他的偶像，他就是想见你。”母亲近似讨好地说。

这个见面的理由，无法驱动我改变：“但我不是明星，也不是偶像呢！若是这样的需求，我不会见他的！真不好意思。”

“他还想要请教老师，他要怎么做，才能去上学啦。”母亲补充说明。

“是他想来找我，还是你希望他来呢？”我一边签书一边确认道。

“是他自己想要来的，我没有干涉他。”母亲拍拍胸口，保证道。

孩子不去上学，每天在家睡觉。他来找我的理由，是期待改变现状，这引发了我的好奇心，这表示孩子想要改变。我想也许短短的一次谈话，能为他带来一些觉察。

“让我考虑一下吧！”因为后面的签书者也有问题想询问。

与男孩对话

活动结束之后，我决定和孩子谈谈。既然男孩想要谈，而且人都已经来了，五分钟对我并不长。

我从会场站起来，从走廊一端走过来，通过大片的玻璃窗，男孩的神情越来越清楚了。男孩坐在沙发上，小幅度地扭动着身躯，对我而言那是不安，他正等待我的到来。男孩的神态很焦虑，他是因为即将见我而紧张，还是因为其他的事情而紧张呢？

十四岁的男孩，坐在沙发里显得瘦小，沙发对他来说似乎太大了。沙发旁有咖啡器具，有人正在煮着咖啡，咖啡的香气四溢，是一种安然恬淡的味道。不知道男孩能否有同感？

我坐下来介绍自己，并且问男孩名字，男孩的脸皱起来，像揉掉的卫生纸，整张脸挂着苦恼的表情。我的解读是他在生闷气。

母亲急着说："老师问你名字呀！跟老师……"

我打断母亲的介入。只有五分钟的谈话，两人谈会比较快速地结束。若三人一起谈话，就会耗去更多的时间。

男孩的焦虑感更强了，他的鼻腔呼出气，声音很清晰，但是他并未开口。

我停顿了好一会儿，母亲几度要说话，但是都因我的示意打住了。

没等到他说名字，我先将见面的原因道出："母亲说你要见我呀？有吗？"

这是一个客观的信息，以此来与他取得联结。

男孩生气地别过头说："哪有……"

母亲又急着介入解释："有啊！你说……"

男孩看起来很生气，摆出了要和母亲大吵一架的架势，眼看母子二人就要进入争执的状态。

若是我跟母子谈话，正好可以见到在家里面母子互动的样貌。

但我打断了母亲，不让争执扩大，说："让我来吧。"

男孩生起了闷气，将脸别到一边去。

我停顿了一会儿，说："看来是你母亲说的，你并没有答应她，是吗？"

男孩也停了一会儿，说："她每次都这样。"

我再次确认了他的话："母亲每次都这样吗？"

"对呀……"

男孩开始抱怨母亲，谈两人的日常争执。

自认为开明的母亲，男孩却觉得处处被压迫，母亲常常"假传圣旨"，扭曲他的意思，又说她给他很多爱。母亲几度欲辩驳，都被我阻止了。母亲被阻止的神情，那种乌云罩顶的感觉，跟男孩刚刚等待时很像。

男孩不去上学了，最常在家睡觉，从早上睡到晚上，又从晚上睡到早上。

在跟男孩互动的过程中，我与男孩进行了确认：他没有想跟我谈话。我并未质疑母亲，那对此刻的意义不大，只会让母亲辩解，或者哑口无言。

我已经坐在这儿，我能做的、想做的，是试着和男孩联结，也许他也感到有压力，却很难说得清楚。

面对不想见我而且正在生闷气的孩子，我还是决定联结孩子，我上述的方式归纳如下：

陈述客观事实，不夹杂个人的意见，能让问题得到核对。

等待与停顿，能让孩子感到尊重，也感到安全。

重复孩子的语言，能让他感到被共情，继续陈述，并且让他的情绪得到流动。

接着，男孩叙述了他的情境：母亲一直以来的态度和应对给他带来了压迫感，他当时已经没去上学，感到烦躁与无力，母亲又给予强大的压力……

从倾听与回应事实，进入渴望

我与男孩的谈话，是很平常的联结。

这样的对话不特别，但特别的是男孩，他说了如诗的语言："我的心里是黑的，一片黑色。"

我仿佛可以理解与感受，在母亲的"爱"之下他所感到的压迫感。然而，这里即使不理解，也无须刻意地理解，他是个特别的孩子。

有些人尝试在此处理解，陷入想要搞懂的状态，这样将打破此刻的"诗境"，或者打破"禅意"，若是执意用认知去理解，不一定能真正地贴近对方。

比如，有人若问："怎么说是黑色？""那是什么样的情况？""黑色是表示什么呢？"

我估计对话会变得生硬，陷入一种反复解释的状态，反而会失去一分美。我以为此时无须急着理解，因为要想理解可以先看全貌，所以我探索的是全貌。

我在此回溯问句："原本是什么颜色？"

男孩停了一下，说："干净的蓝色，很干净的那种。"

这时我稍微探索，慢慢地让他觉知："怎么变黑了呢？"

男孩皱起眉头说："我不知道，我努力地回想，想要找回什么。有一些好的东西，可是跑到哪里，我记不起来了……"

此处我有很多好奇，但是我最好奇的是："你怎么找呢？"

他陈述的是内在，试图以语言描述，将内在的心境陈述出来。这样诗质的语言，不知道有多少人懂。他提及"想要找回什么"，这就是外在的应对，所以我想看外在的应对到底是为什么。

男孩沉静地说："睡觉吧！我想好好地静一静。"

我想起他不去学校，也许跟"寻找"有关，看来那对他是重要的事，我说："所以你不去上学，在家睡觉，就是在寻找吗？"

男孩在这儿红了眼眶，边点头边落泪了。

男孩会落泪，我判断是因为他感觉被理解了。他内在混乱，却又不知为什么混乱，因而待在家中睡觉，又被母亲催促、责怪，可能把不被理解的他进一步推向了不被理解之境。

因此，当我问出"所以你不去上学，在家睡觉，就是在寻找吗？"这句话时，他会觉得自己不去上学这件事被我理解了，有人能够懂他了。于是，他激动地落泪了。

我问话的瞬间，联结了他的渴望，他被我接纳了，可能，他也被自己接纳了。

他原本有点别扭，好像在抗拒此刻的泪水，我只是静静地等待着他不再抗拒了。我又接着问他："结果呢？有找到吗？或者，有比较静吗？"

男孩哭出声音，肩膀抖动着，脸埋在手掌中。

静静地等待，只是安静地陪伴。然后，在适当的时刻，我在引导他进行冰山的探索："你发生了什么，我可以知道吗？"

男孩并未说话，他坐在沙发上，内在的情绪一阵阵地涌动。我从他的表情反应中，可以看见他平复了，一会儿又啜泣了。我这一次还是耐心地等他。

他说了一句饶有深意的话："我又感觉到了……很干净的蓝色……"

这个发生的过程，我也很难用语言表述，那是一种内在的感觉。可能通过我对他的理解，他也渐渐地理解自己了吧。

这对他而言，是重要的东西，他又能感觉了。

我听了之后点点头，表示我知道他的感觉了。

我没问他何时不见，也没问他发生了什么，没有要他多说一些……

他心中的蓝色又出现。我们只是停在这儿，我只是静静地去感觉他的感觉，或者陪他去感觉，或者与他共同感觉，一种很干净的又让人很安静的蓝色。

静默了几分钟，男孩很抽象地说："刚刚这样说话，我好像又能取出来，那种心中的好东西。"

我试着在他的行动，以及他的正向处，为他找到觉知，从而让他去联结自己的渴望。我问："怎么取用的，你知道吗？"

男孩点点头说："我知道了。"

我进一步地想落实，问："在你需要的时候，你可以知道怎么取用吗？"

男孩笑了，笑得有点神秘，又有点深刻，他点点头说："我现在知道了。"

男孩在离开的时候，向我要了一个拥抱。他的母亲很诧异，男孩很少跟人触碰，竟然主动要求拥抱。

我要离去之前，母亲焦虑地问我："老师，你还没谈生活作息，还有他不上学的事。"

我转头看着男孩，男孩此刻面对母亲，不再是不耐烦，反而是双手一摊，对我笑着摇摇头。

我能感觉那种自由，仿佛在男孩身上流动，也许，这就是男孩说的蓝色。

与男孩的谈话，是非常特别的经验，只有抽象的语言，如诗般缓缓地流动。我不禁庆幸自己，平常也读读诗歌，也许因此能与他交流吧。

母亲当天送我离开，很困惑地问我："为什么谈到蓝色，儿子没有问题吗？"

我哪里知道，怎么谈到蓝色？应该诗人、艺术家才知道吧。

谈完话的一星期之后，母亲发来短信，说男孩第二天就去上学了。但是母亲说她不明白，为什么孩子去上学。其实我也不知道，我只是积极地倾听，听他说心里的话，那应该是排黑的过程，黑色排完了蓝色就出现了吧。

我与男孩的谈话，至今仍烙印在脑海里。每当回忆这片段时，我能感受那干净的蓝，尤其陪男孩静默的时刻。男孩为何去上学，我不得而知。但是男孩表达的蓝色，实在太符合“渴望”的隐喻：他重新感知到很干净的蓝色的那一刻，他与渴望重新联结了。

渴望是生命的元素，是深刻的体验，是人们能通过自身就能体验的力量……

敬唯说：

《心灵如诗的男孩》呈现了崇建和男孩的简单的谈话。可见渴望的联结，于他人内在发生，此篇可以看见何谓“体验”。体验不一定探索太多事件，也不用谈太多道理，这个对话的特别在于：我们习惯的方式是解决眼下的问题，解决这个事件带给我们的困难，好像迎难而上解决问题和困难才是正道，但崇建的对话看似云雾般缥缈无脉络，事实上重要的脉络就是理解孩子这个人，核对他说不清的状态，看见他的心情，理解他的情绪，好奇他的需要，澄清他的想法。当男孩感到被理解了，男孩的内在也就与渴望联结了，外在的烦扰会迎刃而解。当人与渴望联结了，内在会更自由，空间和张力就会越大，人会更有勇气和力量去面对困难，解决问题的创造力也会长出来。

从写作文探索渴望层次

渴望层次是生命的根基，联结着人的生命力，影响人的思考、感受，以及面对问题所采取的方式。一个有价值感、意义感、安全感、信任感，感觉自由，接纳自己的人，生命是什么样的状态呢？

这样的一个人，内在应感宽阔，心灵常感和谐，常有创造力和勇气。他的生活更有选择性，有深刻存有感，也更有生命力。这样的一个人，外在应更自由，更愿意为自己负责，更勇于尝试，更能创造价值。人在成长期被对待的历程，会影响人与渴望的联结程度。

写不出作文的孩子

我在《麦田里的老师》一书中描述过一个男孩，他长相清秀却无活力，母亲带他来学作文，他非常抗拒上课，因为他写不出作文。

男孩与母亲在上不上作文课这件事上一直僵持着。母亲不知所措，希望我鼓励并说服男孩，让他来上课。但我反而跟母亲表达的是，孩子若不想来上课，就不要逼他来。上写作课应该是愉快的，而且作文课是课后补习，不是一定要上的课。

母亲无奈地表示，男孩作文写不出来的情况，已经有好多年了。这个方面始终没有进步。当时我才知道，男孩一直写不出作文。我因此邀请男孩，说：“你没上过我的课吧？那你怎么知道会不喜欢？”我建议男孩尝试一次，再决定是否来上课。如果觉得不适合，再决定不要来。男孩因此答应我，他愿意上一次课。

孩子写不出作文，是匪夷所思之事。只要懂得写字、说话，只要我手写我口，就能写出作文了，怎么会写不出来呢？奇怪的是，在我教作文的生涯中，遇过不少孩子，竟然都写不出作文。

探究这些孩子的情况，最常见的是以下几种：个性上不敢犯错；要求自己一定要表现优秀；在写作过程中被教导要写“好”，写不好则修正、擦掉；要按照大人的格式写。

不妨设想刚开始写作的孩子，当作文写不好时，被指正后要求修改。“你这样写，文句不通，既没新意，也没有完整的表达。你应该想好再下笔……”

邀请读者深呼吸，沉静一下进入情境：想象刚学写作的自己，当你交出作文，得到老师或父母的上述反馈，而且好几次都接到了这样的反馈。请感受冰山的各层次会是何种状态。

进入冰山各层次

在这样的情境中，你要写作时，会如何认定自我呢？通常是“我不会写作文”“我不善于写作”“写作时我很糟糕”。如果人在这样的认定中遇到写作，生命力常常是消颓的。

那么在遇到写作时，**冰山的渴望层次**会是什么样的状态呢？我归纳如下：**没有价值感、自由感、安全感、意义感，不接纳这样的自己**。自我与渴望层次，仿佛是人的输送带，在底层不断地制造，输送思考模式、感受与应对方式。

那么其他各层次是什么样的状态呢？

期待层次：期待“被肯定”“写出好作文”“不要再写作文”。既期待写出好作文，又期待不要写作文，还想被肯定……衍生出的状况变成纠缠的期待，这股能量会怎么走呢？不妨进行更深入的思索。

观点层次：“为什么要写作？作文很烦人”“写作很无聊”“要写好作文才能上好学校”。这些观点会带来正面的影响，还是负面的影响？

试想，当作文是升学必需的门槛时，或者面临写作的时刻，不会写作或者不善于写作的你内心会有何种感受呢？**压力、焦虑、紧张、恐慌、生气、烦躁、沮丧、难过、无奈、无力……**

冰山以下的层次，运转着思考与感受，当各层次充满负能量时，会产生什么样的应对呢？

通常正是男孩所出现的状态，**不会写作文，写不出作文，不想写作文**。即使知道应该学习，也想写好作文，但是应对、行动上面会抗拒、排斥写作文。

很多教育者会疑惑，为什么写不出作文的情况会增多，为什么以前也是这样教作文，学生都能写出来，而且还能写得不错呢？因为时代不一样了，现在是加速的年代，权威渐渐地失去效力，媒体信息让人分心，大脑会接收到与过去不同的刺激。

被接纳才有成长的可能

我所运用的方式，并非为了短期目标而形成的策略。若只是解决眼前的问题，通常成效都不好，即使有了成效，其他问题还会层出不穷，你解决问题很容易像玩"打地鼠"的游戏，问题一个接一个，无休无止。

从冰山的层次来看，若将感受、观点与期待，视为人的引擎，驱动着人走到何处，那么渴望与自我，就是驱动引擎的能量。无论驱动引擎的能量是哪种，电源不足、原油质量不佳、太阳能时有时无，都不能稳定地提供能量。

当我跟男孩母亲表达："孩子若不想来上课，就不要逼他来。上写作课应该是愉快的，而且作文课是课后补习，不是一定要上的课。"你若是那个孩子，你会有什么感想？是否会觉得放松，觉得有人站在你这边了？这句话要联结的，**是渴望层次的"接纳"**。孩子也想写好作文，所以当他写不出作文时，他的潜意识里也常不接纳自己，运转的能量就很难进入。

我邀请男孩，说："你没上过我的课吧？那你怎么知道会不喜欢？"我建议男孩尝试一次，再决定是否来上课。如果觉得不适合，再决定不要来。你若是那男孩，你会有什么感想？是否会稍微动心，稍微犹豫了？因为尝试过后，若不喜欢的话，他可以决定不用来。

这句话要联结的，**是渴望层次的"自由"**。所谓的自由，是自己可以选择，并为自己的选择负责。

若男孩不答应上课呢？我依然会接纳。我会告诉他："若你想要试试看，我会陪你找方法，过去……"这儿的对话，我会通过"回溯性表达"，轻敲他过往的感受。若孩子逐渐了解，大人是真心地接纳他，那么他期待中的选项——**"被肯定""写出好作文"**就会被正向增强，给他往前踏一步的勇气。

若是男孩不愿意，甚至呈现拒（惧）学者的状态，我们就需要给予他更长的时间，在他的渴望层次灌输能量。孩子的拒绝行为表示孩子的日常，可能常被放任、要求、指责，又被各种道理、压力包裹，使得渴望层次的能量被阻塞了。想改善孩子的状态，要家人配合，改变家庭的行动应对，或者请对话者帮忙，积极且接纳地与孩子互动，引导孩子在冰山的各层次进行正向联结，让生命力运转起来。

幸运的是男孩上课了。男孩上课时很开心，因为故事很好听，上课还可以发言互动，且不会被评价好坏，而是被引导如何思考。你若是那男孩，你会有什么感想？会不会觉得"来对了"？上课是一件有趣的事，会让学生觉得思考有方向，发言也会被老师看见、尊重与看重。

这是渴望层次的"意义感"，因为上课不无聊，整堂课都很想参与，发言也都被重视。课堂上，以故事互动，男孩能大胆发言，也启动了**安全感、信任感、接纳感、价值感的体验**。等到要写作文了，男孩却趴下去，像一摊烂泥，表示不想写作文。因为写作文的噩梦，不会因此烟消云散。

我告诉男孩一个愿景："你能够轻松地写好作文，不必想那么久，而且能写得不错。但是要提起笔来，勉为其难地书写。反正都已经来了，你就试试看吧。"

我给的愿景有个画面，是我与男孩要去的方向，我的描述会让男孩明白，我们要去哪里，会有什么好风景。而去到那里的过程，需要付出什么？这是萨提亚模式中的"正向模式"（positive model）。

那么如何撑起这个"正向模式"，需要一个策略。策略是什么呢？策略就是颠覆形成孩子写不出作文的桎梏。我反常道而行，先对男孩的书写进行文字的解放，那就是允许并鼓励他写"烂"作文。

这是渴望层次的"接纳"，因为他被接纳了，他的文字才有可能成长。

"烂作文"让他长出价值感

男孩本来不相信。但班上孩子鼓励他说："阿建说的是真的啦！每个人都可以写三次'烂'作文。"

男孩大笑说："是你说的哟！"

我重复他的话："对，我说的。"

男孩兴奋且挑战地说："你不要后悔哟！"

我很肯定地回答："我不会后悔。"

男孩开始奋笔疾书，边写还边笑，偶尔抬头看我，露出神秘的笑容。

好几年写不出作文的男孩，被邀请写"烂"作文，男孩立刻就写出来了，可见过去让他写作文的策略，放在他身上，是多大的枷锁呀！只要他能写出文字，引导者懂得回应，孩子就会逐渐改变内在的状态。

他第一个完成交稿，写了将近四百字。但是这篇作文"超烂"，简直是一篇恶搞文。当孩子写出作文了，无论表现如何，大人的回应是关键。

他的文章大概如下：有个人拥有 ×××，他感到很光荣，所以露出 ×××。但他不因此满足，在吞了蓝色药丸之后，他拥有了更大的 ××，突破了 101 大楼。他的 ××× “昂然矗立”，不久飞机来了，撞上了 ×××，××× 破掉了……

在《麦田里的老师》一书中，我并未提及他写什么文章。因为顾虑到教育书，此类文字很不雅，所以没有呈现出来。但常有人问我，孩子写得那么烂，该怎么办呢？不妨邀请所有人，思考一下怎么应对。应对时，请不要只是称赞，而是发展对话，让正向能量深入男孩的冰山。

我看完作文笑了，他实在太大胆了，以“恶搞”来表现作文。班上的其他孩子见我笑，纷纷对文章表示好奇，求我念出来分享。我考虑了一下，决定为他们“朗读”，不雅的词替换成 ×××。六年级的孩子，笑得东倒西歪，起哄着说太赞了。男孩露出很得意的神情。

我跟男孩对话时，大概问了这些问题：你怎么敢写，怎么写得出来，怎么能写到四百字，怎么停不下来，过去写作文也这样吗？内容是怎么想的，难道没有卡住吗？昂然矗立的四字短语从哪儿学来？

我最后对男孩说：“在短时间内，你就写了一篇‘烂’作文，非常不容易，虽然烂透了，但是很有创意。”男孩笑得很开心，欢乐地下课了。

面对我的问句与反馈，以及朗读男孩作文的行为，如果你是男孩，会有什么感觉呢？会不会觉得很满足？会不会惊讶地发现，原来写“烂”作文，真的能被允许；原来自己这样写，也能被念出来？看到同学们开心地笑，会觉得很光荣吗？

这是渴望层次的接纳感、价值感。**人能接纳自己，有了价值感，就有力量站起来了。**

男孩决定来上作文课了。因为他在作文课上被接纳，并且感到自己有价值。他愿意来上课并不令人意外，过去有很多男孩这样的类似案例。

有困扰的是男孩的父母。男孩告诉父亲，他写出作文了，老师还朗读了他的作文。听说父亲闻讯大喜，没想到男孩竟然能写出作文了，他迫切地把男孩的作文拿过来看。看完作文的父亲脸色铁青，他将男孩的作文本丢至墙角。

当一个孩子拒学、沉迷于上网、情绪管理不当、功课表现不佳等情况出现时，成人总期望一次就解决孩子的问题，起码要迅速地看见孩子的改变，但是一般人看不见“改变”。**男孩从写不出来到写出“烂”作文，这就是“改变”，朝改变之路探索，改变就能形成能量渠道，形成新的面貌、惯性。**

然而成长没有捷径，迅速改变的速成法，偶尔也能出现，但是比例并不高，一般都是逐渐改变的。设想一个小个子的人，一夜长高五十厘米，他的根基通常不稳固，也就很难保持持续地增长了。

人稳固的根基，在冰山的渴望与自我的层次。

男孩写不出作文的状态，已持续了数年之久。正是大人的期待过高，孩子对自己的期待也高，影响了孩子的表达。我常常见很多人，在面对陈年问题时，会用同一种方式面对，即使没有成效，也不容易改变应对方式，会一直守着灰姑娘般的期待。

如今男孩写出“烂”作文，突破了文字书写堵塞的渠道，肯定是泥沙俱下，要经历一段时间的流动，才能涌出清澈的泉水。

既然男孩决定来上课，母亲也让他尝试。在男孩的眼里，作文课堂很有趣，他乐得听故事，也乐得大胆发言，更乐得写烂作文。接下来的两次书写，他继续恶搞，作文里充满屎尿屁等不雅的词。写烂作文是策略，一般孩子得到许可，只会开放大胆地写，不像男孩如此恶搞。不用探究为何如此，接下来你如何应对，是更值得思考的事情。

接纳后的陪伴与改变

男孩写过三次“烂”作文后，他第四次来上课的时候，我走到男孩身边，说：“你的作文很有创意！”

男孩得意地微笑，说："我也这么觉得。"

我接着对他说："但你写的作文，学校老师会接受吗？"

他笑着对我说："应该不会接受吧！"

这里的关键问句，是核对他也肯定创意，也核对了老师不接受。

我拍拍他的肩膀，说："这样就可惜了，这么好的创意，老师不能接受！你已经写过三次'烂'作文了，不能再写那些不雅的内容了，你还是可以大胆地写……虽然开始有点困难，但是我会陪着你。"

"烂"作文是解放，三次是限制，我对他的表达，是看见他的价值，接纳他的书写，但为他赋予责任，为创造负起责任。我说的这一段话，是转化他所拥有的资源：他的创意用在写不雅的内容了，这些是不被接受的，但是如果将创意用在一般的作文上，就会有好的发展。我的话语里含有接纳，接纳他会面临的状况、会遇到的困难，让他不被挫折困住，或者即使被困住他也能接纳，即拉近"他与他自己的距离"。

那一堂课，他的书写卡住了，发呆了半个多小时，很安静地坐着，随后开始下笔，写了一点就卡住了。

创造需要勇气，勇气带来焦虑，专注地与焦虑共处，才能出现创造力。但大人常介入孩子的焦虑，又不引导孩子与焦虑共处。与焦虑共处的方式，其一是专注停顿。

我只是观察男孩，一直没有介入，我观察他是否能专注。专注意味着坐得住，而不是跟同学讲话。

班上的其他孩子陆续地写完，一个接一个地离开了。已经下课二十分钟了，男孩仍旧苦思写作。我走近他，他仅写了四行文字，五十几个字，字里行间没有粗鄙的用语。

若你是老师，你会有什么感受，有什么想法，有什么期待呢？这是老师的冰山。那一刻我很感动。我认为他很努力，而且他进步了。我期待自己陪他，也期待他继续下去。在我的渴望层次，我感到有价值，也接纳自己的等待，感觉自己很有意义。

我拍拍他的肩膀，称赞他的努力。

他摇摇头，说："我又没有写完。"

他的反应是什么呢？正是渴望、自我层次的声音，那里还有这样的声音：我没有价值，我不接纳，我不够好。

我在客观事实上给他反馈："我知道你没写完，但是你这一次不同，没有使用屎尿屁那些不雅的词，我认为很不简单。而且你虽然卡住，已经写不出来了，却仍然努力地思索，坚持到最后一刻，也没有放弃，我欣赏这样的学生……"

我收回作文本，说："这样已经足够了，你可以下课了。"

你若是男孩，听了那句话，你有什么感受，你的冰山会有何变化呢？在渴望层次我联结他的接纳感、价值感，他要通过我的眼光，慢慢地去看见自己，重新见到自己的全貌。

接下来，还有四堂课的时间。男孩一开始只能写三四行，他仍然努力面对。我设定作文的字数最低值是四百五十字，他交出一篇字数合格的作文的时候，已经是第七堂课了。

我们为此感到开心之余，我也**好奇**他的历程，好奇他的卡点，以及如何突破卡点的，更好奇他是怎么看自己的。这些提问很重要，都是在正向地帮助他探索，落实他如何看自己，增强他**正向体验**自己。我提醒他这是个开始，之后可能还是会遇到困难，可能还是会卡住。这句话是看全貌的脉络，帮助他日后能看见自己，能够接纳那样的自己。

从此之后他渐入佳境，写不出的次数越来越少，而且他的作文表现出的思想越来越深刻。他经常为了一篇作文，课堂上写了一千多字，还要求回家再写一千字。

男孩后来对写作文表现出越来越浓厚的兴趣，写出思想深刻的篇章，还受邀写书评，文章入选刊物并且刊登，作文考试也得到高分。

渴望与自我层次是人的根基

我遇到过很多孩子，作文写不出来，唯独这个男孩让我印象深刻，可能跟那恶搞的文章有关。

其实，孩子写不出作文只是成长过程中的小事，但可以以此作为参照：根据作文写不出来的历程，可以画一个时间表对照写出这期间孩子写了什么，大人做了什么；孩子的冰山有何变化，孩子的渴望与自我层次是壮大了还是萎缩了；孩子成为什么样的人，他距离自己是否更近了。

孩子的拒学状态、沉迷于上网的状态、叛逆的行为、脱序的行为等，归根结底都是其渴望与自我层次出了问题。**渴望与自我层次是人的根基。**没人想要堕落，没人甘愿被逼，没人想要沉沦，其实这些堕落、被逼、沉沦的人可以选择各种方式去创造或表达。但是他们有困难，他们无法靠近自己，因为在其内心的深处不接纳，没有价值感。他们之所以不接纳自己、没有价值感，是因为他们在成长过程中就是这样被应对的。

敬唯说：

崇建从孩子不会写作文的问题背后探索渴望的驱动力，这是崇建对话的独到之处。写作可以打开孩子的内心世界，拓展孩子的视野，开阔孩子的心胸，让孩子体验创作的灵活与自由，所以写作是激发孩子创造力的沃土。

崇建允许男孩一开始写“烂”作文，是让孩子体验被接纳，这是探索渴望很重要的目标。崇建用让孩子体验的方式，比如写“烂”作文、体验写不出好作文的焦虑、得到正向反馈等，感受被接纳，有价值感，体验自己做决定的自由，体验了安全感与信任感。他的渴望被联结了，他的作文书写就有意义感了。写不出作文的、写不好作文的问题，全迎刃而解了。

渴望层次的意义感、价值感非常重要，通过写作文培养孩子价值感、意义感，这个对家长会有很多启发。如果孩子在成长的关键期，家长可以从孩子的问题上，给到孩子一些正向的激励和反馈，可以帮助孩子联结渴望，重新让孩子体验接纳，就会逐渐长出力量和勇气。反之，如果家长面对孩子的问题展现出的是焦虑、不耐心，甚至语言上对孩子只是负面的评价或反馈，就会让孩子产生不被接纳和无价值的感受，这就会让孩子丢失面对困难的勇气和力量，甚至会逃避、放弃成长。

写作文的这一篇，对我们教师设计课程很有帮助，也有助于想要改变孩子行为的父母改变自己的应对方式：先看见自己应对孩子的状态，然后以渴望为轴心，一步一步地调整自己的反馈方式，从而帮助孩子联结自己。

练习的小工具

请做一个孩子学习方面和你有冲突的冰山觉察日记，按照本书下一节“网瘾女孩”的十二个附注来练习。

网瘾女孩小薇

在演讲的休息时刻，一位单亲母亲来见我，提到她的十八岁的孩子，孩子的状况令她忧心忡忡。孩子本来表现良好，是明星高中的资优生，现在却断断续续地拒学，有自残的行为，还有轻生的念头。这样的状况已经一年多了，一直未明显地好转。

小薇母亲的求助

母亲期待我与孩子谈话，帮助孩子走出来。母亲进一步地说明，孩子读过我的书，通过书认识我，并且愿意跟我见面。

我本无意愿谈话，因为求助者甚多，且陪伴一个人成长，经常需要一段时间。这是我作为陪伴者，内在给自己的责任。但单亲母亲很无助，她被口罩遮住半张脸，仅露出一双悲伤的眼睛。头发斑白，皱纹清晰可见。我心念一转，开口答应了，但答应只谈一次，再为她们介绍其他的谈话者。

我请母亲转达孩子，请先写一封信给我，表达愿意与我谈话，我再来安排见面。

我为何要女孩写一封信呢？除了与她先有联结，让我知道她的处境，还有确定她的意愿。通常代他人邀约的亲友，常表示期待与我谈话，但事实常非如此，是代约人的期待，并非当事人的意愿。

我请母亲将自己的电子邮箱给女孩，数日后收到了女孩写的一封信，信中她介绍自己叫小薇。

在信中，她敞开心扉，陈述自己的无助，还有深深的无力感。她形容自己是冥顽不灵的石头，是路边不起眼的石子，并不值得被关注。因为自己不够优秀，也不够努力，没有权利获得尊重，不值得活在这个世界上……但是小薇在信里也说明，她不愿意来见我。

看来并非她的母亲说的那样——她想要跟我见面谈话。但是她来信的敞开，说明她有改变的可能。

女孩的字里行间，呈现的都是自我价值感低、不值得被看重的内在状态，她仿佛已经自暴自弃。

从上述我摘录的信的内容来看，可以得知女孩的冰山模型图：她无法与自己的渴望联结，因此她没有价值感，不接纳自己，觉得自己不值得被爱。（有价值感，接纳自己，值得被爱，这些都属于冰山的渴望层次。）

看到小薇对自己的惩罚

小薇澄清自己并没有“想见面”，她得知母亲为她邀约，却表达母亲常乱说话。我回了她一封信，如果她愿意的话，我邀请她与我见面，这是出自我的邀约，并非受母亲之托。小薇信里说“不愿意来”，但她最后还是来了。她的愿意见面，可能因为我是创作者，她是我的读者；可能是我的表达，直接邀约她见面；也可能与我的回信有关，我回信主动邀约，也在尝试与她的渴望层次联结。

我以女孩现有信息描绘她的冰山，看女孩冰山的变化。小薇本不愿意见面，但是她决定见我了，因为她的冰山变化了。

我认为写一封信，作为与她的联结，是很重要的媒介。我将小薇收到信之后，冰山可能的变化，放在《小薇的冰山》里说明。

我也不愿意见人，但还是见她了。因为看见无助的母亲，我的冰山变动了。我也曾经这么无助，因此动念见她一次，这对我并不吃力，所以我愿意见她。

小薇长得很清秀，她已经十八岁了，一见面就低下头，沉默了好长一段时间。若在理想的状态，她在这个年纪应该在学校读书，在家庭中得到关爱，并且逐渐走向独立。但小薇不是这样，她不愿意上学，被勉强上学之后，出了门之后也常常迟归，她还会自残，甚至有不想活的想法。

小薇坐在我的前面，她的双手紧紧地互握，看得出来很紧张。袖口遮不住伤痕，应是刀子划过留下的。

我指着她手腕上的伤痕，问她："疼吗？"

这句话以表面进入，若是我也联结自己，就很容易联结对方的渴望。这句话包含接纳，接纳如此的她。这句话也是关怀，联结她的价值。尊重她的状态，亦是让她自由，感到被信任与安全感。接下来几句问话，都在谈手腕的伤痕，亦是表达真心的关怀。

小薇瞅着伤痕，低着头摇晃，泪水落在她身上。

我停顿了一会儿，想从手腕的伤痕开始谈话，我问："有很多道吗？我能看吗？"

这样的联结，是一种好奇，一种带着接纳、关怀、爱的好奇。

小薇低着头，仍然流着泪，却点点头，同意了。衣袖往上挽起，手腕上的伤痕，一道一道地陈列，有新有旧。

"这样做会比较轻松吗？"有些孩子自残，会有一种释放感。

小薇摇摇头，始终没有看我。

我看着那些深浅交错的新伤旧痕，问："为什么这样伤害自己呢？"

这句话是从表面层次，问她的应对。

小薇依然摇头，沉默不语，只有泪默默地流淌。

我在停顿之后，试探地问她："这是在惩罚自己吗？"

这句话是从表面层次，**通过自我应对，进入自我层次，即冰山的最底层。**

小薇顿时涌出了更多的泪水，此时哭出了声音。我想起她信中所写，她应是对自己不满意。

"如果这是惩罚，你惩罚自己什么呢？惩罚自己功课不好，不够努力，还是其他的呢？"

这句话是从应对到自我层次，进入**从观点到自我层次**的探索。

小薇听了我所说，依然沉默不语，任泪水流淌。我也沉默了好久，才问她："你要说吗？我想听原因。"小薇右手握紧拳头，往自己腿上砸了一下。

我问她："这是在生气吗？是生我的气，还是生自己的气？"

这句话另起事件，先放过前面的问话，乃**以此刻她的状态，探索她"此刻"的冰山**。因此从新事件（她捶自己的腿），探索她的感受层次。

小薇这才开口："我是生自己的气。"

"气自己什么呢？"

此处从感受进入自我，因为她生自己的气。从自我层次**进入回溯，**探索观点、事件与期待的层次，探索为什么会形成这样的观点，甚至以伤及自我的方式去对待自己。

小薇断断续续地诉说，自己是个糟糕的人，从上了高中之后，成绩就变得很差劲。她就读的高中，是知名的明星高中，同学里卧虎藏龙。无论她想要怎么努力，不是提不起劲，就是课业太难，成绩提不上来。她气自己不聪明、不努力、不坚持、沉迷于上网。她也生母亲的气，又觉得自己不该生气，因此有很深的愧疚感。

小薇对自己的生气，对自己有"负面"看法，是从什么时候开始的呢？正是从她成绩落后开始，她本来被评定优秀，如今证明她一点都不优秀。

当她的成绩开始落后，她的冰山发生什么变化呢？

此处通过回溯发生的事件，了解她此时的冰山从何时何事开始形成的。自从冰山的形成，一直到今天，从思维到应对都是在靠惯性运行。她的成绩落后了，于是她在潜意识里决定惩罚自己，这是初次回溯的觉察，然而这个决定又是怎么来的呢？于是再往回溯就看见更早的生命状态：小薇五岁的决定。

探索童年的决定从何而来

手腕上的伤痕是小薇对自己的惩罚，她并未意识到这一点，直到谈话的那一刻，她开始觉知那是对自己的惩罚。那么，她为什么要这样惩罚自己呢？

一切都要从母亲的眼泪开始讲起。她看见母亲的眼泪，最早的印象来自五岁。

小薇记得当天要出游，去她期待已久的游乐园。她坐在餐桌旁吃早餐时，父母不知为何吵架了。两人越吵声音越大，她只记得父亲吼母亲，还动手打了母亲。母亲将桌上的盘子摔到地上，随后父亲愤而出门，留下悲伤地哭泣的母亲……其他的情景，她忘记了。

小薇当年仅有五岁，就烙印了这样的童年创伤。小薇说到此处，身体开始颤抖，我请她接受颤抖，她不断地摇头抗拒，她不能让自己害怕。

此处可以看见她为了要照顾母亲，她的感受从五岁开始**压抑**。所以，此处**邀请她觉察、体验、接纳她的感受**。若是她抗拒感受，那么这些感受仍存在，并不会从身体上消失，而且她还要花力气抗拒感受，就容易生出感受的感受。于是，生命就显得非常纠结，感觉无出路。

我邀请她体验感受，这对她而言显得非常艰难。她即使不断地落泪、颤抖着身躯，还是为抗拒颤抖而扭动。她的身体不自在地扭动，这来自头脑的反射。如何能让她**接纳**颤抖的状态呢？这要牵涉她早年的决定。

五岁的小薇就决定了，决定自己不能害怕。她若是害怕了，母亲怎么办呢？在冰山的渴望层次中，她不接纳这样的自己，因为一旦她害怕了，她就没有**价值**了，她怎么有资格**被爱**呢？

她不允许自己体验感受，那就无从体验爱和自己的价值。身处这样的状态中仿佛游走于无间道的地狱。

五岁的孩子害怕了，却不能承认、接受自己的害怕。她强迫自己否定感受，学会隔绝感受，从而也就隔绝了内在的联结，隔绝了生命力。五岁的孩子应该被爱、拥有安全感，才能让生命力茁壮，发展出自己的特质，才能在挫败时拥有能量。但是她为了生存，做了“不能害怕”的决定。

我邀请她接触害怕，告诉她此刻很安全，请她允许自己体验，允许五岁的自己感到害怕。这样的恐惧已经在她的身体里埋藏了很多年。我缓慢地邀请她，她试着接触发抖的身体，也接触自己的情绪。这样的体验对她而言很陌生。她开始辨识害怕，并且懂得接触害怕，和“害怕”建立了温暖的联结，渐渐地不抗拒颤抖，只是干呕了几次，身体也渐渐地趋于平稳，她的记忆重新涌现。

感受疏离的人，一旦接触感受，通常会感觉失控，失控会带来害怕，再加上体验感受带来的冲击，会引发身体上的生理反应。萨提亚模式的做法，通常是**建立资源**，使当事人相信自己有处理之前所害怕的事的能力了，让当事人不至于让冲击击垮。

当时五岁的她，看见母亲缩在椅子上，非常无助地哭泣，她跑过去抱着母亲，她决定要保护母亲，不让母亲感到痛苦。当天，母亲带着她去游乐园，看到转动的摩天轮，也带她上去坐了。高处的风景很辽阔，但她满眼都是母亲愁苦的脸庞，为了让母亲开心，她装作很快乐的样子。

进入感受的体验，往往看见过去的画面，因此五岁的冰山——感受、决定、应对——清楚地浮现出来。

五岁的女孩，正逼迫自己长大，去照顾她的母亲。

父亲和母亲离婚了，母亲成了失去婚姻的女人，母亲常抱怨父亲的错处，也常叹气自己的失败，自责自己很糟糕。年方五岁的小薇，在心里面下了个决定：她决定让母亲荣耀，让母亲不再受苦。

我倾听她内在的心路历程，不禁问她：“那小薇呢，小薇怎么办？”

这句话是**从观点提问，进入渴望与自我层次**。

小薇听了我的问话，不断地摇头掉眼泪。

小薇断断续续地说着自己糟糕，不值得被善待，自己的生灭苦乐，又有何重要？她想要让母亲感到荣耀，但她发现自己没有办法做到，她失败了，她让母亲失望了。她只是混吃等死的家伙，不努力也不上进。她想要善待母亲，但是她常跟母亲发火，她变得跟父亲一样，用发脾气的方式对待母亲，她更痛恨父亲了，同时也痛恨自己。

从她的叙述里听起来，虽然她会对母亲发火，但是她对母亲有很多关爱。而她对“小薇”只有诸多苛责。她不觉得自己重要。辅导老师、母亲、其他亲人，都说她很重要，她认为这是大家善意的谎言。她内在的声音：我是一个累赘，一个负担，我不需要存在……

她发生自残、轻生的状况之后，母亲和她说过，只要她好好地活着就行了，不用功课出众，不用表现优秀。但是她不相信母亲的话，她认为这样的自己不值得被母亲善待。况且当她表现不佳的时候，她常能看到母亲脸上失望的表情。

成功的时候，能体验渴望，理所当然。平常的时候，能体验渴望，感到自己的价值、意义与爱吗？挫败的时候呢？

人在挫败的时刻，在渴望的层次要让她拥有体验，能体验自己的价值，能接纳自己的不足，能感到自己被爱。这常是陪伴者、教养者、教育者的最困惑之处：不是已经给予她认可、接纳和爱了吗？也费尽唇舌，说了好多次了，怎么对方还是这样呢？

这就是在成长的历程中形成的冰山层次，**人在遇到特定的问题时，他的思维就不是“成长型思维”，而是“固定型思维”了**。她的大脑神经回路，因为过去的成长经验，在遇此情境或问题时，会不断地短路，无法突破已然形成的思维惯性。

她未辨识，也就是并未觉察“此路不通”。当这样的惯性思维成了内在逻辑后，自己一次次地陷入同样无法自拔的境地，就像走入一条死胡同，她不仅方向难辨，常越施力越无力，自然也就越无奈。

这个年方十八岁的孩子，内在这么多的声音都不约而同地指向负面状态，难怪她总是想伤害自己。即使母亲很爱她，她也不想回家，回家也只想沉溺于网络世界，与此同时，又对这样的自己心生痛恨。

所以这里有个课题，如何让孩子联结渴望，联结自己的生命力？

联结渴望从接纳开始

我邀请小薇靠近感受，逐渐承认与接纳感受，这些感受从五岁开始被压抑。**联结渴望的途径是：当小薇害怕、受伤、难过、愤怒的时候，给予小薇接纳与爱**。

我重新让她进入五岁的情境，当时五岁的小薇，内心还有诸多愤怒、害怕、悲伤与无助。小薇的冰山从五岁那年开始形成，此后她以自身的努力付出，一路获得好成绩和外界的肯定，确定了自己的价值。她升入明星高中，以优等生的标签进入竞争，但是外在的目标未达标，努力了几次也不成功。这个未满足的期待，让她的内在大幅搅动，联结渴望与自我层次的通道也彻底被封住了。

她的成绩低落了，她觉得自己不够优秀，没有资格拥有母亲的善待。她压力很大，因此她不想上学；一旦出门就不想回家，因为她面对母亲感到很痛苦；母亲所有的关爱、要求、规条都是指责，因此她回家只想关上房门上网；她靠着伤害自己来发泄那些她未意识的情绪，这些情绪里夹杂着未辨识的惩罚，长久地折磨着自己。

当她体验五岁的自己的痛苦时，我问她："你是如何看待世界，看待一个人的呢？"

在当事人体验当年的自己时，谈话者问出的这句有力量的话，是**从观点提问，进入渴望与自我层次**的。这是我常问的问题。

女孩的父母失和了。女孩只有五岁，竟然想要照顾母亲，她一心一意地想着让母亲感到荣耀，将所有的责任都揽在自己的肩上，真不知道她是怎么活过来的。当她遭受挫折与沮丧的时候，谁会陪伴她呢？她一直想要更努力，但是她力竭的时候，这个世界有人懂她吗？

我诉说五岁女孩的心路历程，还有那份善良的内在。小薇听到这里，号啕大哭起来，她哭得全身紧缩。

我问小薇对五岁的女孩有什么样的看法。

小薇良久才说："我觉得她好可怜，也觉得她很勇敢。"

我接着告诉她："她不需要你的可怜，因为她向来独立。但她需要你的看见，需要你的关爱与接纳。这个勇敢的女孩，有很多失落的部分，你愿意以多角度的眼光看她，而不是以功利的角度来看她吗？"

当她渐渐地愿意看见五岁的女孩，爱这个有勇气的五岁女孩，接纳一路成长的挫折，不以褊狭的眼光而是以多维的眼光看自己时，她的大脑就有了新的路径："固定型的思维"逻辑松动了，逐渐转向**"成长型的思维"**系统。

头脑的说服无法联结渴望

渴望的联结过程，可以从感受、观点、期待层次进入，去体验一个人的"渴望"，真正地感到自己的能量，就能重新应对世界。因此让一个人联结渴望，不仅是说服他的头脑，还要通过冰山的各层次探索，帮他理清阻碍渴望联结的部分。

若只是单纯地用逻辑辩证地思考，就常会卡在情绪与负向思维里，一旦内在逻辑卡住了，头脑的回路就不开通，渴望也就不联结了。

这也是渴望层次最难以说明的部分，就如同"佛曰不可说"。只可意会不可言传，所谓的"意会"，就是一种体验。在佛教的说法中，这些境界需要自己去悟得。在谈论萨提亚模式的冰山层次时，渴望、自我的层次，最让学习者感到困惑。

我通过辩证、质疑与对话，让小薇联结渴望。然而，一次的谈话，仅是一个开始。因此她愿意爱自己，这是一个重要的目标。爱自己需要联结感受，需要更丰富、多元的观点，需要觉察未被满足的期待，有意识地让爱流动。

小薇跟我谈完话之后，学习去感觉自己，用新眼光看自己，但是她一回到家中，旧有的大脑神经回路会回到旧的惯性，会落入过去的窠臼。因此我决定增加对话，与小薇进行三次谈话，再转介给其他老师。

家中的应对需要改变，母亲也需要被帮助，减少过去旧有的惯性应对。因此，我也协助母亲改变应对，改变她的冰山的状态。只有这样，家庭才会有新面貌，走上健康的道路。

小薇仍旧会回到惯性，但是不再自残、轻生了，流连网络的时间也减少了。虽然她还是会有内在脆弱的时刻，需要陪伴者所给予的滋养，她才能摆脱内在惯性，但她是个勇敢的孩子，她能看见自己勇敢的表现，也逐渐接受失落的感受。小薇终于走上属于她自己的人生。

敬唯回顾：

> “通过辩证、质疑与对话，让小薇联结渴望。然而，一次的谈话，仅是一个开始。因此她愿意爱自己，这是一个重要的目标。爱自己需要联结感受，需要更丰富、多元的观点，需要觉察未被满足的期待，有意识地让爱流动。”

小薇的冰山

小薇在信中表达，她并不想来见我，但她还是来了。为何她仍来了？或许与我的信有关。

在信中，她提到自己不值得被关注，因为自己功课不好，却又不够努力……她提出对自己的意见，都是从观点进入渴望、自我的层次，感受负面能量的状态，一般称之为跟自己不联结，也就是我们常说的渴望、自我层次的不联结。而造成不联结的原因，是一些过去的生活经验的影响，也就是过去发生了一些事情形成了小薇现在的冰山。

小薇提到各种现状，所谓的现状，就是冰山在水平面以上的部分的呈现，比如，学习成绩不好，引发拒学、网瘾等其他的问题。

下面我们对小薇的冰山进行探索：

感受：小薇没有提，但是从她的叙述不难归纳，应是沮丧、无奈、愤怒、害怕……

观点：小薇提到自己不够努力，不够优秀。

期待：小薇并未提到期待，但她提到“没有权利获得尊重”，可以评估她期待被重视。她认为被重视需要“一个人够努力”，需要“拥有好成绩”。所以期待的层次，可以如是归纳：期待被重视→期待够努力→期待好成绩。

渴望：小薇提到“不值得活在这世界”，可见她价值感匮乏，没有意义感，不被自己接纳。

自我：小薇认为“自己是个糟糕的人”，因而小薇没有生命力，也就无法与自我联结。

小薇长久处于这种状态，呈现出的应对与行为：断断续续地拒学，与母亲对峙，还有轻生的行为。这些行为的出现，加上外界的应对，小薇的冰山内部能量是如何流动的呢？不难得知冰山的内部环境应经常处

小薇收到我的信之前，冰山模型的图像

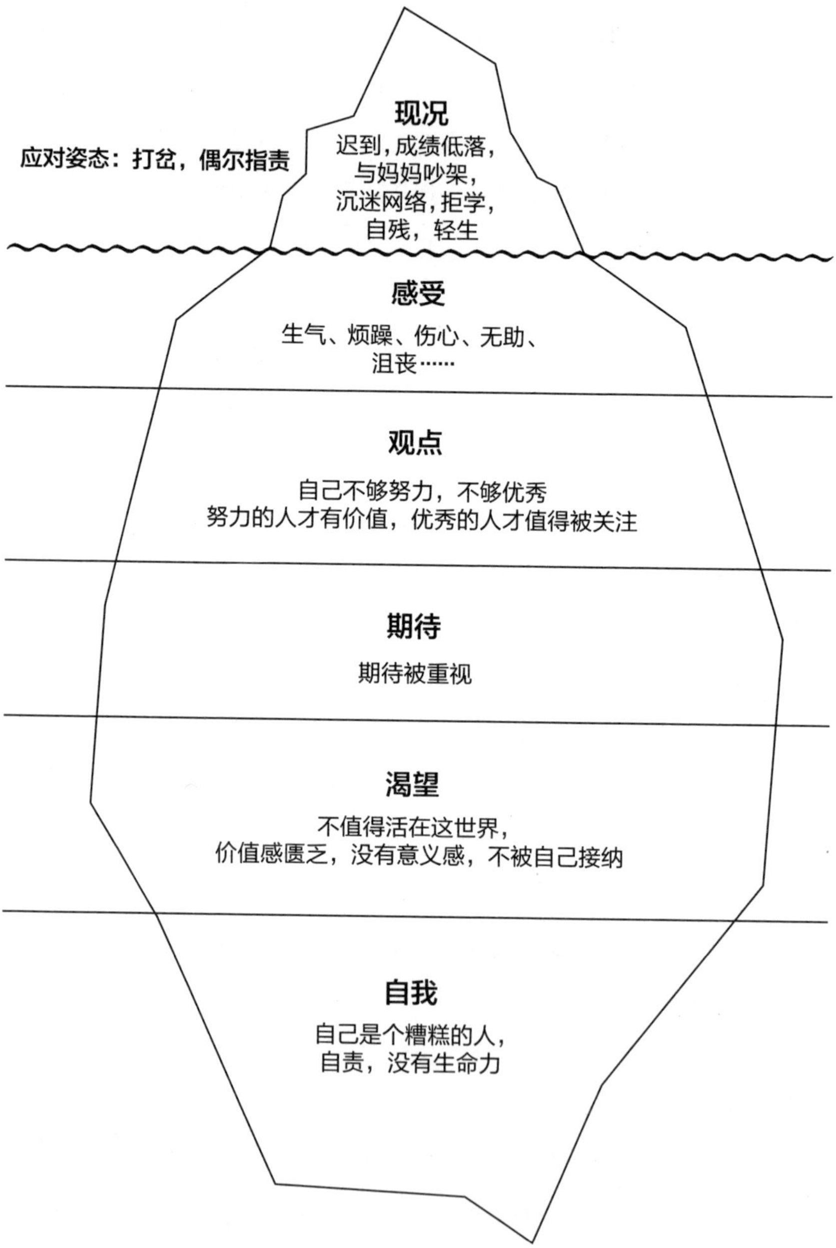

应对姿态：打岔，偶尔指责

现况

迟到，成绩低落，
与妈妈吵架，
沉迷网络，拒学，
自残，轻生

感受

生气、烦躁、伤心、无助、
沮丧……

观点

自己不够努力，不够优秀
努力的人才有价值，优秀的人才值得被关注

期待

期待被重视

渴望

不值得活在这世界，
价值感匮乏，没有意义感，不被自己接纳

自我

自己是个糟糕的人，
自责，没有生命力

于负面循环的状态。处于负面循环的环境，生命就会萎靡不振，生命力就会微弱。

不妨设想一下：一个人的生长环境，空气因停滞而污秽，弥漫着恶心的味道，耳边充斥着被责骂的声音，眼前阴暗到看不见阳光，这个人的状态又会怎样呢？可以想见，他大概不会是生机勃勃的，更可能是萎靡不振、烦躁不堪，或者痛苦不已的。若是内在环境如此呢？整个人会是何状况呢？内在环境这样的人会展现出什么行动，也就可想而知了。

上述是小薇冰山的各层次，是从她的母亲给我的信息和小薇信中的内容归纳出来的。她在见我之前的状态，我以前面的冰山模型的图像来呈现。

从冰山的状态来看，不难归纳出一个方向：要解决小薇拒学、自残与轻生的问题，就要改变她冰山的内在状态。而冰山内在的根基，在于她能体验到自己的价值、感到自己被爱，这些都属于渴望的层次。

而渴望层次的不联结，与成长背景有关。

父母、教师、社会工作者，或者助人工作者，该怎么帮助小薇所代表的人群呢？不难明白改变之道，在于冰山内在的渴望层次的联结。

与孩子联结是帮孩子的第一步

我曾回答教育界的朋友，当我应对孩子时，我的第一个念头常是与孩子联结。朋友将我的一段话当成座右铭：“你的期待是改变孩子。我的期待不是，我的期待是跟孩子的内在贴近。”

不少人看了这一句话，感到无比困惑。我借着讲冰山，讲渴望层次，对这句话进行解读：

期待“改变孩子”，常是改变孩子的行为。我们大人通常只看见孩子的行为，意味着看重表象与结果，就无法看见孩子的全貌，于是就失去了对孩子的接纳，亦即对孩子全貌的包容。若先跟孩子联结，孩子愿意在你的引导下，联结自己，就会为行为负责任，做出负责任的选择。那就是对生命负责，为生命负责就是自由，就是好的选择。

因此读者不妨设想，若想要帮助对方，当我们做出表达、应对时，对方的冰山会有什么变化呢？在感受层次、观点层次、期待层次有变化吗？最重要的是渴望层次，是否跟自己更好地联结了呢？是否觉得自己有价值，被接纳，有意义，值得被爱，拥有选择的自由呢？

当小薇抗拒去学校，沉迷于上网，成绩欠佳时，陪伴者能做些什么让小薇的冰山正向变动呢？这正是冰山的系统，助人改变内在的工程。

若孩子愿意与我联结，就代表孩子愿意接纳自己，这正是改变的开始。

质疑她的观点，也是与她同在

我通过给小薇的信与小薇的联结，目标是让她触及渴望。我从质疑她的观点开始，让她能触及自我，自我就是生命源头，自我就是渴望以下的更深的层次。

我质疑她的观点，不是与她对立，而是与她同在。我与她生命的本质同在，去打开她的生命的缝隙，为她的生命照进一道她看不见的光，让她的生命因此被驱动。通常当她脱离了她的惯性认知，去感受与思考时，常会处于很混乱的状态，正如萨提亚所说："混乱是改变的开始。"

她并未看到生命的全貌，而是用褊狭的观点看生命："成绩不好就没有价值""努力却没有拿到好成绩，就是不够努力""沉迷于上网的人，就不能被接纳"……这些观点是她在成长过程中学来的，无益于生命本身。因为这些观点的固着，并没有让她有力量，反而让她日益消颓。

她忽略了，看生命要看它的全貌。一直以来，她不懂如何爱自己，不知道如何接纳自己，所以她无法看到生命的全貌。如果想让她看到生命的全貌，她需要先被接纳，需要被爱的经验打开。

于是，我要通过一封信去和她沟通。

我常问我的学员：我要怎么写这封信，小薇看后才会比较愿意和我沟通呢？才能让小薇感觉“被接纳”“有价值”呢？才能让她与自己的渴望联结呢？

读者不妨在此停顿，先别往下看，试着写一封信给小薇，再试着设想小薇看了你的信之后，冰山的层次有何变化。试着画一张小薇的冰山模型图，来作为学习对话之后，解析冰山各层次变化的练习。

我的信件片段摘录如下：

当你提到自己“不值得”时，似乎跟“没有努力”，放在一起来谈了。对我而言这是两件事，并不能混为一谈。

没有努力的人，是否真的不值得？还有怎样的努力，才算得上努力，才算是值得的呢？这些标准是谁定的，又是怎么确定的？这样看待自己的概念，你是怎么学来的呢？这样对人进行划分的标准，是怎么确定的呢？

这样的看法，对小薇是好的吗？会让小薇更有力量吗？

我这样的一位老师，对你而言是陌生人，但是你愿意花时间写信给我；而且也想过要走出困境，只不过试了，没有成功。虽然暂时你还在困境里，但是这样的意愿、作为，难道不算努力吗？

想请你看一个人的故事。

有一位无助的女孩，她想要变得更好，但是她常感到无力，她也不愿意如此。

她常常遇到失败，质疑自己的存在，她虽然想过努力，但是心里充满无力感，她不知道如何面对无力感。她总是感到挫败。没什么人理解她。这世界上的人，会关心这样的她吗？谁关心她的挫败？谁关心她曾付出过，努力过？

我的信写到这里，我不禁想问你：“你会想要了解她吗？”

这个世界上的人，不是不在意她，就是在跟她讲道理、安慰她，或者指责她，但这都不是理解她。这个女孩生自己的气，她不想去学校了，但是她为了某种理由，偶尔还是去学校，也许她还有一丝希望，也许她是在用这样的方式体贴母亲，也许她不想让人失望。

她遇到一位陌生人，她其实不想见这个人，因为她会有压力。过去类似的体验并不好。

但也许是基于尊重陌生人，她还是提笔写信了。她在信中很坦诚地讲了自己的状态，其实她可以不坦诚的，她也不用说这么多，她更无须说自己的脆弱。因为讲出这些，需要很大的勇气。

不知道出于什么原因，她愿意花时间写信给这位陌生人，即使陌生人可能不懂。她可以不用这么做，她不需要花时间写信，她也可以不愿意向上，但是她想走出来，只是还没找到方向，只是她感到累了。即使她很疲惫，但她还是花时间写信了。你怎么看待这女孩呢？

对我而言，这位女孩愿意，也尝试努力了。我愿意写信给她，想要跟她沟通。因为“她愿意”这一点，对我而言很重要，这源于我看待生命的眼光……

各位读者，根据上面的这一封信的片段，你可否归纳出来哪些部分有助于她联结渴望吗？

我认为这封信，让她的冰山暂时变化了，从而愿意跟我见一面。我将她读信之后的冰山状态用下图呈现出来。

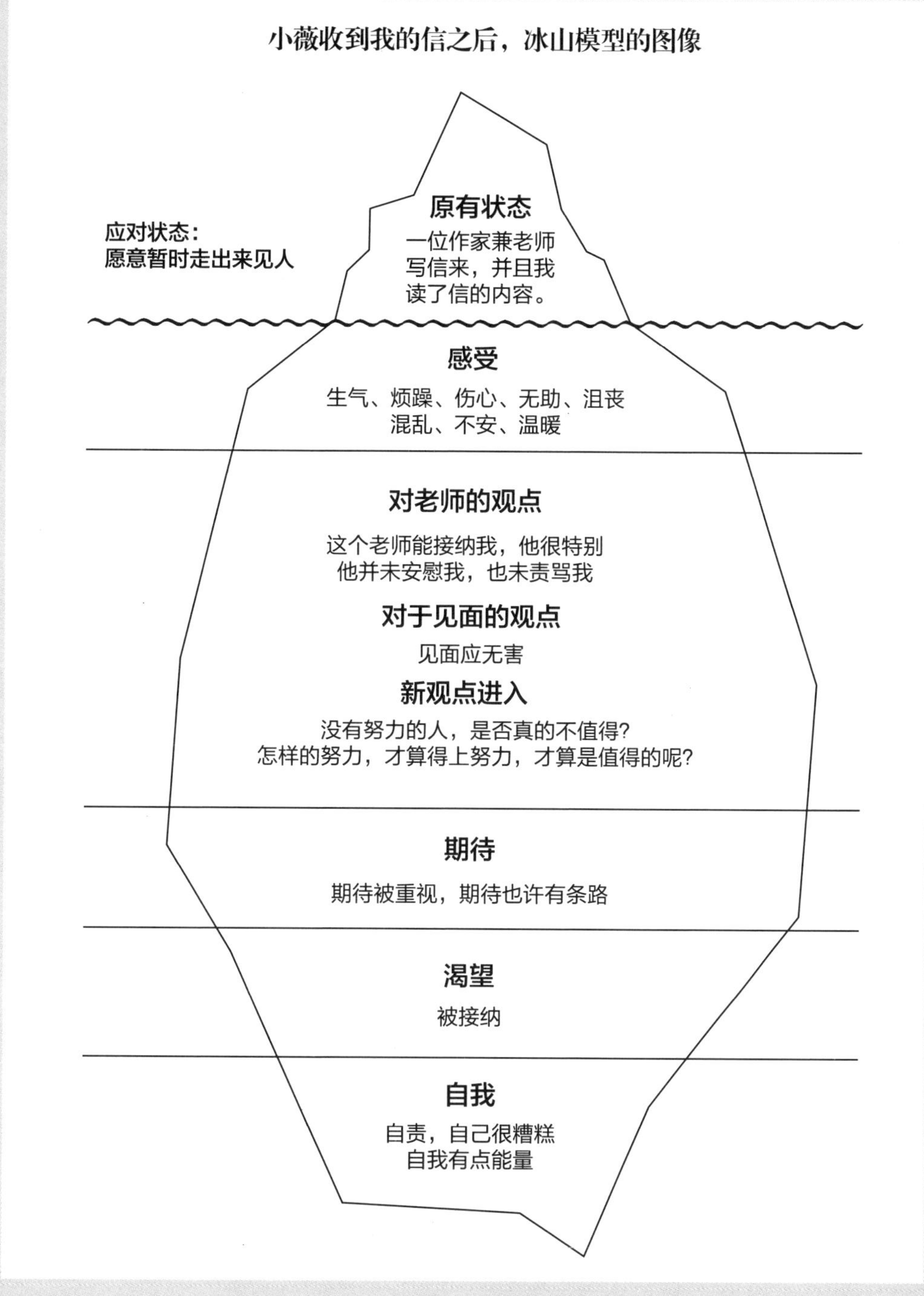

小薇收到我的信之后，冰山模型的图像

应对状态：
愿意暂时走出来见人

原有状态
一位作家兼老师
写信来，并且我
读了信的内容。

感受
生气、烦躁、伤心、无助、沮丧
混乱、不安、温暖

对老师的观点
这个老师能接纳我，他很特别
他并未安慰我，也未责骂我

对于见面的观点
见面应无害

新观点进入
没有努力的人，是否真的不值得？
怎样的努力，才算得上努力，才算是值得的呢？

期待
期待被重视，期待也许有条路

渴望
被接纳

自我
自责，自己很糟糕
自我有点能量

探索小薇五岁的冰山

我试着回到小薇五岁的冰山，回到她的父母吵架的事件，为此绘制一个冰山模型图。如下页的图所示。

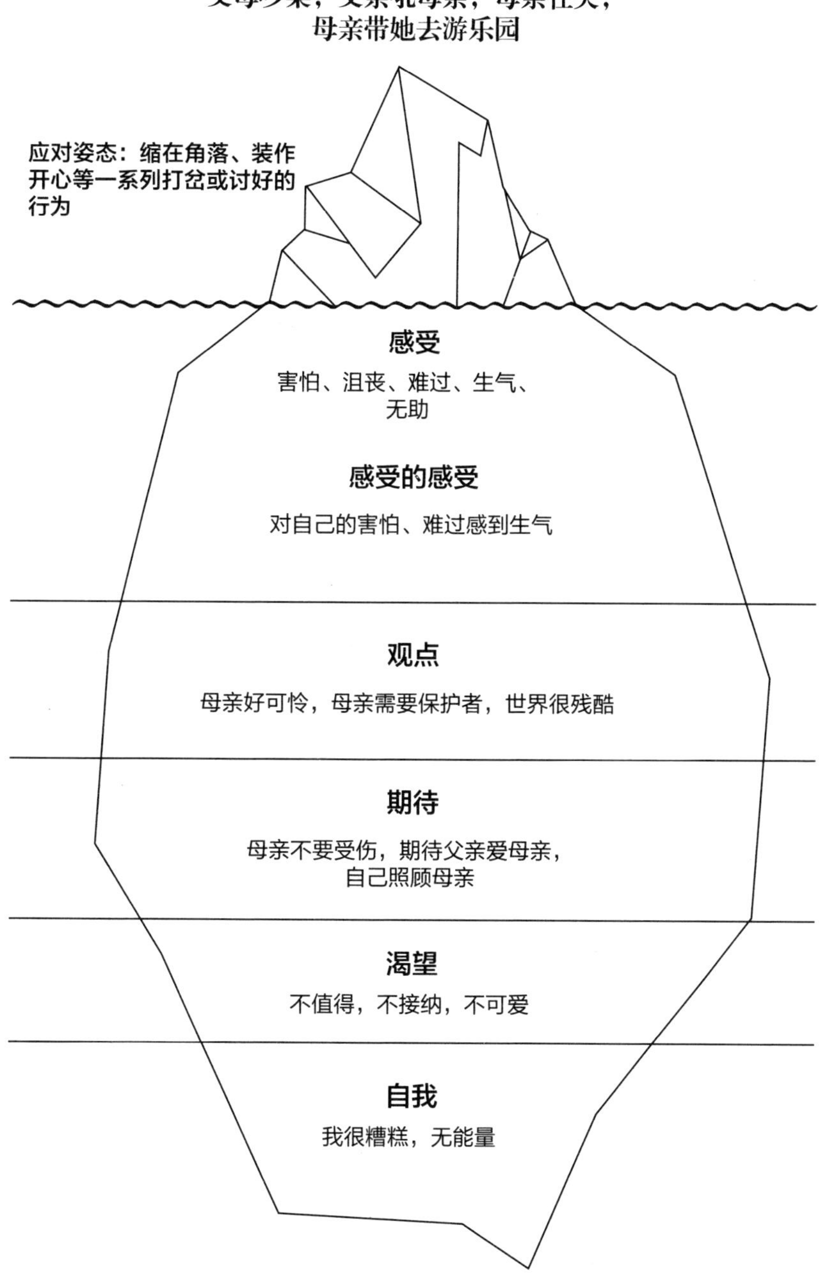
父母吵架，父亲吼母亲，母亲在哭，
母亲带她去游乐园
应对姿态：缩在角落、装作
开心等一系列打岔或讨好的
行为
感受
害怕、沮丧、难过、生气、
无助
感受的感受
对自己的害怕、难过感到生气
观点
母亲好可怜，母亲需要保护者，世界很残酷
期待
母亲不要受伤，期待父亲爱母亲，
自己照顾母亲
渴望
不值得，不接纳，不可爱
自我
我很糟糕，无能量

事件：父母吵架的画面。

感受：害怕、沮丧、难过、生气、无助。

感受的感受：对自己的害怕、难过感到生气。

观点：母亲好可怜，母亲需要保护者，世界很残酷。

期待：母亲不要受伤，期待父亲爱母亲，自己照顾母亲。

渴望：不值得，不接纳，不可爱。她可能会对自己说：一定是自己不可爱，所以爸妈吵架了，甚至离婚了；如果自己有价值，母亲怎么会哭，父亲怎么会离开……

自我：我很糟糕，无能量。她可能会对自己说：一个糟糕的人，活该自己如此，自己不重要……

小薇的五岁的画面、五岁的决定、五岁的身心感受，构成她最初的冰山模型的图像。这个冰山模型的图像，成为她的主旋律，不断地在她的身心间流动，当时的她做了一个决定，这个决定形成了观点、期待与她体验自我的模式。

她的决定若是做到，亦即外在条件满足了，挑战就会潜伏在生命里，虽然表面上看不见，只是冰山的暗流，但是将来如果遇到不理想的状况（比如，她的决定未达成，亦即期待落空），她就会经历失落的感受；若是一再努力还是没成功，小薇五岁时的经验就会被重新唤起，内在就会陷入负面的情绪中，生命往往就会被纠缠住，乃至陷落。

她这一路做了什么呢？这是她决定的一部分：尽量让母亲开心，想要保护母亲，想让自己成绩出众，想体贴关心她的人……让十八岁的小薇看见五岁的小薇，就是看见全貌。全貌是冰山的整体，也是小薇从五岁到十八岁的历程。在我给小薇的信、第一次与小薇的谈话时，都是以看见全貌的眼光去看小薇的冰山，也看历程中的小薇，并且通过我的带领让她跟自己联结。

跳脱负向惯性路径，让冰山正向流动

小薇面对成绩不好，她努力无效之后，她的应对与行为，又形成冰山各层次的变化。冰山是流动的状态，当遇到一个事件时，或者心念动时，就让冰山不断地流动。在下面的冰山模型图中，我将“断断续续地拒学”放在冰山上层，可以看见冰山内部因拒学行为而产生的流动。

当冰山因为拒学而流动，脑袋里的各种思考、过往、期待、感受的交织，又不断地引起冰山各层次的晃动。每当发生一个事件，比如“与母亲对峙”“轻生的行为”，或者“沉迷于上网”，冰山内在都会不断地流动。

小薇的生命状态，纠缠在这样的流动中，生命会呈现什么样的面貌呢?

当内在创造负面环境时，衍生出来的思考、感受与应对，就会更深地陷入负面的环境，生命常处于陷落的状态。所以，对话者要触动小薇的状态，就要跳脱她的惯性路径，对话的目标是能量联结，也就是让冰山的最底层——人的根基所在——渴望与自我盈满。

断断续续地拒学

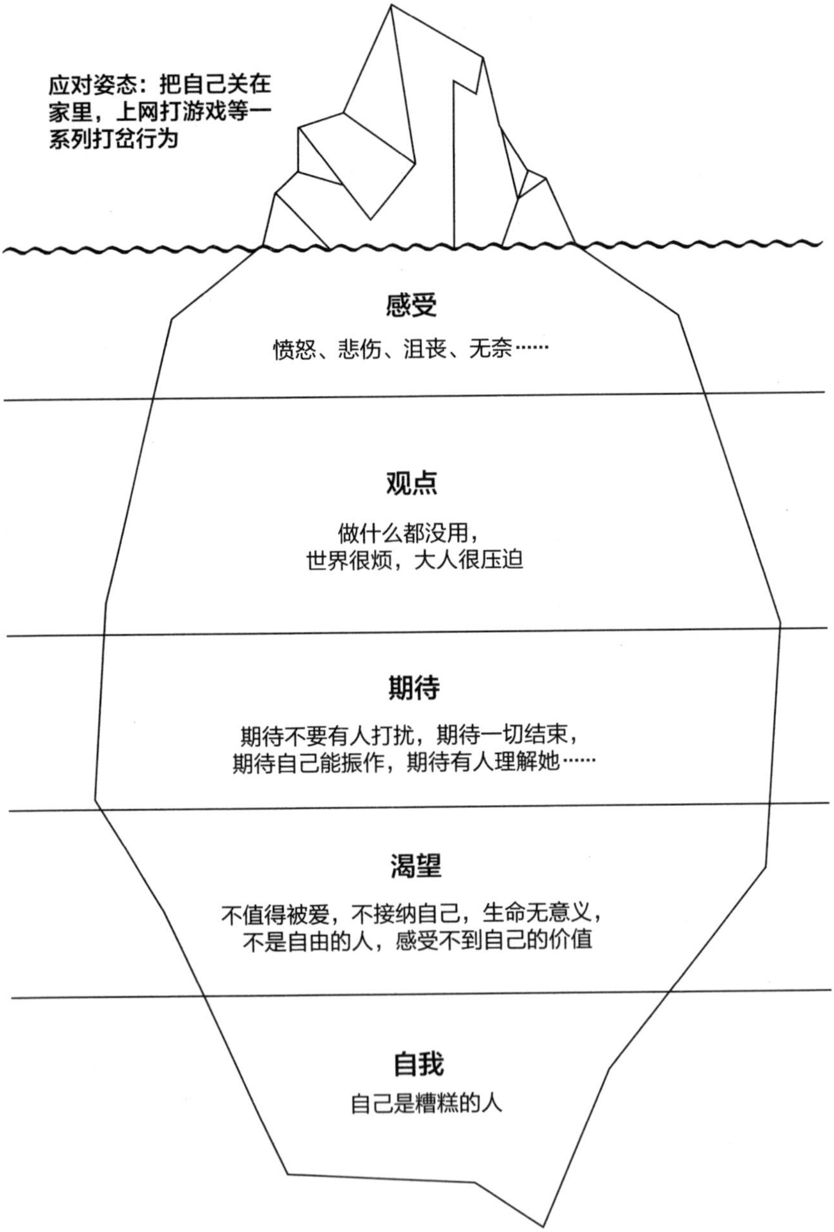

应对姿态：把自己关在家里，上网打游戏等一系列打岔行为
感受
愤怒、悲伤、沮丧、无奈……
观点
做什么都没用，
世界很烦，大人很压迫
期待
期待不要有人打扰，期待一切结束，
期待自己能振作，期待有人理解她……
渴望
不值得被爱，不接纳自己，生命无意义，
不是自由的人，感受不到自己的价值
自我
自己是糟糕的人

敬唯回顾：

“从冰山的状态来看，不难归纳出一个方向：要解决小薇拒学、自残与轻生的问题，就要改变她冰山的内在状态。而冰山内在的根基，在于她能体验到自己的价值、感到自己被爱，这些都属于渴望的层次。

“而渴望层次的不联结，与成长背景有关。

“当内在创造负面环境时，衍生出来的思考、感受与应对，就会更深地陷入负面的环境，生命常处于陷落的状态。

“若先跟孩子联结，孩子愿意在你的引导下，联结自己，就会为行为负责任，做出负责任的选择。那就是对生命负责，为生命负责就是自由，就是好的选择。”

练习的小工具

结合上一节，继续深化练习，遇到亲子关系有冲突的父母可以结合小薇的四幅冰山模型图，对自己和孩子的行为进行分析，强化练习。

第七章

表达是联结渴望最简单的方式

人与人渴望的联结，最简单的方式，并非以好奇进行，而是通过表达。

表达的方式，包括行动与语言，比如，拥抱、服务、送礼物、陪伴，或者通过语言说出来……都是很直接的方式。

只是在成长过程中，我们失去表达的初心，甚至失去表达的能力。一般人的表达，未觉察表达的背后所隐藏的期待，期待对方改变，期待对方了解，期待对方能懂得……于是表达变得复杂，带着其他的目的，使得人与人之间，单纯的关爱与看见都背负了期待的影子。单纯的表达使接收者感到有压力，接收者甚至会不相信这个表达的真实性。

因此如果你想将渴望通过语言表达给对方知悉，首先要做的事就是与自己联结，也就是自己能爱自己、看见自己、看重自己、接纳自己。只有与自己联结了，表达的能量才会深刻。即使对方不满足自己的期待，自己也能接纳失落。只有长久地与自我联结，学会表达自己，与他人的交流才能真挚而深刻。

在此章节中，除了汇集了过去的文章，突显出表达的部分，另外所呈现的十个案例，都是生活中常见的状况，我以少量的好奇对话，以大量的表达方式，呈现十个案例的应对，并且做出表达的说明与步骤的解析。我相信应对一般学习者，或者有心了解表达的学习者，应该会有清晰的了解。

敬唯说：

每个家庭都渴望自己的孩子是成功者，嘴巴不说，心里是这样想的。各行各业里，凡是能成功的人都有一个共性的特质：可以表达自己真实情感与渴望，知道自己有什么渴望，对自己的生命意义与目标很清楚。何况现在的孩子大部分都是擅长表达的，人与人渴望的联结，最简单的方式，并非以好奇进行探寻，而是通过表达来直接展现。

崇建也说："如果你想将渴望通过语言表达给对方知悉，首先要做的事就是与自己联结，也就是自己能爱自己、看见自己、看重自己、接纳自己。只有与自己联结了，表达的能量才会深刻。即使对方不满足自己的期待，自己也能接纳失落。只有长久地与自我联结，学会表达自己，与他人的交流才能真挚而深刻。"

对话时，你表达出爱、关怀、接纳与看重了吗？

与他人的渴望联结，就是让对方被尊重，感到被接纳，感到被爱，感到有价值。

对话者、教育者、教养者与陪伴者，通过自身的能量，与自己的渴望联结，通过倾听、好奇与表达，与对方的渴望联结，使得对方能与自己的渴望联结。

倾听就能让生命的能量运转。通过提问探索对方，就是积极的倾听，当人被深入地倾听时，情绪会健康地流动，对自己也会有更细微的觉察，跟自己联结会更为深入。

除了倾听与提问，对话者表达出接纳与爱，会让对方感受被爱、被接纳、被信任，有意义感、价值感，易于让对方与自我联结。

但是很多人表达爱、表达接纳的时候，对方是没有这些渴望层次的感觉的。**所以，感觉接纳与爱，去表达这份感觉，就易与对方的渴望联结。若对话只是个套路，期待对方接收到渴望层次的能量，那么对方只会接收到你的观点与期待。**

渴望是生命力的流动。我在过去所写的书中，也分享如何表达，如何与孩子们联结，此处我展示几个以前在别的书上呈现过的案例，给大家参考。

与山毛榉的对话

山毛榉告诉我，不想待在这个世界上了，方才坐在三楼阳台，只要双脚再往前一点，就会结束生命了。

我听他讲了一个多小时，他的情绪和缓下来。我握住他的手问他，这两年我对他的关怀和爱，他能感到吗？

山毛榉停顿了一下，点点头表示可以感到，接着说：“那又有什么用？只有你一个人的爱而已！”

我跟他说：“至少不是如你所说，得不到任何人的爱，也许你已经得到别人的爱，只是你没有发现而已。”

我很认真地看着他，专注而平静地接着对他说：**“起码这个世界上，你至少能感到我的关怀，当你遇到挫折、沮丧的时候，你会来跟我说，也许我不能解决，但是至少还关心你，不是吗？”**

我发现山毛榉一面沉思一面点头。当他开始思考时，他便不再深陷忧伤的情绪中了，并且回到了理智的层次。他在头脑与爱的感受间探索，我感觉他能感受我的关怀，谈话中也渐渐地有了力量。（选自《麦田里的老师》）

与明槿的对话 I

电话那头陷入了安静，有一两秒的时间，明槿开口了："阿建，我最近正在玩一款电脑游戏，但是家里的电脑坏了，你补习班的电脑可以借我吗？"

当明槿提到玩电脑游戏的那一刻，我觉察心中有生气的情绪。我稍微一停顿，情绪便转化了。我心中的念头迅速地流转，深知自己的心要更宽阔，才能陪伴明槿面对困难。我决定答应明槿的请求，因为讨论功课的地点在写作班，我琢磨着星期日讨论完功课后，才让她玩电脑。

"下个星期天，我们不是讨论功课吗？结束以后，电脑借给你使用吧！你用完电脑，我再载你回去。好吗？"

"不行！破关的期限到星期四，星期天就来不及了。"明槿迅速地否决了。

借不借电脑给明槿，不是我考虑的重点。明槿对电脑的执着，即便快要考试了，她似乎仍无法自拔。我也曾经是这样的青少年，沉迷于电动玩具，尤其我越感到焦虑，便越想玩电动玩具，而且这个过程中会伴随着一连串的情绪。焦虑与悔恨，仿佛是共伴相生的连体婴。

阻断孩子玩游戏的惯性，不能从表面的限制着手，而是要启动人的渴望才能有所成效。

和明槿讲电话的瞬间，我脑中的思绪迅速地流淌，无法做出严谨的判断，只是凭借直觉对话，上述的思索是事后归纳。但我可以清楚地明白，我内在有一个信念：我愿意陪伴这个孩子，时间拉长一点无所谓。

“写作班的电脑借你吧！”我停顿了一下，语态平缓地说，“星期一到星期四你都可以使用。我平常不在写作班，但你随时可以使用电脑，我会先跟会计说明，这样好吗？”

明槿听了我的决定，大概出乎她的意料。电话那头无回应，我也安静地等待她。

过了几秒钟，明槿回应我了，声调明显沉稳下来，带着些微的颤抖问：“阿建……你有没有觉得……我很不应该？”

天外飞来的一句话，我其实听不明白。刚刚还在讨论电脑的事，怎么转移到这里？

“我不懂你的意思。”我想确认她要表达的是什么。

明槿仿佛深呼吸一口气，才缓缓地说：“我都没有学习，还跟你借电脑，你会不会觉得我很不应该？”

我至今仍然记得，当天晚上安安静静的，仅有冷风吹拂的声音，我原本已经安顿的内在，也许因为明槿的诚恳，感觉更为广阔的宁静。我常有细微的感受，当两人的内在真诚地沟通时，心中便会出现安定与宁静的感觉。

明槿这样问我的时候，我体会了教育者的信念：每个人的内在都有一份“善、美、真”。重点不只是教导孩子要如此，而是如何启发孩子本性，有时候教育者的急切，反而打压了孩子的本性。

我诚恳地回应她：“是呀！我觉得你很不应该。”

明槿问我：“你觉得我不应该，为什么还要借我电脑？”

我又停顿下来，相信她也在这停顿的时间里感到安静的力量，无须说话，也不会感到尴尬。也许只是停下来两三秒而已，对我而言，内在被巨大的平静感所笼罩。

“**明槿，我也曾经是你**。我也是那个想玩电动玩具，不想面对学业的少年，我的内心也充满痛苦。也许你对自己很失望吧？或者还有生气吧！你知道吗？我曾经就是这样的少年，并且深深地为此痛苦。”当我说到这儿，和内在的平静感在一起，既缓慢且深刻地告诉她：**“因为我很爱你，我答应要陪你到高中毕业，你现在只是初三而已，我想慢慢来吧！”**

当我的话语结束，我听见电话的那一头，传来吸鼻子的声音，我想明槿落泪了吧！我只是静静地等着，最后明槿带着一点哽咽说：“谢谢！”

明槿没有再多说话，将电话挂了。后来，明槿并未到写作班借电脑。

（选自《心教》）

与明槿对话 II

明槿的母亲开启了大门，让我进入家里。我站在明槿面前，这个女孩委屈地流着泪，手里握着刀子，倔强地立在当下，满脸的愤怒、伤心与无助纠结在一起。

“好了，没事了。”我立在明槿面前，轻轻地安慰她。

“**你这样不好，会伤害自己，我不要你伤害自己**。”我重述了一次刚刚的话。

“反正也没人爱我。”明槿带着愤怒，带着呼救的渴求，声嘶力竭地吐出这几个字。

“**我知道你很生气，也知道你的委屈**。”我专注地望着明槿，缓缓地告诉她，“我知道你有时感受不到母亲的爱。”

明槿僵硬地站立着，严肃的表情瞬间放松下来，眼泪与鼻涕泛滥成河，密布在无助的脸庞上。

“你记得吗？上一次你向母亲要三千元，**我曾经告诉你，‘爱’与‘期待’不同，你的期待失落了，并不代表你不被爱**。如果你感受不到母亲的爱，你可以感受我给你的爱吗？”我缓慢地说这些话。

明槿放下手中的刀子了，眼泪又一次大量地涌出眼眶，仿佛诉说一个委屈已久的故事。

“我很爱你呀！这是我曾经告诉过你的，我今天只是再次提醒你而已。如果你可以感受我的爱，起码你知道，这世界上还有人爱你呀！”

明槿突然抱着我，放声大哭起来。

我知道明槿用了很大的力气，想要去证明、寻找一份爱，我抱着她的身躯，感到她身体的颤抖，衣服在寒冷的冬夜被汗水湿透了……

我知道渴求爱的内心，经常通过外在的事件，去证明自己是否值得被爱。我看见的目标，不是解决眼前的问题，而是从心灵上给予力量。

头脑知道自己被爱，心中时时涌出的情绪，也会不断地于内在骚扰，不断地以各种图像与事件冲击、质疑着爱的本质。我常告诉自己，我不需要多做些什么，不需要为孩子的行为起舞，我只是稳定在这里，让孩子感到安定的力量，我认为这样就够了。

“去睡吧！已经一点半了，明天还要上课呢！”

我没有再跟明槿多谈事件，只是要她答应我，不能伤害自己与他人，并且送上深深的关心，才离开明槿的家。虽然已经深夜了，但是我很欣慰事件和平地解决了。我知道作为一个陪伴的大人，只是让孩子相信，自己不会被放弃，让孩子相信自己值得被爱，其他就交给天意与时间吧！

（选自《心教》）

与依莲对话

依莲在二度转学的前一晚，急着打电话给我，哭诉自己感到无比恐惧，若是明天无法上学怎么办？依莲面对新学校的心情，随着时间靠近而起伏，从逐渐拾起勇气的期待，到瞬间掉入失落、恐惧、悲伤混杂的状态。但是家人只是和她讲道理，或说几句制式的“加油”。这些对依莲没有实质的帮助，令她的孤单感、恐惧感又莫名地回来了。

依莲在夜里打电话给我，哭着问我该怎么面对恐惧。我只是静静地听着，表达我对她的关心。我邀请依莲接纳自己，无论她能不能去上学，都接纳这样的自己，因为她已经努力地改变，并未轻易地放弃自己，心灵才会有力量。

依莲隔着话筒哭着，语带鼻音地说：“但是我很讨厌自己，我很讨厌这个世界，我很讨厌好多人，我不喜欢这样的自己……”

依莲诉说着苦痛，最后问我：“老师，我可以问你一个问题吗？”

我请她说。

她说出藏在内心深处的疑问：“你会不会觉得我很烦？会不会很讨厌我？”

我并没有先正面回答，而是回问她：**“此刻你与我通电话，有感到我的厌烦吗？”**

“没有。”

“会感到我讨厌你吗？”

“也没有。”

“是呀，我很爱你呀！当你又遇到困难，我没有拒绝接电话，也没有匆匆地挂电话，不是吗？”

依莲“嗯”了一声，继续问：“你为什么要爱我，爱一个这样的我呢？”

我常以为当一个陪伴者，是稳定自己内在之后，将一份安然与稳定带给对方，也让对方能长出爱、安住爱，渐渐地得到稳定的心。于是，我对依莲说：**“当一个女孩那么努力，即使她遇到了挫折，内心再次被恐惧占领，她也没有放弃，还懂得向人求助，这个灵魂不是很可爱吗？不是令人感到尊敬吗？”**

依莲静静地听我说完，哭泣了很久才停下来。

（选自《萨提尔的守护之心》）

面对犯错的孩子，家长要带着爱与接纳表达规则

内心的关怀与爱，如何传达呢？通常是通过语言、文字与行动来传达的。要让孩子走得正，只有关怀与爱肯定是不够的，表达规则同样非常重要，但是很多家庭与教室，规则常常不被表达，也很少被认真地执行。一般我见到的家长的状态，通常将规则拿来呼吁，比如："不要讲话""弟弟，不可以……"或者，用恐吓来控制孩子的行为，比如："你再……我就……"

当孩子犯了错，大人应该做的是既要坚定地执行规则，同时也要带着温暖和爱表达。除了表达规则，还要表达接纳与爱，这样就容易让孩子联结渴望，孩子也学会为自己负责。

接下来我会继续分享十个案例，案例中都有表达的部分，不妨试着揣摩当事人的内心活动。想象我们是当事人，当我们能接纳了、能爱了、能看见对方的价值了，表达出来的语言，会有什么感觉，又会得到什么样的结果呢？

敬唯说：

这一节特别强调的是倾听，这是爱的核心。只有用心地倾听，对方才可以与你的渴望联结，你才有可能帮对方联结渴望，让对方的生命力流动起来。对话有五个关键点：

觉察，倾听，好奇，表达，提问。这几个关键点希望大家可以加强练习，这是对话的基础能力。我们很多家长特别希望自己的对话能力强，快速地改善关系，但是最重要的是从基本功开始扎实地练习。其实最简单的方法最有效。

对话者表达内心的关怀、接纳与爱，让对方感受被爱、被接纳、被信任，感到有意义、有价值，这样就容易让对方与自我联结。如何传达呢？通常是通过语言、文字、绘画及非肢体语言和行动。

崇建也提到："当孩子犯了错，大人应该做的是既要坚定地执行规则，也要带着温暖和爱表达。除了表达规则，还要表达接纳与爱，这样就容易让孩子联结渴望，孩子也学会为自己负责。"

对发怒的孩子，强调规则的同时，你真的接纳他了吗？

孩子着急地叫我，匆匆地拉着我的手，往教室的方向跑去。告知我阿利打人了，发疯一样地摔东西，还有人被打伤了。

阿利的情绪不好，常会情绪失控，一旦情绪爆炸了，其他的孩子都会躲得远远的，将他视为洪水猛兽，不想靠近他。阿利情绪越常失控，就越不被了解，情绪也就越糟糕，这样就仿佛进入了恶性循环。

这一天阿利发怒了，"风暴"可能太强大，教室里的人都跑出来了，教室外面有一群孩子围观，其他老师也不敢介入。孩子们见我来了，纷纷告诉我经过，叽叽喳喳地提供信息，大意是：一群人正在说闲话，背地里数落阿利，不巧被阿利听到了，阿利瞬间发狂了。

阿利如疯狂的野兽，拿椅子对着数落他的同学砸，那个同学躲在桌子下，一动也不敢动，其他同学都走了。

“阿利。”我唤了他名字，停顿了一秒。

我接着表达：**“我知道你很生气。但是你不能丢椅子。这样你会被误解，会很委屈。我不想你被误解。”**

在那一瞬间，阿利停顿了，放下手中椅子，呆站在原地，身体颤抖着，因为愤怒的能量还在他的身体里。

我走到阿利身边，只是静静地站着。桌子下的同学出来了，悄悄地站在一旁，我挥一挥手，让那个同学离开。我轻轻地拍着阿利，阿利骂了一句粗话，眼泪扑簌簌地落下来。

一场风暴就此结束了。阿利事后跟我说，我阻止了他的“暴行”。

他觉得自己不被了解，而我是能懂他的人，此后我说的话，他特别愿意倾听，我们的关系也更近了。

事后，孩子们纷纷说，我说的那几句话，感觉很有魔力，阿利竟然“定住”了，当下就不再发怒了。

在青少年危机的处理中，如何能够让对方冷静呢？除了安稳坚定的语气，语言的表达也是关键。

和谐且坚定地呼唤他的名字

有些青少年在激动时，仿佛失去了理智，那是因为**眼前发生的事件唤起他过去的记忆，而召唤记忆的大脑，又会命令身体立即做出反射动作。其实，他们也不想做出那些不理智的行为。**

当他听到同学们在背后说他的坏话时，过去曾被指责、被误解、被背叛等未被妥善处理的事件，化为记忆残存于大脑之中。那些不好的记忆快速流动且翻搅，唤醒他诸多感受、负向观点、未满足的期待。冰山的各层次里消极的部分都被挑起来了，形成他处事的方式。

听到有人私语，有人说坏话，他的渴望层次发生了什么呢？他的渴望层次：自己不被接纳、没有价值感、没有安全感、不被信任，爱当然也不联结。

让阿利回到当下，不再受过去的经验操控，呼唤他的名字是很重要且有效的方法，但是**态度要和谐且坚定，而非强制与恐吓**。

很多教师、家长呼唤孩子的名字，展现出太强势、过度控制的特点，或者走向另一极端，语气过于讨好。这两种语气可能都会适得其反，挑起孩子受压迫经验。

设想一个状态：当你的名字被人平稳、坚定地呼唤，渴望层次是否感到“被接纳”，有“安全感”？

大部分人会有被接纳的感觉，仅有极少数的人，会感到全身不自在。

感受他的感受，看到他的期待

“我知道你很生气”是呼应他的当下，让他意识到他的感受层次被人看见，也让他与自己联结。这句“**我知道……**”，就表达了我接纳他的生气。

有人遇到这样的情况会表达“你在生气吗？”“你是不是在生气？”等。

这样的表达，此时不恰当，因为他在生气状态，这样会挑起他更多的情绪，让他更生气。一是他在生气，你还问他是否在生气吗，已是明知故问；二是情绪奔流的时刻，对方没有空隙停顿，你的问话反而挑起他对“生气”的负面认知，又会让他联结起曾被误解的过去，可能会让他更受刺激。

“但是你不能丢椅子。”这句话是规则。

搭配前一句话，前面承认、理解与接纳他的情绪，后一句话是表达规则，这两句搭配起来，既承认并接纳了他的情绪，也明确地表达了用丢椅子发泄情绪的行为是不被接受的。

因为这句话是规则，所以后面的那句话也就特别重要了，因为人在盛怒之下，听到规则怒意很可能更盛。

“这样你会被误解”含有几层意义：

一是观点的层次，表示懂得他被误解。

二是“误解”具有回溯的意义，让他想到从前的经验：“误解”一词有助于被理解，解开他长久的心结。他情绪爆发并非所愿，被视为洪水猛兽，就是大家对他的“误解”。因此点出这句话，他内在感觉被接纳，事实上很多犯错的孩子：**“误解”一词，都能让他们感觉被理解。**

“会很委屈。”点出当下另一情绪，也是他长久以来的经验，当情绪被点出来，他又被看见了，被理解的感觉推深一层。

“我不想你被误解。”这句话是我的期待，应该也是他的期待，因为他有太多被误解的过去。

短短的语言表达，就有巨大的能量。我联结他的内在，他感觉我接纳他，**他的渴望层次，与自己的联结也加深，他也能接纳自己，看见自己的价值，觉得拥有了安全感，以及被信任的感觉。**

以关怀的方式表达规则，并且在观点上回溯，表达对他的理解，再加上呼唤名字，以及对情绪的关注，这就是这几句话的脉络。

敬唯说：

孩子有脾气了，情绪不好，甚至情绪失控，这个时候是转化孩子情绪的最佳时间。面对生活中孩子情绪爆发失控的情况，大部分家长会去压制孩子的情绪，孩子会感觉不被理解，结果孩子的情绪更糟糕，形成恶性循环。这就是家长提高“青少年情绪危机处理”能力的关键契机。那如何让孩子冷静呢？家长该做的是：联结孩子的内在，让孩子感觉家长接纳他，引导孩子与自己的渴望联结，让孩子自己接纳自己，他就能看见自己的价值，就会觉得拥有了安全感，以及被信任的感觉。这个也叫情绪场赋能。

练习的小工具

1. 家长先稳定自己情绪，不慌，不乱，不压，不躁，然后语言的表达是关键，用安稳坚定的语气表达。

2. 呼唤名字，这很重要，语气平稳且坚定，而非强制与恐吓。

3. 理解并接纳孩子当下的情绪状态：“我知道你很生气”是呼应他的当下，让他意识到他的感受层次被人看见，也让他与自己联结；这句“我知道……”，就是接纳他的生气。

4. “但是你不能……”是表达规则。与前面一句表达理解与接纳的话搭配起来使用，既让他意识到自己的情绪被呵护了，又让他明确地认识到自己的行为破坏了规则，是不被接受的。孩子常见的破坏规则的行为有大吵大闹、丢椅子、撒泼打滚等。

5.“这样你会被误解。”让孩子的“误解”被人理解，同时也有助于回溯他受伤的过去，并解开他的心结。“我不想你被误解。”这句话是对话者的期待，但也是孩子的期待；短短的语言表达，就有巨大的能量。

不妨试试，慢一点，慢一点……你有“稳定自己内在”的能力，用你安稳的内在，体会孩子情绪背后的渴望。

对叛逆的青少年，扪心自问爱自己了吗？表达爱了吗？

一对夫妻突然来访，是因为处在青春期的儿子，在外地就读高中，却不想与家人联系。儿子不仅四个月不回家，还音信全无。夫妻到儿子的住处找人，儿子却避不见面，生活费只能转账。

父亲想要去学校找辅导老师帮忙，但他熟悉儿子的脾气，如果儿子知道了他去学校找老师，肯定会闹翻天，情况只会更糟糕。儿子怎么会如此呢？过去父母是怎么管教的呢？通常会有其原因。

父母的不当回应打击了孩子

父亲娓娓道来，他说过去对儿子太严厉，常要求儿子在学习上一定要表现优秀。儿子本来表现不错，但他上了高中后，成绩突然下滑，自信心也被打击。儿子从明星高中休学，生活上越来越脱序，常跟身为父母的他们起冲突，最后儿子到远处去读书了，也远远地离开这个家。

孩子如今的状况，来自家长的对待。我最常问家长，当孩子成绩不理想时，家长的回应是什么？通常家长并不觉察，自己回应的方式，对孩子形成冲击。孩子面对低落的成绩，又听到家长的话语，想想孩子冰山各层次会有什么样的状态呢？只要画出孩子的冰山，就一目了然了。

在家长的严格要求下，孩子的冰山各层次会如何流动呢？尤其当孩子成绩下滑时，会如何看待自己呢？

渴望的层次应该会觉得：自己没价值、不值得被爱、不接纳自己。

自我的层次：我很糟糕。

我好奇：父亲要改变吗？身为家长的父母都说自己改变了，但是孩子似乎不原谅。

两位家长共同来求教，他们究竟该怎么办呢？

如何表达爱，才能让孩子接收到呢？

既然父母改变了，如何将他们的改变传达给儿子呢？是否通过其他渠道，比如，发短信、写信，跟孩子沟通呢？

父亲说自己每天都发短信给儿子，但是儿子都“已读不回”，甚至“不读不回”。我问父亲爱儿子吗，父亲说当然爱。那怎么传达呢？让儿子知道他的爱，知道他改变了。

父亲拿出短信让我看，说明自己对儿子的一片爱，却投入死水里了，激不起一点涟漪。我看他发的短信都是早安图、励志性格言，还有加油图。

我作为旁观者，设想自己是这位父亲的儿子，我会有什么感觉呢？其实，我感觉不到爱。

父亲又在手机里翻了许久，翻出他说的话：不要不接电话，天下无不是的父母，读书要认真……

我不禁好奇地问："哪里传达出了爱呢？"

父亲困惑地说："这些都是爱呀。"

爱不只是认知，也不只是期待，爱需要有"感觉"。

扮演儿子的角色，探索儿子的冰山

我邀请父亲扮演儿子，我将他的短信念出来，让他设想儿子的状态，逐一感觉这些文字，揣摩儿子的冰山各层次。父亲恍然大悟，频频地说："原来如此。"父亲在扮演儿子时，体会到的儿子的冰山各层次：

儿子的感受层次：父亲感觉到"厌烦、生气、无奈"。

儿子的观点层次：父亲认为是"又来了，有完没完"。

儿子的期待层次：父亲认为是"可不可以不要再发这样的信息了？想要自己清静清静"。

儿子的渴望层次：父亲认为是"不值得被爱"。

儿子的自我层次：父亲认为是"我很糟糕"。

父母都很惊讶地说："怎么会这样？那要怎么表达呢？"

我思索了一下，写了几句话，向父亲确认："这些话是你想表达的吗？"

父亲说："是，是，是，我就是这样想的。"

父亲当场就将那几句话发给儿子了。

这对父母，称自己有了学习，会常练习如何表达。

这对父母离开了，两小时后来电话激动地告诉我：“老师，你真厉害。我的儿子不只回信，还打电话给我，说这星期放假会回家……”

让对方感到被爱的表达

我写下的几句怎样的话，在父亲确认是自己的想法并发给儿子后，父亲很快就得到了儿子的回复呢？

内容如下：**“儿子，你今天过得好吗？父亲今天很想你。我今天跟一位老师谈话，谈到我对你的教育方式，可能对你产生了负面影响，这让我感到非常惊讶，也让我重新思考了很久。父亲很爱你，冬天天气变化大，要好好照顾自己。”**

对待这样的表达，有的孩子会抗拒，感受上很别扭、疏离、不安，甚至愤怒与沮丧；观点上会排斥，并且不相信；期待上会混乱，不知道自己要什么；渴望的层次，可能是无价值感，不接纳这样的状态。

若是孩子抗拒，父母就要检视，自己过去的爱是否带着很多期待。**爱无须任何理由、期待，爱也不是一次表达，而是连续的应对所形成的生命基础。多试几次，冰山或许会有所变化。**父母应该思索，该如何持续表达，才能帮孩子重新联结渴望？

很多父母表示，若自己表达了，孩子却抗拒，自己会感到委屈：“为什么都是我……”父母有此感觉，表示父母不爱自己，只是为孩子付出，或者只是有期待。父母过往的生命历程，让自己的渴望层次被阻塞了。

身为父母，如果有委屈的感觉，有受害者的念头，即不懂爱自己，那就要先学会爱自己，再来学习爱孩子。一个不懂爱自己之人，不容易爱另一个生命。不懂得爱自己的人，对方接收到的爱，常常伴随着压力、负担，不自由的感觉，那不是爱的面貌。

父母表达自己的爱，不是为了让孩子靠近。如果只是想让孩子靠近，期待孩子有所反应，那还是停留在期待层次。表达爱，是让人有联结，逐渐活出生命的力量。

不到一百字的短信，儿子突然就和父母联络了。不妨设想儿子的冰山，在他读了这一段话后，会有何变化呢？

我设想儿子的渴望层次，感到被接纳，被关怀，因此儿子会主动联系父母，并且表示要回家了。不妨想一想，儿子虽然不与家人联结，但是这半年来亦应是纠结的，冰山又会是何种面貌呢？

一百字的短信，没有教训意图，没有期待的压力，没有任何解释，而是表达自己的想念，自己对儿子的爱，并且通过回溯对儿子的教养过程，有了很多反思。相较于说教与加油，这才是爱的表达。

不妨想一想自己，爱自己了吗？表达爱了吗？

敬唯说：

说到“叛逆”，很多青春期孩子的家长就会有无奈、生气、愤怒、失望、挫败等情绪，因为身为家长的我们对青春期的孩子出现的各种情况有很多不满意，不理解，不认同。当家长的内心有固化标签，有质疑态度，如何表达爱就变成了家长的重要功课。有的家长说，能找到欣赏自家孩子的地方很少，满眼都是孩子的不是。有些家长也听从建议决定先改变自己了，也做出了努力，但家长又来问，我们已经改变了，但孩子不认账，怎么办？

崇建在书里有很详细的示范，请大家认真阅读、体会，如果用萨提亚冰山的应对，你观察、体会、觉知自己在哪种应对中，看你的表达中是否夹杂着期待，隐隐的指责，或者讨好、超理智、打岔……这些表达都不是爱的表达，因为爱是简单的、纯粹的，爱需要有“感觉”。

表达让孩子感觉被爱、被尊重、被看见、被理解、被接纳、被允许、被关怀……

表达不给压迫感，不转嫁压力，不隐含高期待，不做解释，不说教……

表达自己的想念与爱，回溯教养历程，带入对自己的省思，分享自己的心路历程……

这是爱的表达。

对和你关系纠缠的亲属，你愿意表达出你对他们的重视吗？

工作坊的学员表示自己在成长过程中感到很辛苦，因为与母亲关系纠缠，让他身心俱疲。

疏远和你关系纠缠的亲属，内心真的再无波澜吗？

年过三十之后，他选择保持距离，因为“母亲很难搞”，非必要联系的情况他是不会联系母亲的。由于居住的地方较远，平时不回家的理由又多了一个。母亲若捎来信息，他就选择冷淡以对，多数情况下都会拒绝母亲的请求。逢年过节，回家亦是形式，匆匆见面后便离开老家。

他还有个弟弟，跟母亲关系也很纠缠，常跟母亲发生冲突。弟弟选择住在家里，母子关系多摩擦，但情感上跟母亲靠近，对兄长颇多抱怨。

作为兄长的他心中常感到愧疚，但他说服自己“爱自己”，就允许自己疏离，可内在还是会隐隐地有痛楚。

爱自己而选择疏远，这个选项并无问题，但关键是自己如此做，是自由的吗？是真的接纳自己了吗？从他内在的隐隐痛楚，可知内在是有遗憾与纠葛的。

接纳母亲，提升应对能力，也是一种选择

上了工作坊之后，学员形容自己：内在某个能量开启后，觉得自己不必绝对，不必以二分法决定关系——联结就会痛苦，麻烦就缠身了。学员转换观点，他觉得自己是自由的，他若愿意，可以多接纳母亲，以更好的应对模式去回应他的母亲，不必被母亲捆绑；若他仍然感觉窒息，还是可以选择疏离。

学员与弟弟商量，想要邀请弟弟一家，还有自己的女朋友，与母亲一同旅行两天一夜，尝试改变彼此的关系，也重拾童年的回忆。但出人意料的是，母亲拒绝游玩提议，让学员感到挫折，也感到非常惊讶，因为母亲过去最想一同出游。这一次母亲竟然拒绝了他。

学员想邀约母亲，共同出游玩要，起心动念是因为爱，为了一家人能更靠近，为了重拾往日甜蜜，而不是因为责任，也不是因为被逼迫或出于其他无奈的理由。

这是一份甜蜜的期待。学员的渴望层次有了接纳，也有了爱的联结，那么如何表达给对方呢？

你的表达，让对方觉察到自己的价值了吗？

他从未邀母亲出游，他该如何做出比较符合自己心意的表达，并让对方接收到心意呢？

我请他重新叙述邀约他母亲的话。内容如下："妈，我跟弟弟要去旅游，我们两家人都去，还有我的女朋友，你要不要一起去？"

请设想自己是母亲，跟儿子关系纠缠，近年来关系疏离，儿子提出这样的邀约，身为母亲的冰山的各层次——感受、观点、期待、渴望与自我，会有何变化？

在母亲的渴望层次，我认为母亲应感到：**没有价值感，不感觉被爱**。这个邀约看不到心意，邀请的语言是"要不要"。母亲因此回应："不要。"

于是，学员问我："那要怎么邀约呢？"

学员是出色的销售业务人员，因此我问学员："当你送礼物给客户时，希望对方感到被重视，让客户感到自己的价值吗？"

学员立刻说："这是当然的呀。"

我请他试着想想，如果他要送客户礼物，但是这位客户与他有心结，他想要改变彼此的关系。我邀请他在这个想象的场景里，听这段话："我这里有个东西，你想不想要？我送给你……"学员边听边摇头，觉得一点诚意也没有。

我请学员设想，什么样的邀约，能真诚地表达自己，让对方觉察到自己的价值和被重视呢？

学员想了很久，觉得对母亲表达非常有难度。

我帮学员归纳心意，确认所归纳的内容是不是他的真心话，因此有了如下的表达："妈，父亲过世后，我们从来没有旅游，我很想跟你出去玩，重温童年的快乐回忆。小时候全家一起出门，那时候我感到快乐。我与弟弟都盼望，能跟你一起出去玩，我们都商量好了，下个月要去 ×× 玩两天一夜，我希望你能和我们一起去，这对我很重要，你愿意吗？"

学员跟我确认，这的确是他想说的，也能表达自己的心意，但对于"这对我很重要"这句话他说不出口。我邀请他删去那句话，保留其他句子，他以这样的语句，再次去邀约母亲。

换了不同的说法，母亲竟然同意了。

后来，他和我反馈，两天一夜的旅游，也有紧张的时刻，但是他有很多觉察，母亲也有不少改变。这次出游，不仅留下了美好的回忆，也让他有信心靠近母亲了。

表达自己的真心，不是一种策略，而是真实地反映内心的自己。但是我们常与自己距离太远，失去了表达自己的能力。在我们的表达中，对方的渴望层次也感受不到被接纳，感受不到爱与价值，我们与对方就不能联结了。

敬唯说：

> 纠缠的关系常常让我们陷入越界的互动模式中而受伤，在亲属关系或比较密切的伙伴、同学关系中，如何表达是一个选择，也是一个能力。
>
> 首先，明确界限，知道自己为自己负责任。

其次，让对方倍感重要，感到被重视，感到自己的价值。

这里有一组概念：用心和真心。这是表达能力的核心。

用心、真心的表达，不是一种策略，而是真实地反映自己的渴望与自我。但是我们常与自己的渴望、自我距离太远，表达不出自己的爱与对对方的价值的肯定，自然对方也无法接收到我们的接纳与爱，也感受不到自己的价值。彼此的联结就无法达成。

对负气出走的青少年，你明确界限，表达关心，引导其学会负责了吗？

我与女孩认识两年，女孩当时是因为拒学，被辅导室介绍到我这里来的。我每半个月与她谈话一次。我从谈话中了解到她感觉内在有两个“她”，常常互相拉扯。她跟我谈话的时候，有时会告诉我，是哪一个“她”在说话。无论是哪个“她”，我都不用去分辨，只要接纳她，爱她就行了。

女孩初见面时，坦诚地说了很多，表达自己不相信人，内在也没有自信，也道出受伤的成长经历：她童年曾被老师打巴掌，她的父母有点严格，她曾被好友出卖。但她说起这些的时候并无愤怒，也不见有丝毫的难过，因为规矩绑住她，她不能生气，理智也告诉她没什么好难过的。

我们在这样的情境下，慢慢地谈她的过去，她的家庭背景，她受到的伤痛，她渐渐地内在有感觉了，并且愿意承认、接纳自己了。

女孩跟我日渐熟悉，她的父母都来谈话，家庭也发生了很多改变。父母愿意让孩子做自己，女孩也渐渐地回到学校了。

面对离家出走的孩子，并不是一味地纵容，让出底线

2018年的平安夜，有一阵子没联络的女孩，夜里打电话给我，一开口便说："我跟我妈闹翻了，我离家出走了……"她去参加平安夜的聚会，未料与母亲发生了争执，就跑走了。一个人在路上徘徊，她不想回家也无处可去，于是决定打电话给我。

我关心她发生什么事，她心里生气的原因，为什么决定不回家，想要去何处等。

她陈述完自己的遭遇，在电话中要求："阿建老师，我要去你家。"

"不行呢。我不能让你来。"我没答应她，但是，我的语气并不冰冷。

"为什么？"她带着不解与情绪问我。

"我不让人来家里呢。这是我的原则，因为我不喜欢，而且也不方便。"我将自己的界限和拒绝的原因告诉她。

顺着情绪探索，让女孩看到并接纳真实的自己与现实

"那我现在要去哪里？"她接着问我。

"回家。"她未满十八岁，监护人是爸妈，回家是唯一选择。

"但是我不想回家，我不想见到我妈。"女孩负气地说。

"你对她生气的点，是哪一点呢？"这是在情绪里帮她梳理感受。

"她每次都……"她开始一连串的抱怨。

"我记得你上次说，她有了很多改变，你也有很多改变。对吗？"聚焦在改变的事实，确认目标曾达成。目标曾经达成，正是拉开怒气的遮

挡看全貌，不困在此刻的挫败中，也就有了接纳，亦是在滋养价值感。

“可是……”

“听来你们都有进步，朝向一条更好的路，那是你要的吗？”重新确认目标，是否一直是她要的。

“是我要的。”她立刻回答。

“能有做不到的时候吗？无论是谁，都会有做不到的时候。母亲有做不到的时候，你也有做不到的时候。”这句问话邀请女孩，看见并且接纳自己，接纳现实的状态，渴望层次便多了联结。

女孩沉默了。

你的表达，让女孩看到自己的能力，并且学会为自己负责

“以前你最讨厌她不说，你宁愿吵架，也不想冷战不说话，对吗？”

“对呀！我讨厌她都不说，只会逃避而已。”女孩一直想让父母改变，想让彼此的关系改变。

“看来她改变了，你一直在鼓励她，若是说出意见，最多就是吵架。现在你们就在经历吵架。如果她改变了，你却选择逃开了，用不回家来面对，就浪费你的努力了，此刻你还要选择不回家吗？如果你很累了，那就休息一下，比如，打电话给我，这就做得非常好。或者跟母亲表达，你想先冷静一会儿，就明确地告诉她冷静多久，这样是不是比较妥当？而且你现在还未成年，夜里离家出走，并不是负责任的行为。”

女孩沉默了一会儿，说：“那现在呢？我该怎么做？”

我并不急着表达指令，关心她此刻的冰山：“你现在心情如何呢？”

女孩说：“我现在好多了。”

我仍照顾她的内在：**“为什么会好多了？”**

女孩说：“其实我们都有进步，只是又吵架了而已。”

我很赞赏她：“**你一路走来，我为你感到骄傲，因为这不是容易的事**。我待会儿打电话给你的母亲，请她主动联络你吧，她应该也很心急。”

女孩同意了我的提议，让母亲接她回家了。

女孩顺利地毕业了，考上理想的大学，我们偶尔还联系。

多年后她再次见我，我们提及那一夜。她说那一夜在记忆里很清晰，她一直记得那画面，那是她发生重大转折的点。我没再多问她具体的心路历程的转变，只是更尊敬这位女孩。

在那通电话的对话中，我表达了界限，也提点规则与责任，也表达了对她的欣赏，中间穿插以好奇，将她的历程与目标放入，一步步地帮助她联结了自己的渴望。

如果你是这位女孩，不妨设想与我对话的过程，看看自己冰山的内在会有什么样的变化和流动。

敬唯说：

如何与愤怒且负气的青少年对话？

第一，理解对方的心情，理解不代表认同；

第二，厘清界限，说明规则与责任；

第三，表达对对方的欣赏与肯定；

第四，整个过程带着好奇，将她的历程与目标放入；

第五，一步步地联结到对方的渴望。

重点：熟悉冰山脉络，冰山是个体验，先在自己身上使用，看看自己内在的冰山，会有怎么样的流动。

对沉迷网络、逃避学习的孩子，你表达的是期待还是爱？

父母来参加工作坊，目的为了拒学的孩子。

十四岁的男孩，初二开始成绩下降，跟父母的关系闹僵，索性不去上学了。男孩的房里有卫生间，他连房门都不出，每天窝在家上网，玩网络游戏，玩累了就躺在床上，也不出来吃饭。父母将饭端到门口，男孩会在适当的时间出来，将饭端到房间吃，再将空饭碗摆到门口。

若是父母进入房间，就会引来孩子反弹，不是破口大骂，就是威胁轻生，情况已持续了半年，父母束手无策。父母请来谈话专家，敲门喊门都不应，若是叫他太久，就听见孩子说："滚！"

孩子沉迷网络，逃避学习，可能只是在逃避无价值感

很多人想解决问题，却忽略问题的成因。

我跟男孩的父母谈了一些，了解到父母的关系不和，父亲长期忙于工作，教养的重担落在母亲身上。母亲也有自己的事业，除了让孩子在课后班补习，也请家教陪孩子，母亲将孩子保护得挺好，不让孩子吃苦做家事，也对孩子有诸多管教，但是家里面没有对话，孩子只有"接收"消息。

母亲看重孩子的功课，希望孩子好好读书。据母亲表示孩子很聪明，上了明星中学之后，也许由于学习的压力大，觉得自己跟不上同学，导致不愿意上学。

男孩拒学的选择，也许与下列经历有关：父母重视功课，他幼年常被夸赞，不懂得面对失落；父母与孩子沟通少，平时多宠溺与掌控；男

孩一旦成绩滑落，内在可能对自我价值的认可度低，不接纳这样的自己。

父母的对待方式，并未让孩子与自己有联结，孩子在渴望层次会认为要把事情做好，表现得较完美，自己才有价值。一旦期待不被满足，渴望层次就无法联结。期待未被满足对他的冲击比对一般人的冲击还要大，他在行为上更容易有上瘾症。

面对失落的孩子，父母该如何做才能让孩子重拾价值感

当孩子失落的时候，父母如果很少跟孩子对话，也很少在孩子失落时表达，对孩子常常表现出高保护、高期待的状态，因此在孩子受到挫折时，他的内在力量就弱了。母亲说以前常指责、要求孩子，和孩子讲道理。母亲对孩子的态度处在指责和超理智的状态中。自从孩子拒学之后，父母对孩子百依百顺，怕孩子想不开，对孩子又成了讨好的态度。

我邀请父母改变与孩子的关系，从在家经营生活面貌开始，比如，吃饭时如何唤孩子，孩子不吃饭该如何等方面开始改变。并且，协助父母不自责，与自己的生命力联结。

孩子始终对父母的变化熟视无睹，不予理会，该怎么办呢？

我邀请父母进行表达，每天邀请吃饭时，精简地表达自己：**表达自己的关心，而不是表达担心；表达自己的爱，而非表达自己的期待。**

不再将饭放在门口，而是告知孩子，饭会放在桌上，过了时间会收到冰箱，或者橱柜里面，请孩子吃饭时动手将饭用微波炉加热。若孩子出现反弹，要接纳孩子的情绪，并且懂得表达。

每天敲门跟孩子谈话，如果孩子不开门，就隔着门跟孩子表达，但是要避免讨好的语言和态度，要进行真诚一致的表达。

比如：“吃饭时间到了，爸妈希望你一起吃，爸妈想你了。”“你半年没出房门了，你的身体还好吗？爸爸很爱你。”“今天爸爸需要出门，有

人会来家里修灯，你可以招呼他吗？爸爸需要你帮忙。”

但是最困难的部分是该说的都说完了，父母感觉词穷了，不知道还可以说什么了，孩子还是无动于衷。

通过回溯往事，在往事中找到父母和孩子的联结

我邀请父母通过往事表达，也就是回溯过去的事件，比如，过去对待孩子严厉，或者曾爱他的事件，他曾爱父母的事件，在这些事件中叙说爱的联结。但在这个过程中，不出现道歉的姿态，而是简短地叙述往事，进入事件的感受、冲击中，再表达对孩子的爱。比如：

“小学六年级，那一年考私立高中，你的压力一定很大吧？我那一年都疏忽了，没有好好地关心你，只是要你加油，我就忙着去赚钱了，我应该多跟你谈谈话的。”

“初一期中考试，你的成绩落下了，妈妈骂了你两句，我不知道那时候你的心情，我猜应该很沮丧。其实我关心你，胜过于关心成绩。”

“你五岁的时候跌倒了，膝盖破了一个伤口，你竟然都没有哭，我当时还称赞你勇敢，想想你应该很痛，我也很关心你，但是我竟然没说，只想把你训练得坚强。我真是忽略你的感受了。”

这些表达之后，孩子可能会愤怒地控诉当年如何如何。我提醒父母：“这就是进步了。”

特里莎修女说：“爱的反面不是仇恨，而是漠不关心。”孩子长期处于疏离冷漠的状态中，他跟自己疏离，跟自己不联结，也跟家人冷漠，生存姿态是“打岔”。往事挑起情绪流动，比如，这时孩子愤怒的控诉，就是生命力的流动，此时，父母的应对很关键。父母能回应以好奇与关怀，给予爱与接纳，这就有助于孩子跟自己联结，与父母联结，进而与社会联结。

男孩的父母在工作坊学习时，下课便与我交流，练习如何照顾自己，也练习如何表达。前几天，父母很沮丧，因为他们每次一敲门，一开口邀约孩子，就被孩子愤怒地骂回来，我请父母告诉孩子：“爸妈知道你生气，但你不能这样骂，这样很不礼貌，也会让爸妈更不理解你。”

爸妈努力了八天，出现了一个变化。

男孩在第八天开门了，坐在客厅要吃饭，他的头发已经很久没剪了，满脸憔悴的样子。那一天男孩的母亲陪他吃饭，就像什么事都没发生，聊着日常生活的琐事。

放下对孩子的期待，让孩子充分地感受爱

母亲来信问我：“该如何让孩子剪头发？”

我请母亲先放下期待，让孩子能感到爱，并且能多用好奇来互动，建立更好的联结，并且要懂得觉察自己，少一点指责、说理与讨好，多一点好奇、关怀，但避免期待带来压力。

孩子离开房间之后，仅仅过了两个月，就重新回到学校就读了。我提醒父母亲，家庭的面貌要改变，不然很容易回到过去，孩子的状态也可能复发。

我在中国台湾、香港、澳门、大陆，新加坡，马来西亚，美国讲座时，所有华人地区都有拒学的个案，我自己也曾带领拒学的孩子重回学校，此篇以简单的陈述，叙述拒学有其成因，以及如何唤醒孩子的生命力。虽然方式各有不同，但核心价值都相同，即让孩子感到爱。至于语言的表达如何落实，这篇故事让家长与教师参考。

敬唯说：

在现代社会中，孩子拒学是一个越来越普遍的现象。在孩子感到失落、无助、无力、挫败，并表现为拒学时，父母怎么表达爱呢？如何表达接纳呢？如何让孩子感到他有价值？

事实上，当孩子拒学时，父母首先要觉察自己在夫妻关系上，在与孩子的互动模式上，在家庭规条上，在家庭文化上，在家庭价值观上，我们有没有什么地方做得不到位？若父母在这个时候急于解决拒学的问题，往往解决的情况都不会很理想，甚至更糟糕，尤其是平时少跟孩子对话的家庭。以前有许多案例都验证过这件事。

崇建在文中也提到，父母的表达常常是高保护、高期待，因此在孩子受到挫折或失落时，内在的力量就弱了。孩子特别需要的是父母纯粹地表达的爱与关怀，而不是父母表达的担心，或者对自己的期待。

父母要谨记：先放低我们的期待，让孩子可以体会到爱，并且能多以好奇进行互动，与孩子建立更好的联结，并且要在教养孩子的过程中，懂得觉察自己，少一点指责、说理与讨好，多一点好奇、关怀。

对太多爱的长辈，你的表达让其感到爱和价值了吗?

2018 年 5 月，玛利亚·葛莫利老师来台湾，我应邀与老师对话。

玛丽亚是我的老师，她邀请我们在台上呈现日常生活中的应对姿态，是什么样的?

只要人与人相处，就有相应的应对姿态。这些应对的姿态，是为了让自己存活而发展出来的，因此称之为生存姿态。

我呈现了一个日常，那是我与母亲在早餐桌上的一幕。

母亲是我的继母，她从大陆嫁来台湾，当时我已经三十岁了。

母亲对我很疼爱，虽然我已经成年，她仍想尽慈母的责任，希望孩子感到温暖。

她每日烹调三餐，尽量烹调得可口，做我爱吃的食物。她想表达一份爱，一份看重我的心意。

除了过年过节，我献上礼金礼物，我能回报什么呢?我每天与母亲聊天，每餐吃完饭后，我必定收拾餐桌，到洗碗槽去洗碗，参与家里的家务。

母亲总对我说:“大男人不要下厨房。”当我洗碗时，她总是这样表达。这是她的内在的观点，也来自期待中的“更爱我”，但是一旦我听从她指令，家中又无人帮她，她内在观点就变成“没人帮忙”，心里反而感到委屈，这些都是因为母亲没有和她的渴望联结。所以她的期待很复杂，常让人不知如何应对。

我学习萨提亚模式之后，已经了解人的冰山模型的图像受他过去的经历影响。

因此我仍坚持洗碗，也觉得是对家的责任，也是一份体贴的心意，我幽默地回答她:“我是男子汉，可以容天下，可以纳厨房。”

母亲开心地让我洗了。

人不懂爱时，爱让人负担

“早餐最重要，一定要吃得好。”这是母亲的话。她经过苦日子，曾经三餐不继，如今过上天天能吃饱的日子，母亲准备的早餐依旧特别丰盛。她常煎荷包蛋，或者水煮蛋，她觉得鸡蛋是经济实惠又营养的食物。

我经常回家里住，陪父母亲谈话，买办日常生活所需。家中常是父亲、母亲，还有我。父母都喜欢吃鸡蛋，我在家的日子里，母亲早餐常准备六个鸡蛋。她认为早餐两个鸡蛋，营养会更充足。

其实，我吃一个鸡蛋就够了，常和母亲说鸡蛋别多吃，胆固醇会太高，有碍身体健康。

母亲不断地劝我吃，表达已经准备了，不要浪费了。当我表达吃一个就够的想法时，母亲会不断地和我说：“快吃吧，没事。都已经煮了。”

起初我很配合，偶尔吃两个鸡蛋，我觉得也无大碍。且母亲煮饭不易，花了时间与精力，我就将两个鸡蛋给吃了，但是不忘表达自己：“妈，明天我只吃一个，别再煮两个了。”

母亲总是回答我：“没事！吃吧！”

第二天的早餐桌上，又是一人两个鸡蛋。

我很正经且专注地再次表达：“妈，明早我吃一个鸡蛋，多了我就不吃了。”

母亲的回答都是：“知道了。没事。吃吧！有营养。”

但第二天又是两个鸡蛋。我若坚定地不吃了，母亲就会告诉我：“多吃长力气，能增加营养。”

我坚持推辞不吃，母亲会这样说：“饭菜不要剩下，如果你不吃，我就吃了啊？”

我跟母亲表达：“搁着，别吃啦，下一餐再吃，你年纪大了，鸡蛋吃多了，胆固醇摄入过量，反而不健康，对身体不好。”

母亲接着说："那你吃了吧，你年纪还轻，吃了长力气。"

学习了萨提亚模式之后，我知道人要为自己负责，我要学会让她负责。当我表明不吃了，母亲若这样说："如果你不吃，我就吃了啊？"我便不再劝她，跟她说："妈，那给你吃吧。"

母亲接下来说："我已经吃了俩，再吃就三个啦！"

这真是让我愁苦，感觉世道艰难，早餐竟然成了噩梦，常陷入吃与不吃的选择。无论吃与不吃，内心压力都如山大。

这是餐桌上的应对，一旦长久成习惯，吃饭就成了负担。我若不顺从母亲，就会学着逃避回家，或者跟母亲怄气，甚至大吵一架。

在这样的背景中成长，会对爱产生误解，认为爱让人有压力，误解人世间充满无奈，可能不敢选择爱了。

联结自我才能联结他人

母亲怎么会执意如此呢？这来自她的成长经历，还有她应对中的执着。虽然我表达了观念、认知与期待给她听，但是她并未真正地听进去，她认定的善与爱，自有她展现的面貌，他人很难轻易地更动。很多成长艰辛的人，会有这样的固执。

我能理解她的经历，就能够接纳她了，我亦能接纳自己。无论早餐的面貌如何，我若整理了自己，就不会觉得不耐烦，并且能感到自己的价值。无论我吃不吃鸡蛋，我都能接纳自己。我就是自由的人。

我决定整理自己，好好地表达。

有人会有疑问："前面陈述的表达，不是在好好地表达吗？"

我都有好好地表达，但是只表达自己，不能深入对方的心。关系是双向的互动，表达自己的同时，如何联结对方呢？

设想母亲费了很多时间和心力，为你煮了一餐饭，你却表达自己

“不要”，试着想想母亲的冰山的各层次——感受、观点、期待、渴望，又是什么样的呢？她的渴望层次不联结，会引发负面的观点，感受上会有诸多的失望，应对上就会显得疏离，或者发生冲突了。

所以好的表达，不仅是说能表达好自己，还要能联结对方，联结对方的渴望。

不只在家庭关系上，在社会关系上也是如此。

我阅读过很多关于销售员的故事，也认识不少杰出的业务人员，这些销售员、业务人员身上都具有这样的特质。设想业务人员推销产品，只会介绍产品优点，却不懂客户需求，不能联结客户深处的渴望（价值、意义、安全感、被信任等），如何能销售成功呢？

又比如，公司主管、单位的领导者、学校的老师、家访的社会工作人员、应对客户投诉的服务人员，甚至撰写宣传文案的策划人员，需要表达规范，亦需要深入地与其沟通对象或受众联结，才能拥有长久且稳定的关系，因此我曾设计课程，如何在短时间里，表达自己要传达的信息，并且深入地与对方联结。

与对方联结的重点，在于自己不委屈，看重自己的价值，并且接纳任何结果。只有这样，才能与对方深入地联结。

一天早餐用毕，我去厨房洗碗，母亲在一旁与我闲聊，我问母亲嫁过来，儿女与亲人都在大陆，会不会感到不习惯。

母亲一阵客套之后，说到自己的孤单，跟父亲相处的纷争……

我转而问母亲：**“怎么还尽力照顾我们？”**这句话的话锋转进，正是联结母亲的爱，也将方向谈到早餐。母亲为我们做饭，正是她认为“爱的表现”，但这些话并非策略，而是我真实的感想。

母亲诉说她的责任，诉说父亲也很好，就是个性上倔强……

我对母亲说：“妈，你对我们真好，一直这么爱我们，为我们煮饭、洗衣服，我们占了家乡兄弟们的便宜，得了一个母亲。”

母亲慈爱地说："你们从小就没妈，没有人照顾你们。当时年纪那么小，你亲妈怎么舍得，这么狠心地放下你们，我很心疼你们呀！尤其是你呀，阿建，家里的大小事……"

我停下洗碗动作，专注地听她说话，并且好奇地问母亲："一般的继母不会这样想，你跟一般人不一样。"

母亲听我这样说，她就红了眼睛，眼泪就下来了："阿建，我一直拿你们当自己孩子。我小的时候……"

母亲开始陈述自己的经历。她从小就是养女，生活里饱受委屈，小时候就想着拥有自己的家庭。后来嫁给她前夫，生了四个孩子之后，她前夫在壮年时就过世了，四个孩子顿时失去父亲的爱护。

我很专注地听着她的故事，她之前也对我说过，这些都是她的历程。

我表达对她的看见：**"妈，我一直都感觉得到你的付出，你对我们的爱。"**

母亲对我说："几个孩子里面，我最疼你了，你付出得最多……"

我只是常住家里而已，最常跟母亲说话。我将话题转到早餐上，说：**"妈，你三餐煮得那么丰盛，都是为了照顾我们。"**

母亲转泪为笑说："那是当然啦，做妈的，当然要照顾你。"

我转到早餐话题，看似是谈话的策略，实则是从内在接纳到外在聚焦的方式。我接着说：**"每天的早餐，你都为我准备两个鸡蛋，是怕我营养不够吧？想让我吃好点吧？"**

母亲很有责任地说："那是当然啦，你每天这么忙，没有营养怎么行？"

此时我将困难表达出来：**"妈，但是我只能吃一个鸡蛋，多了常吃不下，有时会有负担呢，这样会不会对不起你？"**

母亲立刻回应："不会。每个人都有饭量，我以后都煮一个，那不就没事了吗？"

母亲表达完，我还要照顾她：**"妈，这样你会不会委屈？为我想了这么多，但是我吃不下，没有接受你的好意，有时候还让你多吃，我其实**

也担心你的胆固醇摄入过量。”

母亲握着我的手：“没事。爱你也要看你的需要，你说对不对？”

“谢谢妈。以后我想多吃，再提前跟你说。”

“好嘞。你只要想吃，你再跟妈说，妈就为你做。”

母亲为何要为我煮鸡蛋呢？为了表达她的爱。如果我要接受她的爱，但不接受两个鸡蛋，我该如何拒绝吃两个鸡蛋，又让她感到，她是有价值的、被接纳的呢？其实，只要她的渴望层次联结了，就不会执着地以此表达爱了。这是一个潜在的内心活动，只是通过联结对方的心的语言表达就可以完成。

敬唯说：

崇建说：“好的表达，不仅是说自己，还要能联结对方，联结对方的渴望。不只在家庭关系上，在社会关系上也是如此。

“与对方联结的重点，在于自己不委屈，看重自己的价值，并且接纳任何结果。只有这样，才能与对方深入地联结。”

长辈为我们做很多事情，是为了表达她的爱。我能接受她的爱，但不一定能接受他们“所做的事”，我要如何拒绝他们才能让他们感到，自己是有价值的、被接纳的呢？当他们的渴望层次联结了，就不会执着地以此表达爱了。“这是一个潜在的内心活动，只是通过能联结对方心的语言表达就可以完成。”

对情绪不稳定的孩子，你耐心地倾听，好奇地询问，勇敢地表达了吗？

那次，我主持一个演讲。走出演讲厅时，听见外面有人争执。

一个男孩正嚷嚷着，听起来语气很急，大声地解释着什么，语言中也带着批判。

主办人陪我走出演讲厅，向我说明情况：男孩是义工，请男孩帮忙代订盒饭，结果是有人订了盒饭却没吃到，有人没预订盒饭却拿了。之所以盒饭数量有出入，是因为前置沟通不良。

主办人说出自己的用心：男孩只有十九岁，有躁郁症的状况，已经停学一年了，完全沉迷于网络游戏，没有再继续学业；他的情绪常不稳定，常觉得自己没价值。这一次特地安排他来，希望他能在课堂上听课，跟老师多一些联结，学到一些东西，对他有些帮助。

孩子有时需要家长多一些耐心的倾听

我询问男孩：**“事情还好吗？你来当义工，是不是有困扰？有没有被误解？”**

男孩跟我抱怨，订餐盒的人，没有照程序来，他感到很困扰；让订餐的人没饭吃，他又感到很过意不去。我倾听他的困难，称赞他愿意帮忙，遇到这些恼人事，他也主动承担了责任，并**称赞他真是负责任**，还问他是否需要帮忙。

男孩说自己搞定了。反而很好奇地问：“老师，你说你以前不学习，成绩也不好，这是真的吗？”

我在讲座时提过，因此点点头。

男孩很感兴趣："你以前玩网络游戏吗？"

我也很好奇男孩：**"你怎么这么想知道这件事呢？"**

男孩在课堂上旁听，学得很快，解释道："因为你说要好奇呀！我真的很好奇，你玩不玩网络游戏？"

我称赞他学习快，也接着问他："怎么会特别想问我关于网络游戏的部分，而不是其他的部分呢？"

男孩这才笑着说："因为大家都告诉我，要我别沉迷于网络游戏，所以我也想知道你玩不玩。"

我理解了男孩的诉求，叙述我求学时期，没有网络可以玩，但是我沉迷于电动玩具，总是在里面耗掉时间。我谈到那时的压力，还有当时的孤单……

男孩推着眼镜说："老师我懂你的感觉。别看我一脸笑嘻嘻的，我的孤单没人知道……"

我问男孩关于他的孤单是从什么时候开始的。男孩的回忆拉到几年前，当时的他不被老师与同学了解，有了轻生的念头。他在家里也感到孤单，进入网络世界才有朋友，但是他也感到空虚，他并非一定要玩游戏。

我与男孩聊了甚久，聊他的困惑与挫折，分开时他呼了一口气，他很感谢我来此地，他说很少有人这么有耐心，听他把话好好地说完。我想着他的孤单，他父母离异了，跟着母亲过日子，但母亲忙于事业，无暇陪他说话，直到最近母亲学了对话，有了一些改变，所以他感谢我。

当孩子勇敢地表达时，请你用好奇引导出他心底的声音

第二天就开始了三天的工作坊，男孩一边当义工，一边进教室听课。

他低着头坐在角落，若有所思地听着。

三天的工作坊结束了，我还未走出教室，男孩就过来搭我的肩，问我能否拜托我一件事。我要他说来听听看。

他想要当着母亲的面表达一件事，希望我在现场倾听。因为他认为他的母亲很尊敬我，如果我在现场陪着，母亲就会好好地听完，而不中断他的讲话。

这个男孩太可爱了，可见他心中的孤单，已经经过长期的累积了，难怪他情绪会爆发，因为没人理解他，从小没人倾听他说话。我答应男孩的要求，母亲也答应了听他说话。我们站在教室出口，还有几个未离开的学员也在一旁看着这对母子。男孩非常大方，表示自己并不介意，虽然他的双手互相搓着，他也承认自己有点紧张。

他说着家里的互动，都是些日常的琐碎杂事，男孩边说边停顿。我隐约觉得这些并不是男孩真正想说的，但男孩到底要说什么呢？

我跟男孩核对：**“这些是你要说的吗？”**

他摇摇头说不是。我便耐心地等待他。

男孩深呼吸了一下，调整了自己的动作，仿佛向女孩告白一般，说：“我希望母亲不要对我感到愧疚，因为我没有去上学，每天都在打游戏，情绪也控制不好……”

我听着男孩的声音，等男孩说完了，我问男孩：**“母亲愧疚会怎样呢？”**

男孩眼眶顿时红了，说：“如果我妈感到愧疚，我也会感到愧疚，全家人都陷入一种旋涡，气氛就变得很奇怪，压力就会变得非常大。”

我想知道得更深入一点，问道：**“你怎么知道你的母亲感到愧疚呢？是母亲告诉你的吗？”**

男孩想了一下，说：“母亲以前比较忙，不太管家里的事，说话的时候比较急，也不愿意好好地听我说。现在母亲还是会在我讲话时打断我，但是她整个状态都改变了，变得比以前好很多，待在家里时间比较长，也比较听我讲话了……”

我感到特别好奇，跟男孩核对：**“你的意思是，你看到母亲改变了，猜测母亲可能是因为愧疚吗？”**

男孩点点头。

我还是不明白，于是继续问：“现在家庭气氛不好吗？你刚刚有提到，如果母亲愧疚，家庭气氛就不好。”

男孩赶紧澄清道：“那是以前的事了。我担心母亲愧疚，又会跟以前一样。”

我至此能明白了，接着问：“所以母亲没有说，只是她的改变，让你有这样的担心，对吗？”

男孩开心地说：“对，对，对。”

我接着再问一句：“你喜欢母亲的改变吗？”

男孩点点头说：“我很喜欢。”

“所以你的意思是，喜欢母亲的改变，喜欢母亲现在这样，但是担心她有愧疚感。因为你从过去的经验得知，她如果感到愧疚，家庭就会陷入旋涡，是这样的意思吗？”

男孩拍了一下手，说：“就是这样子。”

男孩过去很少跟人互动，他的表达需要被倾听，也需要被更多地核对，若是无人倾听，或者曲解他的意思，他的情绪就只好爆炸了。一般人常说“情绪障碍”，其实情绪的成因，很多是后天的环境使然。

爱要大声说出来，对方才能听懂你

我继续问男孩：“母亲说了什么，做了什么，你认为她感到愧疚？”

男孩想了很久，经过核对之后，他说出几件往事：关于母亲的牺牲，母亲会自责，还有母亲并不爱自己……

我在期待处、渴望处核对道：**“你的意思是说，你能感到母亲的爱，但是不希望母亲用愧疚的方式来爱你，你希望母亲爱自己，是这个意思吗？”**

男孩点点头，眼泪从脸颊上滑下来说：“就是这样子，完全没有错。”

我试图让母子联结，说：“你曾经认真、专注、清楚地跟母亲说过吗？关于你感到的她的爱，还有你期望她爱自己。”

男孩眼泪很多，他擦了擦脸颊说：“我没有这样说过，从没有这个机会。”

我很感叹这一幕：“这样太可惜了，你这么美好的心声，却没有被母亲听到。**我邀请你看着母亲，专注地对母亲说你刚刚说的那一段话。**”

男孩反而尴尬了，问：“有这个必要吗？”

“你刚刚说没机会，所以我邀请你说。你可以选择要或不要。”

男孩自动转身了，认真地对着母亲，很专注地说了那一段话。

男孩很诚挚地说完，仿佛松了一口气，母亲已泪流满面，一旁的学员也落泪了。

我转头问母亲：“心里有什么感觉？有什么想法要说？”

母亲说感到孩子的爱，她知道怎么做了，她也很爱男孩。

我邀请母亲对男孩说，认真且专注地说。我拉着母亲的手，也拉着男孩的手，我让母亲牵着男孩的手，说出那一段感想。男孩很害羞，感到不自在地说：“一定要这样吗？”

我仍然请男孩自由，但我表达自己的期待：“我希望母亲牵你的手说话，但是你可以拒绝。”

男孩并没有拒绝，反而紧紧地握住母亲的手，他听完母亲说话，母亲将手伸回来的刹那，男孩赶紧说了一句话：“再握久一点，再握一次吧！”

现场的学员笑了，笑出了泪花。

此时男孩深呼吸一次，吐出很长的一口气，他说："终于有人听懂我了。"

家庭里面最重要的是爱，是彼此能互动分享，彼此能健康联结。如果男孩从小就被倾听，家人多一点好奇，多一点互动，多一点分享爱，男孩就少一点孤单，不会觉得不被理解了，也不会让情绪爆发了，也许不会有遁入网络世界、停学的事了。

敬唯说：

十九岁有躁郁症的男孩，停学一年了，完全沉迷于网络游戏，没有再继续学业。他的情绪常不稳定，感觉不到自己有价值。

此类情绪不稳定的孩子，需要的是倾听、分享、表达。家庭里面最重要的是爱的环境，建设彼此能互动分享，能健康联结的场域。

如果一个孩子从小就被倾听，如果家人对孩子多一点好奇，多一点互动，多一点爱的分享，孩子的孤单感就能少一点，就不会觉得不被理解，不会情绪爆发了，也不会出现那些令人头痛的行为问题了。

练习的小工具

1. 先从孩子当下的感受开始联结；

2. 肯定孩子的资源；

3. 认真且专注地看着孩子；

4. 与孩子目前的困境同频共振；

5. 倾听孩子的诉求和心声；

6. 联结孩子的身体，至少温暖地握住孩子的手；

7. 表达你对孩子的爱；

8. 鼓励孩子表达自己对家人的爱。

对依然故我的孩子，你有做到真心地好奇他的内在吗？

一位母亲来听演讲，表达教养的困难，表示自己已经用“好奇”对话了，孩子却依然故我。孩子怎么了，母亲会用“依然故我”这样带着批评的词来说孩子？

母亲带着女儿来，抱怨女儿不认真学习，浪费了大量的时间上网，母亲虽然学习了对话，但是用在女儿身上无效。十六岁的女孩站在母亲身边，看起来想逃离现场，不断地望向窗外，脸上显露出不耐烦的表情。

带着好奇对话的目标，从来不是解决表面的问题，而是关心人的内在

母亲递了张字条给我，上面记录了母女对话，看来这是认真的母亲。

母亲：“母亲有话想跟你谈，可以吗？”

女儿：“你要说什么？”

母亲：**“你不是答应母亲，要减少上网的时间吗？”**

女儿：“对呀！”

母亲：“但是你最近上网的时间又变长了。”

女儿：“有吗？我觉得还好。”

母亲：“像昨天你就一直上网，喊你吃饭，你也不吃。”

女儿：“我知道了。”

母亲：“你不能总说知道，但是做不到呀，这样是不守信用的吧？”

女儿：“你每次都这样，很烦人，我又没有……”

母亲：“如果你都遵守承诺，又怎么会觉得我烦呢？”

女儿：“我又没有不遵守，你为什么只会骂我？”

母亲：“我刚刚哪一句骂你了？是你骂我吧？”

女儿：“你先这样说的，每次你都这样。”

母亲：“我又怎么样了？我就事论事，不是吗？”

我看完了记录，母亲跟我诉苦，补充说明她的困难，她已经尽力了，用好奇对话，但是女儿“依然故我”。

我问母亲关于这段对话，目标是什么呢？

母亲回应：“让女儿遵守承诺。”

对话的目标，决定着对话的质量。母亲的目标，若不是关心女儿，那么对话常难以为继，女儿也不容易改变。

因为母亲的目标是让女儿遵守承诺，所以一开始的问话就是：“你不

是答应母亲，要减少上网的时间吗？”这一句带着质问的语句，把对话一步一步地推向死胡同，短短几句话就进入“争辩”。

母亲的问话，可视为解决问题或导向自己期待的问话，这样的问话是对话的地雷。若对话的目标不是关心人，探索人发生了什么，问题通常是难以解决的，即使解决了，也如打地鼠一般，问题又会从他处冒出来。

在对方的抱怨中，你的共情更容易让她袒露心扉

女孩站在一旁，看起来很不耐烦。

我没有跟母亲说明，直接询问女儿：“你还好吗？”

女孩没有回答我，烦躁的情绪流露在她的身体反应上。

我接着关心地问她：**“母亲这样说，你会感到烦吗？”**

女孩叹了一口气，开始了抱怨：“她每次都……”

她说到一个段落时，我核对这些不好的经验：**“她以前常这样说呀？”**

女孩显得更生气了，说道：“对呀！她每次……”

这里的对话要素，使用的是好奇、倾听、回溯，我在她的抱怨里，点出她的情绪，让她说她的生气、委屈与受伤，这是让她述情，感觉自己被共情。

我共情了之后，问她：**“那你怎么办呢？”**

这句话是问女孩过去的应对，能让我理解更多，也让女孩自我觉察，感到被更深地理解。

女孩仿佛诉尽痛苦，叹了一口气，说：“我只好不讲话呀，也故意不想离开网络……”

我挺惊讶这个答案，但也深知很多青少年的内在冰山，都有这样的

运转。父母的“压力”，并未让孩子脱离沉疴，反而会强化“负向”行为，也就是女孩说的“故意不想离开网络”。

女孩说的这句话，是冰山内在的运作，正是我接下来的对话切入之处，我问：**“你是故意的呀？你本来不想一直上网呀？”**

女孩不说话。

这里的沉默是停顿，让女孩去体验她的内在，我猜女孩很难回答，但我正等着这答案。因为女孩提到“故意不想离开网络”，可能心里想“离开网络”，但行动上“并未离开网络”。当我问女孩“本来不想一直上网呀？”，正是敲中一块砖，那里面是一部分的自我，只是她并未真实靠近，没有离开网络的行动，所以她沉默了。

冰山的对话脉络，最有趣的是“听见”与“看见”，听见内心深处的信息，看见潜藏在体内的光。那是一种幽微的信息，通往生命力之处，就是人的“渴望”。

我停顿了一会儿，接着问她：“如果母亲不是这样说，你会有什么变化吗？”

女孩又停顿一会儿：“我本来就想关电脑了。”

这个念头是真实的，是她很多念头中的一个。萨提亚的“正向”模式中，我常导入这一念信息，带领女孩去觉知。

我接着深入地问她：**“你怎么想关电脑呢？母亲知道你的想法吗？”**

这句话是深刻的理解，这是她的一部分，只是未经显化而已。当我问出这句话，她会触及渴望，感到与自己的联结，这就是幽微的信息。

女孩这时候啜泣了。

我猜女孩的哭泣，是为了这个信息，她正向的一面没被母亲看见，也没被自己看见，亦即渴望不联结。正因为不联结，所以她沉迷于上网，想离开而未离开，身心并不自由。

女孩断断续续地说："我也不想这样，又让母亲失望。"

站在一旁的母亲眼泪也滑落了。

女孩触及渴望，她的怒气被跨越了，她对母亲感到抱歉，母亲也因此落泪。

两人此处有联结，我问话的方向，从关心女孩内在转向推动母女关系前进。

勇敢地表达自己的感受、需求和提议

我停了一会儿，让她们内在的冰山中的能量流动，这时冰山已是新的状态。我接着问女孩："母亲正在学习对话，想改善与你的关系，你有感觉吗？她有没有改变？"

女孩点点头，看了母亲一眼："母亲有改变很多。虽然她还是很急，有时候也会骂我。但是她真的改变了，以前她不会这样说话的，我也不想和她说话。"

女儿的这番话，正是一种表达，表达出"看见"母亲，对母亲的肯定。

母亲牵起女儿的手，立刻也补上一句："你也改变很多了，对不起，我还是心太急了。"

女儿听了，瞬间哭了。

两人此时的表达，让彼此更靠近，也让彼此的内在更有力量了。

我将对话拉至主题，谈最初的网络问题。

我问女孩：**"母亲前面说，你上网的时间最近比较多？有吗？"**

女孩点点头说："有。"

我关心地问女孩：**"发生什么事了呢？"**

女孩回答："我也不知道，感觉很烦，不想读书。"

我核对女孩的信息：**“你是说不想读书，让你一直上网吗？”**

女孩点点头，说：“嗯。我感觉压力很大。”

我对女孩所讲的内容进一步核对：**“你的压力很大呀？是最近才有的事，还是一直以来你的压力都很大呀？”**

女孩思考一下说：“好像都有。一直以来都有压力，但是最近更大。”

我本想深入地问她，探索她的压力因为什么而形成，她又是如何觉知、面对她的压力的。但这是临时的谈话，在演讲之后的提问。女孩回答了之后，我意识到需要更多时间，因此我临时改变了想法，决定不深入地追问了，而是选择另一个方向：在压力之下，母亲与她的应对。若母女在压力下能有好的应对，就有助于母女关系的改善，对女孩也会有帮助。

我在此处的说明，可以看见对话方向，目标欲带往何处，就会决定如何问话。

我问女孩：**“当你有压力的时候，你可能上网太久了，母亲可以做什么，比较不会增加你的压力呢？”**

女孩思考了一下说：“母亲拍拍我的肩，或者抱我一下，我就会知道了。不用逼我离开，也不要一直问我。”

我跟女孩确认：“这样就行了吗？对你会有帮助吗？”

女孩又进入沉思，才缓慢且感性地说：“这样算是提醒，我会觉得母亲懂我，压力会减小很多。”

女孩很感性细腻，对自己的觉察，还有表达都无比清晰。

我转头看着母亲问：“女儿的提议，你觉得可以吗？”

母亲赶紧点头回答：“可以，可以。我也会提醒自己，不要那么心急，她真的改变挺多了。”

你愿意多关怀、表达爱时，对方会因此更有力量

我手上拿着那张字条，好奇地问母亲：**“你刚刚要解决她上网的问题，希望她遵守承诺，怎么现在可以接受女儿的提议了呢？”**

“我真的太心急了，又变成过去的方式了。”母亲不好意思地说着，看了女儿一眼，“而且，我真的很爱她，她也真的很努力了。”

女儿听母亲一说，头低下来了。

我请母亲认真地对女儿说一遍，当女儿上网太久，母亲会怎么做，也表达对女儿的看见与爱。

母亲转身面对女儿，很专注地说：“妹妹，母亲很爱你啦！有时候母亲太心急了，你提醒一下母亲。”

母亲拥抱了女儿一下，女儿的眼泪滑落了。

我请母亲告诉女儿，当女儿上网太久，她会做什么行动。

母亲想了一下说：“母亲会拍拍你的肩膀，知道你压力大了。”

女儿的眼泪更多了。母亲笑着流泪，拍着女儿的肩膀，这是一幅爱的画面。我感谢这位母亲，愿意做出改变，也愿意表达爱。母亲说通过学习对话，自己已经改变了很多，有些行动以前绝对做不来。

女孩这时缓和了一下情绪，也跟着说：“这是真的。”

我请母亲多表达关怀，多表达对孩子的爱，这有助于孩子的心更有力量，孩子也就不会被网络牵着走了。

真心的好奇，会让你看到重新联结的关键点

一旁围观的家长非常好奇：为何这变化会如此快速，前面还很生气的母女，没多久就大转变，怎么会这么神奇？因为真心的好奇，帮助女孩与自己联结，也帮助母亲联结，联结后的母女再解决问题，问题就不

是问题了。我想起当年学习时，看贝曼老师对话的过程，也觉得像变魔术一样神奇，感到惊奇不已。

家长们纷纷问我：该怎么做，才能让孩子减少上网？减少上网是个表面，应关怀上网的孩子，能够多好奇，多接纳，多一点沟通，或者多表达爱。孩子不是堕落者，不会故意让自己沉沦，感到关爱，联结到渴望的他们，一定会自救。

敬唯说：

家长对孩子不守承诺的行为很恼火，甚至会认为是品格出了问题，常常会因此生出很多担心、紧张，同时也会给孩子贴上一些标签：孩子是一个不守信用的人，是一个没有时间观念的人。如果家长对孩子有这些观点、看法、担心，就很难真正地关心孩子，同时也会引发很多争吵、辩论，关系越来越糟。

面对这样的现状，同理心对家长就很重要，所以，第一步是感同身受，第二步是联结资源，第三步是突出自我价值，第四步是用对话的脉络联结孩子卡住的交叉点。针对这种情况的对话，崇建有细致的举例，同时这种情况通常对家长来说也是比较困难和棘手的，建议可以寻求专业的对话，引导师给予专业的援助。

对争执的手足，身为家长的你关心、接纳孩子的情绪了吗？

家中有两个幼儿的家庭，家长常会遇到手足争执的场面。家长因为这样的争执太常发生而常感疲乏，而且孩子一旦闹起来，真是不得安宁。不只是家长，老师有时也感到困扰：班级中某些孩子较好动，不断地引起争执，老师该如何是好呢？

我曾在讲座时，询问在场的家长、老师，处理争执的时候，会如何做。我列了五个选项。

A. 当判官判定对错。

B. 全部一起责备。

C. 对争执不予理会。

D. 一个一个地听完，一个一个地责备。

E. 其他。

众人选择的结果，A 的人数最多，其次是 D、B。其实，以上这些选项，通常无法改变孩子争吵的现状。

面对手足争执，家长需要拥有一个观念：手足争执属于正常的现象。

很少有手足不发生争执的，家长应先接纳。若是家长的心里能接纳，孩子一旦争执，心里也会减少动气，这样有助于面对问题。

争执中的两人，都认为自己是对的

我在朋友家里，听见兄弟吵架。八岁的弟弟哭了，哭得很大声。

朋友双手一摊，表示孩子间的争吵又来了，他感到万般无奈。孩子常争执吵闹，他生性喜静怕吵，被打扰就来脾气。我示意想要处理，朋友求之不得，乐得不用插手，袖手旁观。

我蹲下身子，在两兄弟身旁问："发生什么事了？怎么吵架啦？"

"哥哥他打我，他……"

"弟弟也打我，他……"

…………

当你问争吵的孩子发生的事时，孩子自然会告状，想要冤屈被听见。**我所见过吵架之人，都觉得自己才对，对方是错的。**

不只是孩子的纷争，大人的纷争亦然。扩大到社群里面，举凡店家、团体的纷争，有谁不觉得对方错了呢？即使觉得自己有错，也会认为对方的错误较大。

所以，面对纷争，无论是家长、老师，还是其他介入者、协调者，最好别做判官，或者将判官角色弱化，放在收集信息、宣布规则、好奇地探索之后，再来执行，并且，要联结两者的渴望，才会有圆满的结果，纷争才不会重复地发生。

当两兄弟七嘴八舌，快要为告状而打起来时，我做出了决定：**"我先听弟弟说，待会儿听哥哥说。"**

这时候哥哥立刻反弹了："为什么弟弟先说？不公平。"

这时我转向哥哥问：**"你觉得不公平呀？怎么觉得不公平？"**

哥哥愤愤不平地说："每次都是弟弟先说。"

我继续问哥哥：**"每次都是弟弟先说吗？"**

我虽然已经做出决定，但哥哥有意见，我仍然要听哥哥的意见，这时我听的不是争执的"事件"，而是哥哥对"先后"的意见。

因此，已说明听弟弟说，所以弟弟的内心被照顾，此刻多听哥哥的意见，就是让哥哥的情绪流动，也是一种照顾的方式，无形中两者都照顾了。

哥哥嘟起了嘴，说：**"他们每次都让弟弟说，我后面说的时候，他们都不相信我。"**

我继续在这里核对："他们指的是谁？"

哥哥很泄气地说："爸爸妈妈。"

"那你一定很委屈吧？"我在这里点出情绪，就是一种同理心，哥哥已经九岁了，听得懂"委屈"两个字。

哥哥眼眶泛红了。

我拍拍哥哥的肩膀：**"这是我第一次处理，我已经说先听弟弟，待会儿我会专心地听你说，到时候弟弟不能插嘴。如果还有下一次，我就先听你说。"**

哥哥把脸别过去，生气地说："每次都这样。"哥哥虽然生气，但是生气的强度已经大幅减弱了。

我拍拍哥哥的肩，允许他生闷气。

要终结争执，要让争执的双方都感到被接纳、有价值

这时，我转向弟弟说："弟弟，来吧，我先听你说。"

弟弟立刻说："哥哥打我。"

这时哥哥的生气、委屈再次被挑起，急着插话说明："……"

我转头制止哥哥说：**"你放心，我们一起听听看，他哪里说得不对，我待会儿会听你说。"**

不要做判官，是让事主双方将信息完整地说明，并非听见"哥哥打我"就立刻质疑哥哥为何打弟弟，或者立刻就判断处罚，那会陷入"剪不断，理还乱"的僵局。

每个事件都有起因，要解决这些问题，不让问题反复地出现，或者减少出现状况，要以对话让他们觉察。

我问弟弟：**"哥哥打你，你痛不痛？"**

弟弟点头说："痛。"

我继续关心地问道：**"在哪里？"**

弟弟露出手臂，已经没有痕迹了。

我问弟弟：**“现在还痛吗？”**

弟弟摇摇头说：“不痛了。”

我好奇地问弟弟：**“哥哥怎么会打你呢？”**

弟弟听见我问话，低头沉默不语。

我停顿了一下，再次问了：**“你要说吗？发生了什么，哥哥才打你呢？”**

弟弟这才小声地说：“我拿哥哥的玩具。”

要终结这种抢夺，孩子就要被大人接纳，要体现孩子的价值，所以怎么表达才能让孩子感到被接纳、有价值呢？

我问弟弟：**“你这么诚实呀？拿了哥哥的玩具，也勇敢地承认？”**

弟弟很可爱地点点头。

我摸摸弟弟的头，继续问下去：**“发生了什么，你要拿哥哥的玩具呢？”**

弟弟这时候说：“哥哥以前也拿我的玩具。”

我发现哥哥这时平静了。当弟弟说过去的事时，哥哥情绪没那么激动，也不急着辩驳了。这个状况来自弟弟的承认：自己先拿哥哥的玩具，哥哥才会动手。

弟弟说出这个事实，来自我的提问，但是这个答案正是哥哥最常表达，也是最被忽略的部分。

我点点头表示明白：**“哦，因为哥哥过去拿你玩具，所以你才拿哥哥玩具吗？”**

弟弟点点头。

我接着问弟弟：**“哥哥以前拿你玩具，你喜欢吗？”**

弟弟天真地说：“不喜欢。”

我想知道弟弟过去应对：**“哥哥拿你玩具，你会做什么呢？”**

弟弟立刻说：“我就过去打他。”

我对弟弟说：**“这样是好的吗？你喜欢这样吗？”**

弟弟说："不好，不喜欢。"

当弟弟陈述完了，我要表达规则：**"弟弟，哥哥以前拿你玩具，那是不对的，但是你打他，那也是不对的。你知道吗？"**

弟弟点点头。

我才接着补充：**"今天你拿哥哥玩具，那是不对的，哥哥打你，也是不对的。这样你知道吗？"**

弟弟又天真地点头。

我继续跟弟弟说：**"哥哥以前拿你玩具，那很不应该。你以后也不能这样，如果拿了会被处罚，你知道吗？"**

弟弟点点头说："可是哥哥都不借我玩。"

我问弟弟：**"你很想要玩，对吗？"**

弟弟又认真地点头。

我继续往下问：**"那哥哥可以不借你吗？"**

弟弟执着地说："不可以。"

这地方我笑了，重复着弟弟的话：**"不可以呀？"**

弟弟低下头，停顿了一会儿说："可以啦！"

我笑着问弟弟："你怎么改变啦？"

弟弟低着头说："因为有时候，我也会不借给哥哥。"

我称赞弟弟，并且补充说明道：**"你真懂事。所以你以后跟哥哥借，哥哥不借你，你不能抢他的玩具。如果哥哥也抢你玩具，你可以跟爸爸说，不能跟他打架，这样知道吗？"**

弟弟点头说："知道了。"

看见争执背后的委屈和无能为力

我摸摸弟弟的头，说："弟弟，我觉得你真诚实，也很勇敢地承认。

我很欣赏你。叔叔刚刚这样说，你还有什么要跟我说？”

弟弟说：“没有了。”

跟弟弟对话结束前，我才陈述规则，邀请弟弟：**“刚刚你抢哥哥玩具，你应该跟哥哥说对不起，你要对他说吗？”**

“可是哥哥打我。”

这里要语气平稳地说明：**“那也是不对的，我还要听哥哥说明。但是你先抢了哥哥玩具，这的确是做错了，对吗？”**

弟弟点点头。

我再次邀请弟弟：**“那你要跟哥哥说对不起吗？”**

弟弟点点头。

我称赞弟弟说：“弟弟，你真的很勇敢，勇于承认错误。你是心甘情愿的吗？”

弟弟点头。

我邀请弟弟：“那你跟哥哥说吧。”

弟弟很认真地说：**“哥哥，对不起，我不应该拿你的玩具。你也不应该打我。”**

弟弟说到这里，我实在忍不住笑，跟弟弟说：**“后面的不必说，说你自己的部分就行了。”**

弟弟重复了一遍道歉。

这时我才转向哥哥，问道：**“弟弟刚刚说的，是实际的情况吗？”**

哥哥看来还是不悦，但是点点头，语带抱怨地说：“他每次都这样。”

我继续问哥哥：**“他每次都这样。当你不借他的时候，他就会来抢，是这样吗？”**我问哥哥的语句，是关心他所说的弟弟的“每次”，而不是指责哥哥，以前也是弟弟先抢玩具，这里很多人会进入误区。

哥哥赌气地说：“他就是这样。”

我接着问：**“那你怎么办呢？”**我问的是哥哥过去的应对，这个问句的答案如果是哥哥的错，哥哥就会有所觉察。

哥哥沉默了，因为他意识到自己的错误。

我在这儿要继续确认：**“哥哥，刚刚我听弟弟说，因为弟弟抢玩具，所以你打他了，对吗？”**

哥哥依然不说话，只是微微地点头。假如哥哥没有点头，而是沉默不语，我会切入哥哥此刻的冰山，或者表达接纳。

“我听起来，你打了弟弟，是因为他动手抢玩具。他不应该这样，应该尊重你，但是，你不能打他，你应该告诉爸爸，请爸爸来处理。好吗？如果你打弟弟，那你就错了。这样会被误解，误解你欺负弟弟了，其实你没欺负，你只是要保护自己的玩具，但是方法错了。如果因为方法错了，被责怪，这样会很委屈，不是吗？”

哥哥眼眶红了。

过了一会儿，哥哥说：“每次我跟爸爸说，爸爸就要我让给弟弟玩。可是那又不是弟弟的。”

我跟哥哥核对说：**“爸爸这样说呀？”**

哥哥点头说：“爸爸每次都这样说。”

我拍拍哥哥肩膀，说：**“如果爸爸这样说，你一定委屈极了。爸爸的处理方式，我不是很同意。我跟爸爸说，好吗？”**

我转头跟朋友说：“这样的处理不恰当，下次应该跟弟弟说：‘要跟哥哥借，不能用抢的。哥哥可以不借你，你也可以不借他，但是不能打人，打人会被处罚。’”

朋友觉得挺尴尬的，但是仍答应了。

我跟哥哥说：“我请爸爸以后注意，要公平处理这些事。但是你要记得，不能打人，因为打人是错的，即使别人错了，我们也不能打人。”

哥哥点头表示了解。

在你接纳孩子的情绪后，孩子更愿意主动承认错误并承担责任

我问哥哥："现在还是这么生气吗？"

哥哥呼吸了一口气说："现在不会了。"

我跟哥哥说：**"你过去受了委屈，一定觉得不公平，但是你能放下来，这是有勇气的人才能做到的事，一般人很难做到的。这很不容易，所以我要谢谢你，你是一个有勇气的人，也是有责任感的人。"**

我处理完这些情绪，过去的事件、感受、观点，以及未满足期待，累积成他们的应对。当他们的渴望层次不联结，遇到意见不一致时，自然为了求生存，而产生各种争执。我分别与两人的对话，正是整理他们的冰山，接下来我邀请他们向对方道歉，这一次是让哥哥执行，因为他打了弟弟。

未料我还未开口，哥哥就转过去，跟弟弟说："对不起！我不应该打你，虽然你抢我的玩具。"

我很为哥哥感动，他学得真快，因为渴望一旦联结，孩子就会学习为自己负责。

兄弟的争执就此落幕了。朋友啧啧称奇，说孩子在你面前怎么变得服服帖帖的。

我提醒朋友："未来兄弟还会有争执，尤其会来你这儿告状，记得都要倾听、好奇，表达规则与接纳，长此以往，兄弟间的争执就会减少了。"

处理争执的要点

○手足冲突属于必然，要接纳此状态。

○除非有人动手，须介入制止，制止时不用责骂。

○介入时关心两个人，而非关注事件。

○先听一方说，再听一方说，都是用好奇去探索，好奇时建议"回

溯”，易理解来龙去脉，以及让孩子觉察自己的行为。

○通常两人会抢着说，应专注地听一人说，要另一人等待。

○当用好奇探索，并倾听完毕之后，给予准确信息。

○重复发生冲突是常态，但动手是不被允许的，因此建议兄弟找父母调解。在调解的过程中，用好奇探索，并且要再次提醒规则。一段时间之后，他们会渐渐地形成好习惯。

敬唯回顾：

“所以，面对纷争，无论是家长、老师，还是其他介入者、协调者，最好别做判官，或者将判官角色弱化，放在收集信息、宣布规则、好奇地探索之后，再来执行，并且，要联结两者的渴望，才会有圆满的结果，纷争才不会重复地发生。”

对晚回家且沉迷网络的丈夫，你要做的是先关心自己，再疗愈对方

朋友打电话和我诉苦，说丈夫常常晚回家，回家就沉浸在网络世界里，和家人很少有互动，她感觉愤怒且无助。在她的叙述中，充满对丈夫的指责，也能感到丈夫对她的疏离。她跟丈夫“好说歹说”，丈夫都没有改变，妻子觉得讨论时，自己的态度良好，丈夫却仍然我行我素。

想改变一个人，建议和要求总会产生反作用

妻子怎么跟丈夫表达呢？妻子希望丈夫早回家，希望丈夫别这么累；她担心丈夫的身体，希望丈夫少上网，因为上网伤害眼睛与身体，对孩子的生活也会有不好的影响……

设想你是这位丈夫，听到妻子说这番话，冰山各层次会有何变化呢？会感到爱与接纳，还是感到压力与愧疚呢？

想要改变他人的行为，并非通过建议或要求，即使再怎么善意，对方都不觉得被尊重，被接纳，被信任，也不会看到自己的价值和意义。这些都是渴望层次的需求。

这也就不难理解丈夫为何只说"知道了"，甚至语言有所反击，或者选择逃避——越来越晚回家了。

眼见丈夫不断地逃避，妻子传信息给丈夫，都是"正确"且"重要"的信息，比如，上网成瘾的坏处，人应该正念、活在当下，不要被科技控制。丈夫都没有回应，或者只是回个"嗯"，并且越来越"故意"地应付我。

丈夫一旦回到家，反而更沉迷于网络，烦躁且愤怒地说："这么多事情要处理，你都不知道吗？"

妻子不明白，丈夫为何要逃避，甚至有意反抗她。丈夫只是打游戏，还说自己压力很大，他都觉察不到自己在说谎吗？

妻子虽然传达善意，但是对方没接收到，对方接收到的只有压力。因此传达出的信息已然成了一种控制，妻子可能也未觉察。因此丈夫想要反抗，更有理由晚回家，也更想要沉迷于网络。

想要关心家人之前，要关心自己，那么如何关心自己，联结自己的渴望呢？**一旦我们可以关心自己，联结自己的渴望，让自己感觉有价值，有意义，那么面对丈夫的行为，就不会这么无助、焦虑与烦躁了，才能**

懂得关心丈夫。

先联结自己，再关心他人

我请朋友关注自己，照顾自己的情绪，找人谈话探索自己，或者进行正念、冥想，时刻觉察自己，注意自己细微的烦躁、焦虑、不安与无力感，并且时刻照顾自己。

朋友初期很困惑，为何丈夫的问题变成了自己的问题?

丈夫每天跟她相处，面对内在焦虑的妻子，丈夫会怎么应对呢?我的经验是丈夫在这时通常会逃离，逃离到电脑前面，或逃避回家图个清静。朋友感觉很沮丧，无法接受这些事实，感觉无比失落。

这是人常见的状态：人会忽略自己内在运转，甚至也看不见自己，只看见自己想要的“外在”，与自己渴望不联结。**将渴望层次的责任交于他人负责，期望他人能做好，对方也形成了惯性应对。彼此都成受害者，问题常不断恶化。**

要想打破困境，就要有人先改变。先改变的人通常是自己。

朋友快速地调整自己，不仅在工作坊中进行学习，还找同侪一起探索自己的内心，发现自己与母亲很像，都很焦虑且控制欲强烈。自己也想逃离母亲，难怪丈夫也想逃避自己。

她发现自己的价值感，建立在他人身上，习惯不断地看着他人的反应，进而决定自己是否有价值。

她迈过艰难学习的初期，渐渐地养成习惯，勤于练习觉察自己，不再陷入头脑的思考里，渐渐地觉得自己自由，对丈夫也比较接纳了。

她内在改变之后，家庭也有了变化，丈夫回家的时间早了，虽然他仍爱上网，但是会帮忙处理琐事。她感到非常惊讶，觉得不可思议，并且丈夫会主动询问还能做什么。

我邀请她学习对话，从练习好奇开始，跟丈夫建立更多的联结。若将好奇的练习做好了，再关心丈夫沉迷上网的问题。

关心与接纳，可以让两颗心更近

隔了一段时间，朋友跟我反馈，丈夫每天回家吃饭，虽然也会上网，但是上网时间少了，她感到自己很幸福。她做了什么呢?

朋友很感性地回忆，说出一件事，自己无比震惊。

有天朋友看她的丈夫在打网络游戏，一会儿将游戏页面关闭了，换成了工作网页，但不久后又打开游戏页面，反复了几次。她能感到丈夫的焦躁，但自己的内在可以安稳地接纳。

晚上就寝前，她关心地问丈夫是否很焦虑，丈夫从工作开始谈，谈到自己的网瘾，她了解到丈夫并非自己想上网玩游戏，只是这样可以让压力减少。妻子关心地问丈夫，这样有压力的情况有多久了，上网是否真的有助于减压。这样的关心却让丈夫陷入沉默。

丈夫表示有帮助，随即又说想戒掉。这是她第一次听见丈夫想摆脱网络游戏的想法。她很惊讶且好奇：他怎么会想要戒掉游戏呢?

丈夫说自己已经尝试了多次，只是妻子并不知情，因为丈夫生怕自己失败，无法坚持不上网，丈夫感觉有很大的压力，觉得自己愧对家庭，愧对妻儿……

那天，丈夫在她怀里哭了，那是她第一次看见丈夫的眼泪，她感觉两人很靠近。

那天她搂着丈夫，感到丈夫的无助与在意，她只是紧紧地搂着他，深情地对他表达爱，表示自己知道丈夫已经尽力了，没做好也没关系，她依然深爱着丈夫……

朋友说自己发自真心，感觉两人回到刚认识时彼此热恋的状态了。

从此朋友的丈夫更放松了，再也没有无故晚归，上网的时间也减少了。

朋友很感谢这一切，感谢自己了解了什么是联结自己，再联结对方，也懂得表达爱与接纳。与此同时，她觉得家庭气氛更和谐了，孩子也有了很大的变化。

敬唯回顾：

“想要改变他人的行为，并非通过建议或要求，即使再怎么善意，对方都不觉得被尊重，被接纳，被信任，也不会看到自己的价值和意义。这些都是渴望层次的需求。

“想要关心家人之前，要关心自己，那么如何关心自己，联结自己的渴望呢？一旦我们可以关心自己，联结自己的渴望，让自己感觉有价值，有意义，那么面对丈夫的行为，就不会这么无助、焦虑与烦躁了，才能懂得关心丈夫。”

第八章

学习者的实践与分享

我们都是学习者

我将自己定义为终身学习者。

我进入萨提亚模式学习，已经超过二十年了，冰山理论与实践对我影响最大，我在“冰山”之中悠游，每过一段时间就有新发现，尤其当把正念、创伤、脑神经科学与量子力学概念与“冰山”结合后，拥有了更多的发现。在学习冰山的理论与实践的同时，这些新知日新月异，让我进入不断学习的状态。

过去我以演讲方式，陈述教育的现场状况，并且当众示范对话，示范如何应对各种情境，各种类型对话。有些时候以角色扮演，请教师扮演脱序的孩子，扮演暴怒的家长。请家长扮演顽皮的孩子，扮演难沟通的老师，扮演唠叨的爸妈。请业务人员扮演顾客，请主管扮演员工，请员工扮演主管……

我通过演讲的方式，陈述我所认识，以及所运用的方式，得到不少的回响。这几年来我减少演讲，开始举办工作坊，并且以对话的形式，推广互动的方式。有不少学习者很认真，他们的学习改变自己、家庭与社群，也有更多的伙伴在各地演讲，也举办工作坊。我感到非常感动。我都称他们为伙伴。

伙伴们的学习历程，并非一路顺遂，但是他们从自身开始，扩及于的家庭实践、社会实践。每一段历程都很精彩，都有让人感动之处，也非常值得学习。很多初学者看了伙伴们的分享，纷纷向我反馈他们的经历为初学者带来鼓励与感动，也在一些对话的细节上有所学习。

因此我邀请伙伴们，提供文字分享于书中，并允许我修改文字，调整叙述的顺序，但保留原作风格。在他们的故事中，可以看见他们的心路历程，有学习中遇到的困难，有自我觉察的部分，也有精彩的对话。希望这些故事可以带给读者更多温暖与力量。

走出旧旋涡，看见新世界

父母离婚成为我心中的碎片

我关于幼时的记忆琐碎，记得的事情不多。唯有一件事情，我深深记在脑海里——在我小学四年级那年，我的父母离婚了。

我的父亲有外遇，并且家暴，迫使我母亲孤身一人离开了这个家。我跟母亲的关系并未因此变得亲近，反而因为她太想给关怀，忽略我内心的茫然。

她是公司职员，每天早上八点要上班。她经常早上六点多就买好水果与早餐，在我前往学校的路上等我。但是我在那段时间，只要一见到她，便摆着臭脸，感到非常不耐烦。

小学时，我的成绩很好，初中时成绩开始下滑。当时父亲忙碌，同父异母的弟弟出生，家人都在关注这个弟弟，我的学业无人关心。我感觉这不是我的家。

比起我的父亲，学校的朋友更像我的家人，有人问起我的家庭，我都会说："他们那一家人的事，我不是很清楚。"

我后来开始逃学、离家出走，并且沉迷于电动游戏。学校的朋友想找我，都知道我不在家里。我不是在电动游戏厅，就是在前往电动游戏厅的路上。母亲觉得我很可怜，可是我从不觉得。我看见她一早就在等我，而且一副"为了我好"的样子，一股怒火就从我的腹中燃烧起来，直蹿心口与脑门。

于是，我常常骂她："为什么不听话？都说了别拿，还要一直拿来。"她后来真的不送了。

我从职业高中毕业后，在加油站当加油员，领着微薄的薪水，但我很乐意如此生活，我不用再见到家人了。

我跟家人疏离，跟我自己疏离，也跟世界疏离。我跟世界格格不入。

触碰渴望，心少了愤怒

时间辗转到了2016年，我有了一份新工作，请讲师谈师生关系。在此之前我没听过这位讲师。

我感觉很惊讶，他也有着叛逆的过往，我好奇他是如何转变的。

我开始学习对话，学习欣赏自己，学习靠近自己。我学习他的方式，他对自己做了什么，我就跟着做什么，我想这样做也许会靠近我要的生活。

我开始主动触碰自己心中未曾触碰的渴望。

每一次触碰自己，心窝处都纠结一团，而且每次都会落泪。当我靠近自己的渴望时，我会看到内在有一个空洞。一年多的时间里，我每天触碰自己，触碰自己时都会有几分钟的泣不成声。

之后那感觉消失了，我不知道发生了什么。但我开始改变了，看见我妈的时候，愤怒不再那么强烈，不再无法做决定，不再因为难以拒绝她，或是我说的话她不理睬，愤而去责骂她了。

我居然从母亲的唠叨里听到了"爱"

有一次朋友要结婚，请我当伴郎。我没有适合的裤子，并不想费钱买。我想到结婚时的西裤，谁知我的身材早已变胖，我无法穿下那条裤子，只好去求助我妈。

她早年只身在外，为了多赚点钱，学习裁缝养活自己，学会修改衣裤，甚至制作衣物、窗帘与桌布。

母亲利落地拿起卷尺，量了量我的西裤，再量我的腰围，她开始细碎地说着，西裤与我的身材差距，恐怕很难更改，裤子没有预留的尺寸……

接着，我见她拿起裤子，往工作间走去。

裁缝机靠着墙，那是一台老式裁缝机。她有一台新型的、白色的、自动化的裁缝机，但她仍使用那台老式裁缝机——脚要一边踩，同时手要一边转一个小转盘，机器才会开始动的“古董”。她坐下开始裁剪，我也找了个位置坐下，面对一扇落地窗。我落座的位置，能看着她缝纫，也能看见窗外的月亮。那天月色皎洁，月亮缺了一小角。总有人说母亲像月亮，我一直理解不了，母亲怎么会像月亮呢？谁的母亲像月亮一样呢？我的母亲从来唠叨，不像月亮无声且温婉。

我在等待的时候，三个声音开始响起。

一是裁缝机的声音，咔啦、咔啦、咔啦……

二是裁缝机穿透裤子，急速轻巧的声音，咚、咚、咚、咚……

最后一个声音最大，便是我妈的唠叨声……

她唠叨了数百次：你要吃健康一点，你要多运动，你要多喝水，你骑车要小心，你不要那么不懂事，你不要那么爱吃肉，你不要那么容易发脾气，你不要老是不听话，你不要那么没礼貌，你不要那么不懂礼俗，你不要……

唠叨声音气势绵长，排山倒海一般，哗啦哗啦地往我耳朵里灌。

母亲的唠叨声永远不停。

我的目光从月亮移回来，落在我母亲的身上。

在那个时刻，除了我妈的声音，周遭是如此宁静，我的内在也出奇地宁静。在这份宁静中，我看见一个念头：眼前的这个女人，大概是世界上最爱我的人了。若是她不爱我，不会始终如此唠叨，在和她说了数百次之后，她仍未放弃。即使我一次又一次地以行动告诉她，我永远不会是“她期待的那个样子”，她也从未放弃，想要我成为她心目中的样子。

在那一刻我突然明白，我有能力拒绝她，也有能力去爱“这样的她”。我不需要跟从前一样，用发脾气的方式，去表达我自己。如果我已经明白了，并且接触了自己的力量，我就不用对她生气，我也可以让她知道，我心里的所思所想。

我转身抱了抱母亲。

看着母亲的动作，我内在有了新的变化。我妈很快地改完裤子，说：“这已经是最大的尺寸了，如果穿不下就没办法了。”

我跟她说：“没有关系，如果真不行，我再想想其他方法。我要回家了。”

她听见我要回家了，赶忙走去厨房的冰箱前，从冰箱里拿出好几种水果，要让我提回家。多相似的情景呀！母亲一如往昔，她仍是不询问我是否有需要，能不能带回家，就将东西直接塞给我。

但这次不一样了，我的内在感受清澈。这是我第一次，从母亲的惯常举动里，感到内心的温暖。我接过水果跟裤子，走到了门边，我停下脚步了，大概停了三秒钟，我做了一个决定。将手上的东西放到一旁的椅子上，我转过身抱了抱她。

母亲比我矮小许多，她被我的动作吓到了，两手举得很高，做出投降的姿势，嘴里反复地说着：“你要干吗？你要干吗？”我的家庭文化，从没有过这样拥抱的经验。我拥抱了她几秒，她说了七八次“你要干吗”，最后她也许明白了，我只是想要抱她。她也将手摆放安然，拍了拍我的背，好像我仍是那个襁褓中的婴儿。我又抱了她数秒，她开始把手往下，摸到了我的腰际，便顺手抓了两下，告诉我：“哎哟，难怪你要来改裤子。”

这就是我的母亲，她是这样可爱的女人。

母亲一点都没有改变，是我改变了。

以全新的眼光看自己与世界

当我联结自己久了，我生命里那些惯常的存在，我多半能以爱的眼光看待，我生活中的大部分时光，都能充满爱的能量。

父亲后来罹癌了，一直到他离世的那一年，我跟他也亲近了不少。我的生命改变了，与周遭的关系也变了，因为我的心改变了。

本文分享者：曾致仁，对话带领讲座的工作人员。

二孩家庭的烦恼

我家是二孩家庭，两个孩子中的姐姐今年二十一岁，弟弟十岁。

记得当年在我意外怀上弟弟的时候，因为我和老公没有做好要二胎的思想准备，我们一直不想要这个孩子，当时女儿百般请求，说她想一个弟弟或妹妹来陪伴她，甚至叫来外公外婆、爷爷奶奶给我们做思想工作。最后，我和老公终于在再三考虑之后生下了弟弟。

我记得我刚生下弟弟时，女儿整天都是欣喜的，对弟弟爱不释手，每天放学以后第一件事就是冲进去看弟弟。那时候我深刻地体会到手足之间的珍贵情谊。

可是随着弟弟日渐长大，家里没人帮我照顾孩子，我一个人全职在家，带两个孩子。记得那时候我的精神整天都是恍惚的，用“身心俱疲”

来形容我的状态一点也不夸张。

家长的暴怒处理，让姐弟关系更紧张

那时姐姐刚好处于青春期初始阶段，因为我的忙碌，很少顾及她的情绪和感受，加之学习上我对她要求比较严格，我和她的关系有些紧张。而弟弟二十四小时都要挂在我的身上。一方面我没有过多的时间陪伴女儿；另一方面，黏人的儿子让我在忙碌的生活中完全没有时间做自己。我记得姐姐五年级时的家长会，我都是带着弟弟去开，一度让姐姐很不高兴，她甚至说过，早知道是现在这个样，当初我就不应该让爸爸妈妈生弟弟。

对姐姐的伤害，并没有因为弟弟的长大停止。在弟弟八九个月的时候，由于我忙于干家务，就让姐姐帮我照顾弟弟。当时弟弟坐在床上玩，我让姐姐坐在旁边看着他，可能由于姐姐的疏忽，弟弟不小心磕在床头柜的角上，我一听到孩子撕心裂肺的哭声就跑了过去，看到弟弟眼角一大片青瘀红肿。万幸的是，没有伤到眼睛。

我当时就暴怒了，像一头发狂的狮子，劈头盖脸地把姐姐骂了一顿，怪她没有照顾好弟弟。

可是我的女儿，她也不过是个十来岁的孩子，对弟弟，她并没有照顾的经验，亦没有责任。当时女儿恐惧极了，看着受伤的弟弟和因为愤怒而发狂的妈妈，她无助、害怕到颤抖，眼里噙满了泪水。即便她委屈难过到了极点，她也没有发出一点声音，把泪水咽到了肚子里。

从那以后，姐姐和弟弟的关系变得越来越紧张。随着弟弟越来越大，我们会给他买一些他需要的玩具和日用品之类的东西，每当这种时候，姐姐总会有意无意地表现出嫉妒：凶弟弟，吼弟弟，极尽所能地排斥他，欺负他……

有一次我正在做饭，弟弟突然放声大哭，我慌忙跑出去，四岁的弟弟哭着给我说，姐姐拧我……我刚准备质问姐姐，还没等我开口，姐姐就非常愤怒地大喊：“我没有！”

我更生气地质问：“你没有弟弟为什么会告你的状？还不是因为你做了……”姐姐的声音更大了：“我没有，凭什么他说的话你相信，我说的话你就不相信？”

那时的我，一个歇斯底里的全职妈妈，面对叛逆的女儿和年幼的儿子，在明知道不合适的情况下，依然告诉弟弟：“没事不要招惹姐姐。”

类似这种日常的纠纷每天都会上演，而我解决问题的方式，经常都是指责和批评姐姐，然后要求姐姐：“你是姐姐，你大了，你要让着弟弟。”

越是这种说教，越惹得姐姐反感，极度地不屑和愤怒。

唯有陪伴和关心才能拯救叛逆的女儿

姐姐在初中的时候，越来越叛逆，什么事情都会跟我对着干，对弟弟的态度也越来越差。问题越来越严重了，我和她已经到了完全无法沟通的地步。

于是无助的我，找姐姐的老师帮忙，找我的闺密朋友倾诉，亲人也不遗余力地开解我，最终的结果，仍然是我和姐姐的日日对峙。我内心的落魄与失落，没有经历的人何谈感同身受？

终于，我找到了敬唯老师。

在老师的指导下，我才慢慢地意识到，我犯了多么严重的错误，对两个孩子，我没有做到公平对待，只是一味地让姐姐让着弟弟，完全没有照顾到她委屈失落的情绪，没有陪伴和关心姐姐，还把更多的关注和精力放在弟弟身上。

后来我和老公经过一段时间的调整和改变，买零食时，两个孩子一人一份；给弟弟买玩具，就会给姐姐买衣服，或者她想要的东西；周末的时候会有意带女儿出去玩……再加上在敬唯老师的引导下，姐姐释放了积压在心里多年的委屈，性格慢慢地变得平和、开朗起来，不再跟我怄气、吵架了，她也平稳地上了高中，考上自己心仪的大学。

随着姐姐的长大，姐弟俩的冲突越来越少，加上姐姐学业繁重，在大多数的时间里都在学习，两个人也没有过多的交流和互动。每次都是我做好饭，让弟弟去喊姐姐，或者让弟弟去姐姐房间送吃的或其他的东西。弟弟也很乐意跑腿，但是对姐姐都是尊敬和害怕的，一副“恭恭敬敬”的样子，让我感觉到姐姐对弟弟还是心存芥蒂的。

如今的我已经意识到，由于自己教育理念的缺失，当初对女儿造成了很大伤害。虽然我现在弥补了一些，但从前的伤害还需要不断地治疗。如今女儿已经长大，她的心里或多或少还是在意这些。我相信通过冰山理论的学习与实践，不断联结女儿内心的渴望，一定会解开这个结的。我相信自己可以做到。

本文分享者：一个正在成长的妈妈。

走过情绪风暴

我准备出门洽谈公务，客厅传来丈夫与瑄瑄（孩子的名字）的争执，刚刚还开心的瑄瑄，瞬间哭了起来。

瑄瑄放声大哭，我赶着外出赴约。以前遇到这情况，我会对丈夫发脾气，再对小孩说教，或者置之不理，径自扬长而去。

新的选择

这次我有新的选择，我决定带瑄瑄赴约，并且打算路上跟她聊聊。

在车上我问瑄瑄争执的事情，我了解到原来是她父亲给她规范，她觉得无法遵循，感到被限制，心中愤愤不平。

我安慰了一阵子，却不见她平静。

瑄瑄坐在后座，困在情绪旋涡中。她气得跺地板、捶车门、头撞座椅。车后座如同载了暴雨、龙卷风，我感到不耐烦，怒火也被搅动。

过去，她这样的哭闹行为，我是绝不容许的，肯定会对此大发雷霆。

她哭泣声不断，更嘶吼着："为什么那样规定?！我不能有自己的想法吗？"她哭吼的声音，像一把锋利的剑，狠狠地刺进我的心中。我意识到孩子愤怒，我自己也非常恼火。

觉察自己，接纳孩子的情绪

我抓稳方向盘，进行了三个深呼吸，停顿了好几秒，然后和缓地跟女儿说："瑄瑄……我知道你着急……也知道你生气……知道你很为难……我都知道。"

我继续缓缓地跟女儿表达："你可以哭，也可以生气，但你不能跺脚捶车，那样会让我分心，我们会很危险。你可以试试深呼吸，让自己缓和一下吗？现在我需要专心开车，等我忙完工作，再陪你一起想办法。"

我觉知自己的恼火，深呼吸后进行停顿，试着回到当下。我接着专注地开车，后座的"暴风雨"渐渐地转变成"细雨"。

见完客户之后，我关怀瑄瑄。她刚刚气急败坏，陷入矛盾与无助之中。

“瑄瑄，谢谢你陪我出来工作。现在时间还早，我们去散散步好吗？”

瑄瑄点头答应了。

以好奇关心孩子，倾听孩子的心声

我将车子开到公园。过几天就是圣诞节，公园已布置好了温馨的灯饰。

我们俩牵着手，在花园小径上散步，我右手搂着她的肩，缓缓地问她：“瑄瑄，现在，你还好吗？”

瑄瑄点点头说：“嗯。”

我停顿了一下，缓缓地问她：“刚刚来的路上，你看起来很生气，是吗？”

瑄瑄点点头，立刻红了眼眶，带着一股委屈说：“对呀！”

冬季的空气冷冽，公园仅有的几处翠绿的草皮，被路灯照得发亮。

我们坐在草皮上，我专注地问她：“发生什么事了？你愿意说给我听吗？”

瑄瑄娓娓道来：“我感觉超级矛盾，而且好不公平。父亲的规定，根本没有道理。为什么一定照父亲的规定来？不照他的规定做，还要被处罚。我好像走在迷宫，根本走不出去。”

瑄瑄的眼泪掉了下来。

“你很为难吧？”

瑄瑄啜泣着，说：“嗯。对啊。”

“会觉得委屈吗？”

瑄瑄点点头，说：“嗯，会啊，而且很生气。”

瑄瑄的眼泪再次大量地涌出。

“你的生气我看到了，你的委屈我也听到了，你的想法我也懂了。谢谢你愿意说，让我更了解你。你希望父亲也这样，像母亲听你说，然后了解你吗？”

瑄瑄摇摇头，说：“不想！没用的！放弃治疗！”

我被“放弃治疗”逗笑，问道：“放弃治疗？我很好奇，为什么会放弃跟父亲聊呢？”

瑄瑄说：“父亲又不会听，如果能聊，刚刚就不会吵了！”

我问：“父亲以前也都不听吗？”

瑄瑄说：“父亲就是那样啊。只会一直管我们，没照他的意思做就处罚。我们有自己喜欢的、自己想做的，但是只要跟他想法不一样，他就直接用规定要求我们，要我们遵守，算了啦……”瑄瑄声量提高，表情有点气愤。

“算了？所以，你放弃治疗的意思，暂时不想跟父亲聊，是吗？”

瑄瑄点头说：“嗯！”

“那父亲的规定，让你矛盾和为难，怎么办？”

瑄瑄说：“如果我能做的，我会试着做做看；如果我真的不行，我再告诉父亲我不行的原因。”

孩子说不想聊，但此刻她自己讲的方式，已经透露愿意沟通的意思了。

对孩子表达欣赏与爱

“你不喜欢父亲的规定，还愿意试着做做看，做不到再告诉父亲原因，即使他有可能接受，也有可能不接受。我觉得你很不简单。”

孩子渐渐地大了，我常常在想，要怎么教养孩子，让他们成长得美好又独特，而不是复制出另一个自己？

我学习萨提亚模式，已经将近四年了，生活中的亲子冲突并没有消失，我偶尔还是会夹在“暴风雨”中，但是这种情况在我眼中成了我修炼的机会。

我在“听话”的系统中长大，认为乖顺听从就是好孩子。过去的教养观念，让我复制那样的教养框架，常用讲道理应对孩子，还要应对打骂指责的老公，问题很少得到解决，反而引爆更大的情绪冲突。在很长一段时间里，我感到相当纠结。对于自己的情绪，既不觉察也不接纳，也不容易接纳孩子的感受。

这几年的学习之后，对自己探索多了，对自己的感受、观点、期待与渴望，是如何形成的，我有了更多理解。我逐渐能在事件中意识到自己的情绪，跟自己的情绪相处，与人沟通时比较能进行和谐一致的表达，对他人的联结也更深了。这一路走来，都很不容易。

我看着身边的宝贝，她神情轻松多了。

“瑄瑄，我们这样散散步，坐着聊天，你感觉怎么样？你喜欢吗？”

瑄瑄眼神澄澈发光，像公园中的装饰灯一样亮闪闪的，她说：“很开心啊，喜欢啊。”

“母亲抱一下好吗？我很爱你，以后有什么事情，你觉得开心、生气，或者难过了，只要你愿意说，我都愿意听。”

刚刚冷冽而强劲的北风，渐渐地缓和下来，但此刻气温甚低，我牵起她冻得发凉的小手，放进我的口袋：“会冷吗？”

瑄瑄说：“不会啊。手放在你的口袋里很温暖。母亲你的手好冷，我们赶快回家吧！”

我的手虽然很冷，心却是暖暖的。

本文分享者：蔡倩渼，服务于金融保险业。学以致爱·华人学习成长中心讲师。

身心与关系，已默默地转变

过去的我常逃避。遇到困难、挫折，或者危险，先逃避再说。要逃往哪儿去呢？也许，最初的目标，就只是逃离“家”罢了。

记忆里的父亲，对我来说，是我想要靠近却又那么难以接近的人。

因为父亲，家成为我想逃离的地方

父亲的权威让我紧张，一不小心就会被他指责，即使跟父亲说：“别那么凶。”他会说：“这样哪有凶？我还没骂人呢！”无论什么理由，他都能当作骂人理由。

我与父亲的关系越来越疏离，越来越冷淡。年纪稍大一些，我开始嘴上反击，心里有话宁愿藏起来，也不愿意对他说。家里充斥着抑郁的气氛，让我难以呼吸，我不知道怎么回事，只是觉得大人非常差劲！

我在青春期时，一有机会就往外面跑。

我还记得每次离开家，进入台北车站大厅，车站的冷气就会灌入鼻腔。那股冰凉的气息，对我而言是“自由的味道”，全身轻松愉悦得不得了，我会在大厅多站会儿，享受轻松，以及这奢侈的自由！

家庭的冲突、压抑与疏离，并没有随着时间而获得解决，反而愈演愈烈。一直到母亲病逝前，她还曾问我：“为什么我们家会变成这样？”

母亲的话语，引起我强烈的不满，愤怒在心里呐喊：“变成这样子，难道你不知道原因吗？还要问我吗？”

母亲离世之后，我回家陪伴父亲，两人经常相视无语，一天最多两句话：“爸，吃饭了”和“爸，你吃饱了？”。

他也固定地回答我：“嗯，餐桌等会儿给你收。”

我以为父子关系，大概会这样持续到生命的尽头。

偶尔看着父亲斑白的鬓角，心里挣扎着问自己："这样的关系对吗？我可以做点什么？"

但是，我又逃开了。

遇见萨提亚，我开始尝试和父亲对话

直到参加一场在学校举办的萨提亚对话讲座，未料我听完讲座之后，飘浮的心踏实地落地了。

我很认真地并在直觉上认定："这就是我要的东西！"

此后我参加了工作坊，课后带着作业回家，意识到马上就要面临大挑战。

当时父亲回来得很晚，我一个人待在家里。我想回自己的房间，并且在餐厅为父亲留一盏灯。

不料，父亲刚进门，在玄关处看到餐厅那盏灯，便大声地呵斥并质问我："人不在那里！为什么不关灯？"

那时，我刚出房门，却迎来这句责难，心里相当难受。那句质问像利箭扎进我的心里，紧接着我意识到一股愤怒从心里猛然升起。我决定不跟他交谈，转身径直地离开现场，也就是"打岔"的姿态。这正是我惯用的逃开。

但我又想起课后的作业，在心里演练"对话剧本"。

我硬着头皮问他："爸，餐厅的灯没关，你很生气吗？"

他放下板着的脸，缓缓地说："其实我没有生气。"

听了他的回答，我耳里发出嗡嗡的声音。

我停留在自己的世界里面。直到父亲又念叨其他事情，我才回过神来。我知道无法再继续了。虽然只成功对话了一句，但是我看见改变的可能。从那一天起，亲子关系有些不同。

自此我每日学习觉察，联结自己的内在，学习对话，练习联结他人。

长久地练习，身心逐渐转变

转变并非旦夕之间，而是长久练习的结果。

今年的除夕夜，叔叔阿姨邀请我和父亲去他们家吃年夜饭，我和叔叔阿姨在互动上迥异于以往。我不像以前默默地吃饭了，居然可以跟阿姨、叔叔酣畅地互动。这是我很少出现的样子，我发现自己与人的互动改变了。

父亲在哪儿呢？我看见他一个人，坐在稍远的位置，默默地滑着手机，手机播放春节的影片，影片声音压过众声。我转头看着父亲，思索着要说些什么。

就在转头的一瞬间，我在脑袋里自动地播放“惯性画面”，那是对父亲的指责，觉得他的行为很失礼。过去我的应对方式，会要求他将音量转小，甚至话语里带着酸言酸语。这与父亲对我的方式如出一辙，我还能听见指责的声音。

但是我的脑袋里闪入另一道光，那是父亲的身影，接着我看到了很不同的景象：父亲是孤单的灵魂，犹如一个小男孩般想引起大人的注意。我也看见自己的不同，那一刻我有了想要关心他的念头。

我挪动身体靠近父亲，也缓和了语气：“爸，你在看什么呢？”

他回答：“哦，朋友传来的贺年影片。”

我接着问：“是朋友传来的啊！好看吗？”

他点点头说：“好看啊！”

父亲回应我时，关掉嘈杂的影片，将手机收进口袋，加入餐桌的互动之中。

我的内在不同了，与他人的互动也不同以往了，父亲也有不同的反应了，我与他之间的互动带来截然不同的结果。我讶异自己身上的转变，也庆幸自己在萨提亚模式、自我觉察与对话练习中的努力，一路走来没有放弃。

内在的改变，让我看见父亲的爱

现在我与父亲的关系有了很大的改善。虽然父亲仍是他原来的模样，但是我已经有了好的应对方式。我拥有更多的选择，也能看见父亲对我的爱，我也能表达对他的爱，并且可以不再压抑，如实地呈现我的想法。

当我开始有更宽广的视野，与父亲之间疏离的关系在我眼中也有了不同的模样。过去，我与父亲之间因权威产生的距离，是我痛苦的来源，疏远之因来自我不知如何靠近父亲。其实，我在惯性距离之中，可以安全地、自在地做任何我想要做的事情。现在，父亲的“不懂得”，成为一种支持，这是我新的“看见”。过去我曾视之冷漠，现在却清楚地看见，那也是父亲的爱。

这些转换的经验，让我在演讲的时刻，更能体谅在家庭中沟通困难的人，也更能共情家庭出现困境的参与者，帮他们在黑暗中找到方向，给他们支持的力量。

本文分享者：纪宗佑，经过萨提亚专训并结业，也是成长工作坊的带领者。

从自我觉察到刻意练习

孩子的不耐烦让家长无能为力

一位母亲说起与孩子相处，孩子总在她询问两三句后，带着很强烈的情绪回道："你不要再问了，很烦呀！"

孩子这样的回应，总让她词穷，不知该如何与孩子对话。

老师问她："当时的你，听了有什么感觉呢？"

老师的问话，是让母亲觉察，进而照顾自己。

这让我想起过去的自己，当时女儿经常面无表情，或者摆明一脸的"你很烦"。即使回答我的话，通常都是"没有""不知道""嗯"。当然，女儿也经常完全不吭声。

我总是失控地大吼大叫："你这是什么态度？你做错事我还不能说吗？你以为我喜欢这样吗？如果不是你每次都这样，我会发脾气吗？"

就这样，孩子渐渐地隔绝了自己，也隔绝了我这个母亲，再也不发表意见，经常是冷淡且无所谓。在人际关系方面，她却像只刺猬一样。

重新联结内心的爱

对女儿，我从生气到无力，想放弃却做不到，在混乱中拉扯着自己，悔恨、自责、懊恼……头脑中经常会出现刺痛自己的想法：你是个差劲的母亲、失败的母亲，你很糟糕……

我开始学习自我觉察，也学习如何对话，我总是碰一鼻子灰。

我得回来面对这些挫折、失落、失望、难过与伤心，然后再带着勇气和重新挑战的意志，去敲孩子已经关上的心门。

有时候，我生一肚子气，却只能离开现场，因感觉不受尊重而受伤。

我在心里呐喊：我是你母亲，你怎么可以用这种态度对我？

在这种情况下，我练习面对情绪，陪伴受伤的自己，也练习对话。一段时间过去了，从生气地离开现场换成带着满满的委屈和失落离开现场。我内心有个沮丧的声音：我想关心你，你怎么总是拒绝我呢？

还有时，我是带着满满的沮丧和无限的自责离开的。我内心的声音是：我好失败啊！我原来是个糟糕的母亲……

这些情绪与观点卡着我，让我无法继续与女儿应对，我只能一次又一次地回来陪伴自己的情绪。生气时找适合的方式，发泄自己的愤怒；难过时躲起来，好好地哭一场；沮丧、失望时看看自责的自己，重新去爱自己。

爱自己，才能和孩子勇敢地表达爱

一段时间渐渐地过去，我能稳住自己了，开始有了能力，能与女儿面对面地沟通了。

再次面对相同情境，我能安稳地告诉女儿："我想听听你的想法。我想更了解你，而不是想说服你照我说的方式做事，或者想要改变你。我只是想跟你更亲近，因为我很爱你。"

又过了好长一段时间，通过女儿的观察与验证，她看见我的改变，相信我出自真心，这时她才愿意渐渐地打开心门。

回顾那段日子，我心中充满感谢。

感谢当时那个没有放弃的自己，找到了安顿自己的方式，学习觉察、静心、倾听、陪伴、感受，慢慢地找回爱的联结。

现在，我和女儿还是有意见相左的时候，也有怄气、难过，感觉无法沟通的时刻，但是我有了更多的觉察，也能倾听孩子的声音，对孩子不轻易批评、不说教，接纳孩子的独特之处，接纳她长成她自己的样子，而不是我想要的样子。如今她不再剑拔弩张地去回应这个世界，不再需要冰冷的保护色，她的世界也开始变得温暖而有色彩了……

正因如此，我有了跟外甥对话的能力。

接纳情绪中的孩子

那天，我到妹妹家吃晚餐，外甥因为功课而嘶吼，想要他的母亲帮忙写功课。

我看了妹妹一眼，妹妹淡定地说："这阵子只要遇到写生字、组词练习，他就会这样嘶吼，僵持两小时左右。"

我继续陪着外甥女吃饭，也听着外甥不停地哭吼着。

妹妹用温柔而坚定的声音，不断地跟孩子说："妈妈会陪你写，帮你翻字典也可以，但是我没办法帮你写……"

我心里满是佩服之情！想到当初的自己，面对这样的情况，早就噼里啪啦地骂孩子一顿了，甚至再加上棍子在旁威胁了。

这样过了一个多小时，外甥的声音都沙哑了，于是我叫了外甥，说："宝贝，过来大姨抱抱好吗？"

陪孩子学习对自己的事负责

我走过去抱起他，边拍着他的背边问着："你现在很生气对吗？"

"嗯。"

"大姨知道你生气了。"

"你刚刚哭了很久，你觉得很难过，是吗？"

"嗯。"

"大姨知道你很难过。"

过了一会儿，外甥的哭闹声渐小了。

“你难过是因为担心待会儿不能看手机，是吗？”

“对。”

“你希望母亲帮你写功课，很快地完成该做的事，然后去看手机，但是妈妈不帮你，所以你对妈妈很生气对吗？”

“对，她不帮我，我要看手机……”

“好，大姨知道了，你可以生气，可以哭，大姨会陪你。”

外甥的情绪渐渐地缓和下来，哭声也停了。

我继续问外甥：“上星期也是跟今天一样吗？”

“对。”

“最后妈妈有帮你写吗？”

“没有。”

“上星期，妈妈没有帮你写，刚刚她也说你得自己写，你觉得妈妈今天会帮你写吗？”

“我就是要妈妈写。”

“你想妈妈帮你写啊？”

“对。”

“我知道你希望妈妈帮，但是妈妈说不能帮你写了，那怎么办？”

外甥没有回应。

“你最想赶快完成，然后看手机对吗？”

“对。”

“我陪你一起写，可能会有机会，你要吗？”

“不要。”

“你希望明天带着没写完的功课去学校吗？”

“不要。”

“宝贝希望自己完成功课，明天带到学校是吗？”

“对。”

“宝贝是希望自己完成功课，而且表现好的，对吗？”

“嗯。”

“我听到宝贝这么认真，想要完成功课，觉得认真的你好棒啊！你上星期哭很久，后来有看到手机吗？”

“没有。”

“今天也是哭了很久，可能也看不到手机了。这样下星期，你还要一样哭很久吗？”

“要。”

“我们试试看，一个新的方法好吗？”

“不要。”

“你当然可以继续哭，不要试别的方法，只是这样的结果，就会跟上星期，还有今天一样，看不到手机。你想要这样吗？”

“不要。”

“你最想要赶快完成该做的事情，可以看手机，对吗？”

“嗯。”

“现在用哭的方法，看来是很难达成看手机的愿望了，我们一起来想个可以达成的方法，好吗？”

“好。”

“我很开心宝贝愿意尝试新方法哟。”

我的妹妹接着说：“那过来，我陪你写功课吧！”

写完功课后，我说：“你只用了不到三十分钟就完成了呢，你是怎么做到的啊？”

孩子耸耸肩。

“是因为你刚刚很专心吗？因为我发现你只有不会组词的时候，会停下来，其余时间都是一直专心地写功课。”

外甥笑着说："好像是。"

"所以专心地写，就可以很快写完，对吗？"

"对。"

"我觉得专心又认真的你，好棒！那我们下星期，也用这样专心又认真的方法试试看，好吗？"

"好，可是大姨你要陪我。"

"大姨很想陪你，但是我不知道，你什么时候会写生字、组词。如果我不能来，用电话陪你可以吗？"

"可以！"

"好！你会记得用新方法，还是要大姨提醒你？"

"要大姨提醒。"

"好，你要写生字、组词的时候，请你妈妈打给我，我可以提醒你，我们用新方法，这样好吗？"

"好！"

帮助孩子创造学习的新体验

一星期后的晚上，电话来了。

"大姨，我今天要写生字、组词了。"

"要准备开始写了吗？你还记得我们说要用新方法吗？"

"记得，我现在要开始写了，你开视频通话陪我吧。"

就这样，一次新的成功体验产生了，这次外甥稳定、开心地完成了应做的事项，当然也如愿地看到手机了。

在亲子关系触礁后，窒碍难行的过程中，我接触了萨提亚的成长模式。在学习多年之后，我找出了自己过去不曾见的资源，也看见孩子的正向力量。在积极探索自我之后，练习联结自我，接纳完整的自己，改善亲子的关系，也让我对困境中的家长有了更多的理解，可以更好地陪伴他们走过一段路。

本文分享者：洪珊如，亲子对话的特约讲师。

亲子间的坦诚联结

小K的老师来电话了。电话声响起时，我看到老师的名字，心里泛起不祥之兆，这样的判断来自小时候的经验，老师联络家长准没好事。

老师的投诉

我带着揣测接起电话，果不其然。老师细数小K在学校的种种表现，下课带同学去垃圾场探险，跟同学在中庭抛接果实，还在奔跑时受了伤……举凡老师说不能做的事，他大概都尝试了个遍。

在母亲的眼里，这些算小事，男孩好奇而爱冒险的天性，能适度地发挥也不算坏事，不过后来老师提醒我："您有注意看联络簿吗？"

我这时的内心有疑问：这是什么问题，怎么还管我有没有认真看联络簿呢？

我立刻解释道："有时候是小K的爸爸看，怎么了吗？"

老师说："你有看到昨天的联络簿上，我用红笔留了言，而留言被涂掉了吗？"

我心跳加速，内心的声音又响起了：此事非同小可，小K把老师的字涂掉，我还真没注意。

我略显着急地跟老师说："我跟小K确认一下，谢谢老师的关心。"

回应老师的时候，我已经觉察自己有点心不在焉，且想草草结束对话。我感到自己忧心忡忡的：我可以做什么呢？

讲电话的时候，小K正坐在我旁边，埋头写着功课。听到老师打电话来，他大概也心头一惊吧！

我翻开联络簿，仔细地看了星期四的那一页，果真有老师的红字，也有修正带涂抹的痕迹，但是小K可能不太会用修正带，涂掉后还是露出了许多红字。

母亲的自我觉察

为何小K要将红字涂掉，而不愿意坦诚地跟我们说呢？

我的内心很烦躁，思绪混乱不安。若是过去的我，遇到老师投诉，挂了电话之后，一定会脸色铁青地审问小K。

但我学习萨提亚模式后，内心多了一份觉知与对应对姿态的反省，我常在内心问自己："这样的应对是我要的吗？"

我看着小K的联络簿，在那片刻之间，千百种感觉冲上来，最容易觉察的是"生气"，但是我发现"生气"并不多，反而更多的是"惊讶"，小K宁愿冒险涂改，也不愿意跟我们说实话，这让我感到"难过"和"沮丧"。

到底发生了什么事呢？我是糟糕的母亲吗？小K做错事了，竟然宁愿冒险，也不想让我知道，这不是我期待的亲子关系呀。

我停顿在混乱的时刻，脑海闪入一道光，也像一条引领我的线索。我静下来，安顿自己的心，也送一点氧气给自己。

小K坐立难安，问我："怎么了？老师说什么了？"

我指着联络簿被涂掉的地方，问："发生什么事了？你把老师的红字涂掉，你担心妈妈看到吗？"

小 K 这时低下头，不说话。我能感受他的紧张与不安。

以提问了解小 K

我知道症结在过去，我通过回溯问他："小 K，以前你做错事时，我是不是很凶地骂你来着？"

小 K 点点头说："对。你还会处罚我。"

我说："你因为担心妈妈又处罚你，所以你不想让我看到老师的红字？"

小 K 难过地点点头说："因为上次我不小心把杯子打破了……"

原来是过往的经验，让小 K 有这样的担心，母亲在情绪风暴中，会很生气地骂人，这让小 K 的冰山形成了，所以他会有这样的应对——将老师的红字涂掉。

当小 K 打破杯子时，我没有告诉他，我其实感到很遗憾，被打破的那个杯子是我年轻时重要的纪念。当时我爆冲出来的怒气，一股脑地都撒在了小 K 身上，大骂小 K 一顿，警告他以后不准拿陶瓷制的杯子。

我的内心思绪流转，这是我的家庭图像吗？我很肯定地说"不是"。如果不是的话，我愿意改变吗？

我再度安顿自己的情绪，思索着可以如何做，才能比较接近我想要的亲子关系。

"小 K，妈妈过去会很凶，曾经骂你，甚至处罚你，让你害怕，是吗？"

小 K 难过地哭了，点点头后回答："是。"

面对孩子，坦诚表达

"小 K，妈妈也不喜欢这样，也想要改变，你可以帮妈妈吗？"

小 K 有点不知所措，他的眼神仿佛在问我：他可以做些什么呢？

我接着跟他表达："下次妈妈生气的时候，我会停下来深呼吸，提醒自己的态度。如果妈妈还是凶巴巴的，可以请你鼓起勇气，提醒我吗？"

小K听到我的一番话后，并没有立刻回答。

而我说了那一番话之后，已经红了眼眶，我跟小K又说了一次："妈妈想要改变，有时候还是做不好，我需要练习，可以请你陪我练习吗？"

小K看来有点疑惑，但是他点点头。

"谢谢你，小K。虽然妈妈之前没做好，但你还是愿意陪我练习。"

小K难为情地说："其实妈妈已经比较不爱生气了，我记得中班的时候，您更常生气。"

我这时出现心里话：小K你的记忆力真好。作为母亲的我哑口无言……

我很坚定地提醒他："不过，老师用红笔写在联络簿上的留言，你不可以自己涂掉，自己涂掉是不对的行为。"

小K点点头，表示他知道了。

我给了小K一个深深的拥抱。我想我还是会生气，不过下次情绪风暴来袭时，我会记起与小K的约定，生气是我自己的情绪，我不该任意地将气撒到小K身上，这是从来没人教我的事。

小K的应对似乎教会我，孩子就像一面通透的明镜，亮闪闪地映照着我的一言一行。我得明白自己的内在发生了什么，觉察并接纳自己的感受，别用爱之名来包装情绪。

小K就像皎洁的月光，映照着我的一举一动。任何情绪喷发前，我得专注地与自己同在。唯有不断地练习，与自己更加靠近，才能与家人靠近，一步一步地接近心中的家庭图像。

本文分享者：谢姵颖，常至各级学校、机关、团体演讲，带领读书会。

蓦然回首来时路

这两星期跟孩子在一起时，我有好几次遇见陌生人。他们看到正手忙脚乱地带孩子的我，纷纷跟我说："你的孩子好幸福。"

我疑惑地跟路人说谢谢，但在半个月之内，同样的事发生好几次，让我不得不臣服，也谢谢生命的提醒，也许，我真的走过来了。

彷徨来时路

2016 年 1 月，我陷入中度忧郁，有恐慌与幻听，每天靠酒精下肚，才能对孩子和丈夫笑出来。

每当夜深人静的时刻，我的思绪高速运转，使我彻夜难眠，痛苦到都想自我了结。在丈夫与孩子熟睡后，我起身出门，曾经开车撞到墙上，吓到丈夫、孩子，也惊扰了邻居好几次。

有个声音，一直在我耳边不断地回荡："放过你的丈夫跟孩子吧，让他们找更好的女人，来守护这个家吧。你只会伤害他们，对他们说尖酸刻薄的话，你会拖累他们的人生……"

丈夫及许多朋友都关心我，并且陪伴着我，我仍对自己的存在感到深深的抱歉。

唯一让我留下来，没做傻事的原因，是我想到离开之后，若有人问起孩子"你的妈妈呢"，恐怕孩子和丈夫会不知如何作答吧。对他们而言，我的离开是他们的生命中很大的伤口，我不允许自己伤害他们，但是我又该怎么办？

我继续看诊吃药，也阅读、运动、使用精油、吃花精、冥想、静心、参加工作坊、七天的闭关与其他各式心理治疗活动。只要有一点点机会，我都会去尝试。我一直在找寻，让内在平稳的方法。

如今我已经改变，不再是过去的那个人。

我一步一步地更懂自己，也能更接纳自己，渐渐地重燃对生命的热情，也能分享生活中的快乐了。

重整自己的冰山

学习萨提亚模式，以及在学习中结识的一群懂得对话的伙伴，彻头彻尾地改变了我的人生。

我最早参加的课程，是罗志仲老师的课，我与他对话的主题是“我真的很想自杀”。

在志仲老师的引导下，我见到当年想自杀的女孩——只有十二岁的我。十二岁时，自杀的念头第一次在我的脑海中浮现。她坐在我的面前，我对当年十二岁的女孩说：“若你想死就快点行动，不要再拖下去了。现在我已经三十三岁了，从十二岁到三十三岁，你会遇到更多爱你、关心你的人，他们是你的朋友、你的丈夫、你的孩子。你越晚走，越会让更多人伤心。都是你当年太胆小，我才会现在还痛苦地活着……”

谈话是怎么结束的，我已不大记得了，但从最初呈现的谈话来看，我对自己完全不认同，无法接纳自己，我的人生一直在矛盾中行走。

从那时候开始，志仲老师陪伴我，帮我渐渐地认识了自己的冰山，认识自己的感受，并且学习如何接纳感受，认识在意识中绑住自己的观点，学习转换自己的规条，学会放掉未满足期待，去看见与爱自己，从而改变了我的冰山状态。

我从不爱惜自己到渐渐地愿意接纳这样的我，走过了艰难的历程。现在，我虽然心里还有杂音，但是已走过大半程的内心风暴之路。面对孩子的争执时，内在的感受不再纷乱，比较容易稳定住自己，渐渐地活出了自己的样貌。

如今我受到路人的称赞："你的孩子好幸福。"证明这一切在默默地转变。我回首看自己走来的一路，发现如今站上讲台的自己，可以在讲座或工作坊现场，帮助需要的人修复关系，带领学习者学习认识自我，并在读书会中与学习者们讨论与深化所学的理论，我感觉无比幸运与感激。

本文分享者：洪善榛，对话推广讲座的参与者。

从停顿开始，改变家庭图像

学习萨提亚模式之后，学员偶尔与我分享，虽然学习了对话却屡屡受挫的辛苦。我何尝不是如此呢？即便学习了一段时间，我也时常对自己生气，对自己感到失望。

在我学习对话之前，我很少和家人谈话，学习之后想要练习，却又老是卡住，最后以争执收场。那是一段非常混乱、让人倍感挫折的日子。

虽然现在我与家人偶尔还会争执，但是不同的是，现在我已渐渐地愿意原谅自己，看见自己的认真实践，再想想看如何做得更好。

与母亲对话不容易。母亲的生命历程，有许多的委屈、无力与怨恨，她一旦与人相处，就希望被全然地倾听，希望被倾听者同情。

然而，她充满情绪的激烈评论，与我的生命经验、观点有巨大的落差，我们容易陷在这里，落入争执之中。

停顿，改变了互动的节奏

后来，我努力落实一个练习，那就是"停顿"。

伙伴曾同我分享，有位认真的老师，为了练习听母亲说话，在每次出现辩解冲动时，咬住自己的舌头。

听到这故事的当下，我的内心有极大的触动，并且非常尊敬这位老师。这位老师抱着什么样的心情做出了这样的决定？又是下了多大的决心，想方设法地做这么困难的练习呀？她怎么有这么大的愿力，又是怎么想出这个方法的呢？

停顿，多难。

于是，某一天，当母亲再次激动地控诉时，我的理智线将断裂的前一刻，我咬住了舌头。牙齿的坚硬触感，提醒了当下的我："此时此刻，我真正想要的是什么？在这儿与母亲辩解、说道理，是帮助我更靠近母亲，还是更远离母亲呢？我是为了什么，决定咬住自己的舌头，停在这里的呀？"

母亲仍在滔滔不绝，言语中都是受伤。

我能感到她的呼救与伤痛，但是在那个当下，我决定停下我的指责，也停下我想拯救她的惯性应对，我开始深呼吸，先回到我的内在，观照那股几近爆炸的混合着不耐、怒火与委屈的情绪流。我进而想象伙伴们的手放在我的肩膀上，给自己温暖与力量。

这样良久之后，母亲觉察了我的沉默，也迷惑地安静下来。

我们就这样沉默了至少十分钟之久，最后，她突然问了我一句："你怎么哭了？"

我们两人的互动，从这里开始有了变化。

如其所是地接纳

我停止拯救、指责母亲，让她有一个空间，从自己伤痛的剧本中停下来，觉知到我此刻的状态。

如今，在母亲、弟弟与我之间的沟通模式中，已经多了一点关怀、感谢的联结。虽然我们的改变微小而笨拙，但是确实有光透入关系之中，让关系朝好的方向发展了。

亲近关系中的改变，本来就不容易。

即便只是一个停顿，也是一个好的开始。只要停止惯性的应对，愿意停留在那个当下，就可以停止伤害性的反应。即便没有完美的好奇，也会让这段关系有了更多一点的空间，允许不同的可能发生。

我和我的家人，绝不是奇迹似的发生转变，而是如同《原子习惯》一书中所讲的一样，“在每一个当下，是否愿意有意识地选择”。我问自己：“我是否要做一个不一样的、带着爱的应对？即便是笨拙的、失败的，我能否接纳，并且去欣赏自己这份愿意为出现不同的可能而努力的勇气？”

我相信在每个人的生命中都有这样微小的光点存在，那便是惯性的缝隙。我只要注意缝隙，停顿在此处，并且深入地去觉知，就能渐渐地平等地看见自己的不足与资源。

这不是一时半刻就能做到的事情，但若愿意给自己接纳、谅解与欣赏，那么，慢慢来，我相信总有可以做到的那一天。

本文分享者：程馨慧，心理师。

通过回溯，让情绪流动

在过去的传统教育中，遇到孩子有情绪时，通常会跟孩子说“不要哭”“不要难过”“不可以生气”。

如此一来，情绪就会不流动，也许暂时可以压抑，但是久了便会出问题。很多心理问题都来自情绪没有流动。

如果情绪不疏解，可以记得很久、很久，我就有这么好的记忆力，我的儿子也是这样。

当时我还不懂冰山，不理解情绪的教育。

过去应对的经验

儿子在三岁左右时，因为他太吵闹，造成很不可理喻的局面，我也不想打骂他，因为经验告诉我，打骂他，会让他的反抗更激烈。于是，很苦恼的我将他关在洗衣间，他情绪还是非常激动，疯狂地拍打洗衣间的玻璃门。此后他一直记得，每年都提起好几次，我都会跟他争辩："那是因为你不乖，所以我才处罚你。我已经很克制了，为了不打你、骂你，我才把你隔离。"

我为自己的行为找种种借口，将其合理化。我很感恩后来学了关爱教育和萨提亚模式，才知道他为什么一直旧事重提。不是因为他很会记仇，而是因为他的情绪被压抑了，心结一直都存在。这是"心灵的伤，身体会记住"。

今年寒假，孩子已经九岁了，他又突然旧事重提了。我认为这是好时机，和解的机会来了。我诚挚地向他道歉，表达当时不知道如何沟通，让他受苦了。

回溯让孩子的经验重现

可能心结太久了，一开始他并不原谅，我于是关注他当时的感受。

我问："你当时被母亲关在洗衣间里，你是不是很生气？"

孩子说："对啊！我在里面一直拍门，你都不理我，然后我看见你还坐在书桌那里背广论！”

我问：“你希望妈妈用更好的方式对你，是吗？”

孩子说：“对啊！你学佛的人怎么可以这样？”

我说：“我当时的处理方式，让你心里很难过吧！”

孩子听到后，哭了。

我说：“对不起啊，妈妈现在知道了。你当时既生气又难过，还很失望吧！”

孩子继续哭着，但是点点头。

我说：“妈妈跟你说对不起，希望你原谅我，我很爱你。希望你快乐。”

孩子这时说：“好啦，原谅你啦！”

我说：“谢谢你！”

过了几天之后，我问孩子：“还为那件事生气吗？”

孩子说：“没有了，哪会生气那么久呢？”

我心想他都气了六年了，这还不久？六年后提这件事，他前几日还是那么生气，还是那么悲伤，不过总算有机会重新谈过，也让他的情绪健康地流动起来了。

本文分享者：赖冠颖，福智文教基金会亲职教育讲师。

深度的倾听与对话

学了点中医，试着帮母亲把脉。

“帮我看看心脏如何？”母亲说。

几年前医生提议，让母亲动手术。母亲最后决定，喝中药作为治疗。最近经中西医检查，已没有大碍，但她心里仍有阴影。

以好奇让母亲说出心声

“妈，你很担心？”我轻按她手上的寸关尺，引导她觉察情绪。

“担心啊。”

“但中西医都没再说你心脏有事。”

“我年纪大了，难免会担心。”

“那要怎么样才不担心？”我微笑着问。

她停顿了一会儿，问：“你怎么想出这样的问法啊？”

她一脸好奇。

我解释说学习中医，还有萨提亚模式，家母即心领神会，虽然想不出答案，但已进入内心的联结。

我们的话题转到“人人都有情绪”上。

母亲说：“其实没有好害怕的，我明白年纪大，就是多病痛。”

我核对道：“你不怕年老，只是担忧自己的心脏。”

“嗯，是担心。”

我再次核对道：“你说不会怕，但心里有担心。”

母亲点点头。

“内在很矛盾。”我回应。

“是很矛盾。”母亲确认道。

停顿，给足对话者觉察情绪和想法的空间

我以平静的语调提问：“听起来，你在很多事情上都会有担心，也有悲伤，但脑子里出现‘有什么好怕呢？我不要再哭’之类的话，是吧？”

母亲进入沉思。我让宁静的气氛流动着。

“我不想自己老是生病，成为负累。”

“妈，”我停顿下来，说，“你是担心，你生病了，会成为我和弟弟的负累？”

除了电视机里传来的电视剧的对白，客厅里出奇地安静。

“妈，”我再次停顿，然后接着说，“你真的肯定，我和弟弟，有这样的想法……”

我以更平静而温柔的声音，关心地问：“你真的认为，我和弟弟觉得你是负累？”

我再停一停，说：“妈，我们不会这样想。你是生我们的母亲。”

母亲略低下头，哭了出来。

我轻拍她的手背说：“妈，你可以哭。”

让情绪流动了一会儿。

让母亲欢迎“没记性的自己”

我们又聊到其他的情绪，母亲忽然评价自己“没记性”，她近年来习惯了发生什么事，都是先说自己不对。

“觉得自责，对吧？”我问。

母亲用手擦泪水，点头称是。

“我知道。”我微笑着轻拍她，“因为我也是这样。遗传了你的习惯，很容易自责。但是现在不这样了，我已决定不再这样了。”

“为什么？”她问。

“因为自责没有用处，对身体还有害。”

母亲思量了一下，回应说：“也是。”

“我邀请你，不要自责。你愿意接纳容易没记性的自己吗？”

“愿意。现在不接纳也不行。”

“可以欢迎‘自己没记性’这个状况吗？”我追问。

“欢迎？”

“嗯，‘欢迎’这样的自己。记不住，就随它记不住！”我轻轻地说。

“也是，记不住也无所谓。”

我将搭着她腕骨的手指松开：“你现在的脉象，平和了很多。”

（得到母亲允许，写下来作为纪念。）

以好奇倾听对方，再表达自己

崇建听后回应道：“儿子利用为母亲把脉，与母亲进行交流。当儿子接纳母亲和她的情绪时，就能更进一步靠近母亲。儿子进而表达自己：表达自己的历程，也表达自己的关心与接纳。这是母子间深度的交流。”

本文分享者：田少斌，于香港担任校长，在香港推广对话，推广自我照顾。

从孩子的挫折，看见过去的自己

儿子读小学一年级了，他写完数学练习题，请我帮他订正。

儿子有两道题答错了，我们讨论问题出在哪儿后，得知一题错在题意没弄懂，另一题错在“九九乘法口诀”不熟。

觉察情绪的我，不再破口大骂

“九九乘法口诀”不熟，让我有些惊讶，我印象中儿子去年就背起来了。我的认知是，“九九乘法口诀”一旦背熟，就会像条件反射动作一样脱口而出计算结果的，他怎么会忘了呢?

我脑中浮现一个想法：这家伙不够认真，才会背得不熟，必须多加练习才行。我要他拿出“九九乘法口诀”表，坐在我旁边复习。我感觉在这个过程中，自己语气、态度和缓且稳定。但是，小儿子一坐下，两行眼泪就流下来了，开始低声地啜泣。

此刻，我感觉胸口有烦闷、焦躁的情绪，还有点生气。

除了觉察情绪，我还觉察到思考，此刻环绕着一个念头：“知道自己不会，还不主动想办法。我好好地跟你说，要你多练习，你还给我哭，这是什么态度？”

若是早个几年，我肯定破口大骂：“哭什么哭？不会就要多练习，有什么好哭的？”

这几年我一直在学习萨提亚模式，虽然持续的学习并未让我变成一个不生气的人，但是累积的觉察力，让我在情绪生出或念头出现时，我能马上辨认出来，不再被无意识操控。

从孩子的眼泪里重遇童年的自己

看着孩子的眼泪和自己的情绪，一些画面在脑海中浮现：一个无助的男孩，因为成绩很糟糕，好多人对他指责，将怒气发泄在他身上。那些人是父亲、母亲，还有他的老师。

“你有没有在认真啊？”“花钱让你去补习，你考的这是什么成绩？”“你会不会想啊？”“你没希望了！”

大量指责的话语，好多冷漠、鄙视的神情，抛向无助的男孩。那个无助的男孩，正是小时候的我。

我讨厌那些“为你好”的话语和表情。我也很讨厌当时无能为力的自己。我希望有人相信我，理解我：我也想做好，只是一直做不到，我也很挫败。

孩子遇到了挫折、困难，过去的我也习惯于指责他。经过这些年的学习，我常常问自己，能否做出不同选择？能否先关注孩子内在，问问他怎么了，而不是急着去处理，那些浮在冰山表层的事件？

看见孩子真实的感受

我将注意力专注于内在，通过有意识、缓慢地深呼吸，慢慢地安顿自己的情绪。

"小悠……你还好吗？"

"父亲看见你哭了。"

孩子低着头，轻声啜泣，并未回应我。

我可以接纳孩子，他还在情绪当中，不会马上回应我。与此同时，我仍然觉察内在，仍旧平静安稳，孩子的不回应并未让我波动。

孩子虽未回应我，但对于我的关心，亦没有反弹排斥。于是，我继续带着好奇，想要了解与关心他。我心里有些猜想，想跟孩子核对。

"小悠……你觉得委屈吗？"

"还是你在生气？"

"父亲想知道，你怎么了？"

我说出一句话，伴随长的停顿，让彼此有一个空间，少了压迫感。

停顿了几分钟，孩子慢慢地说出一句话："我……以为……我……做完练习，就可以去玩了……"

孩子一说完，哇的一声，开始大哭。

情绪需要被看见、接纳，才能真正地释放。

"小悠……我知道了，你是因为想去玩，却被我留下来背'九九乘法口诀’，所以很难过，是吗？”

“对啊。我正要去玩，就被你叫回来……”

这时，母亲准备带他出门了。

“想不想要爸爸抱抱你？”我说。

“嗯。”孩子答应着，爬上我的座位，紧紧地抱住我。我们拥抱了好一阵子，他才开心地跟母亲出门。

在坦诚的对话中帮助孩子学会负责

晚上洗澡时，我问他：“上午做完练习，你很想去玩，怎么没跟我说？还照我说的话做，把‘九九乘法口诀’表拿来背？”

孩子诚实地说：“我怕你会生气。”

孩子的答案，与我所想的相同，于是说：“我想也是这个原因。但是，你怎么一坐下来就哭了呢？”

孩子说了理由：“我很想去玩，越想越难过。”

上午他没有说，但此刻说了，我觉得两人靠近了。于是，我继续问道：“后来父亲跟你说话，你觉得还好吗？”

“你有生气！”孩子很直白，因为两人靠近了，不用掩饰想法了。

我不用为自己捍卫，也不用做解释，我只是更好奇，问：“真厉害，你怎么发现的？”

“你有皱眉！”孩子的观察真仔细。

我也坦诚地面对自己：“嗯，我也有发现，原来我生气了。所以我先停下来，没有再催促你。那后来呢？后来跟你讲话的方式，有好一些吗？”

孩子说：“还可以啦。”

父子关系能联结，孩子能感受爱，我轻松了不少。我谈回上午的数学问题："你的'九九乘法口诀'还不熟，怎么办？"

"我会找时间复习。"

"你会记得吗？如果忘了怎么办？"

"你提醒我。"

"爸爸不想一直提醒你，那是你自己的责任。还有什么办法，可以不要忘记？"

"那我写张字条，提醒自己好了。"

"你想把字条贴在哪里？"

"哎呀，我自己会找显眼的地方贴啦。"

一连串的父子对话，是我童年时渴望的景象。我相信没有人想堕落，只要有爱为基础，孩子也能看见自己，能跟大人有更深的联结，就可以往美好的人生迈进了。这也是我在推动对话，推动亲子教育时，最关注的基础。

本文分享者：林良晋，亲子教育讲师，对话带领者。

修炼在日常

六年前有个机缘，我听了一场讲座，生活逐渐变化了，走入了新的风景。

那是一场亲子讲座，谈到了自我成长，也谈到了亲密关系。老师所谈到的他跟父亲关系的变化，对当时的我有很多触动。

我的父亲意外地过世了，因为修理家里的屋顶，父亲不慎从四楼跌下来，当天晚上就永远地离开了我们。我不知道因为父亲的离开，我的内心潜藏了这么多情绪，有生气、愧疚、不舍、难过，也有很多遗憾。

除了不知道内心潜藏了情绪，也不知道如何允许和接纳情绪流动。当我慢慢地学会如何认识自己，这才与自己日渐亲近。在不知不觉中，我已经靠近自己了，能看见自己的爱，也能看见对父亲的爱，生命的能量流动了。

那是一个新世界，我决心深入地学习。那是一个修炼的过程。我认真地参加演讲、参与工作坊，与同侪团体共学。在日常生活中练习，最终经历了试炼，让觉察自己逐渐落地成为我的日常。

但这一切并非都是美好的，没有一帆风顺，我的道路是修炼而来的。

惯性应对常主宰

那是一个寻常的日子，我与老公一早出门，准备送礼给朋友。我除了起床梳洗，还要忙琐碎的事情。而习惯早起的老公早已坐在沙发上，滑着手机在等我。

我设定车子导航系统，察看地图有没有堵车，果真 74 号公路还是常态性堵车。

我向老公说明："堵车，看起来不严重。"

驾车的老公也关心车流，问我："哪一段路在堵车？"

我一直无法搞懂地图，只能回答："我看不出来。"趁着红绿灯变红，车停后，拿手机给老公看。老公看了手机，语气不耐烦，以很大的音量说："这个路线不是中清交流道。"

这是我与老公常会有的对话，接下来会有一连串的应对。这些应对仿佛有剧本，我们自动地会按剧本演下去。

但这一出戏剧，不是我喜欢的剧目，我是不自由的演员。

这时我已经开始学习，那是自由的第一步，却不是自由的终点。

陷入惯性也有觉察

老公的音量很大，这时我有了觉察，一个念头跑出来：老公又在不高兴了。

若依照我过去的惯性，我根本不会觉察，行动上就会立刻反击，用指责回应他。当对方大声地说话时，我的心会受伤，感觉不被尊重，立刻会启动心理防御机制。

每当这样的时刻，我会像一位检察官，指出他哪里没做好，开始攻击他。比如，我会说："你有空滑手机（屏幕），怎么不先查？我要准备礼物，你怎么都不帮忙？你怎么不先做好？你以为我很闲吗……"

我前面提到的场景——习惯早起的老公早已坐在沙发上，滑着手机在等我，成了我攻击的标靶。在我的脑袋里，我看不见全貌：老公愿意等我，那是一份爱。而是看见他滑着手机，不愿意帮我忙。

当时，我没有那样的能力，即使头脑上有认知，我心里也会不平衡。

但是当我有了觉察，发现内在有生气的情绪窜出来，我做了几次深呼吸，调整好自己的情绪。

我认为自己处理好了，但是话一出口，以及随后的应对，都是我的考验。

我跟老公说："我又看不懂，你在家怎么不先看，再决定走哪一条呢?!"

这句话也是指责，仿佛在抱怨他，只是力道比以往弱，但听在老公耳里，应该也不是滋味。

老公沉默不语。

我也沉默不语了，只能将注意力拉回，再次觉察与调整自己的情绪。我感觉胸口和喉咙像卡住了什么东西，很不容易专注，思绪容易乱跑。

这样的状态是打岔。打岔的状态会战胜改变的目标，头脑里会告诉自己：我现在就不想说话。

因为我没有能量，进一步照顾自己，情绪带动着思绪，思绪带动着应对，就呈现了“不说话”的状态。如今，往前看过去，这都是必经的修炼之路，所幸我面对自己很坦诚。

我与老公一直沉默，彼此都很不爽。即使我学习之后，惯性也不易打破。在学习的路上，这是很大的挫败，因为憧憬的风景很美好，自己却总是走不到。

其实“并不是走不到，是时候未到”。想要欢呼收获，就要经历困难与挫折，而我还在路上，并未停止修炼。

我们到了朋友家，跟朋友热情地说话，完全忽视了老公，要等老公道歉了，这出“好”戏才落幕。好好的一趟出游，结果让彼此不开心。

我不喜欢这样的图像，这不是我的终点，只是一个中间的站点而已。

觉察是每一刻的功课

诚实地觉察情绪很重要，照顾自己也很重要，因为在惯性之下，自己很容易欺骗自己。当我有了觉察的能力，愿意坦诚地面对自己，才能以丰富的眼光看自己，渐渐地成为自由的人。

所以，能看见老公的等待和他对我的爱，而不是只看到他坐在沙发里滑手机，这需要我把心逐渐地打开。想要一下子就看见对方的爱也不现实，因为心之眼未打磨。

日常生活充斥着大大小小的摩擦，因为总有很多会引起分歧的非预期因素出现，比如，交通状况等。每次摩擦都是对关系的考验。

后来，我与老公开车去杉林溪赏花，从溪头那一段开始，车就塞到动弹不得，老公怒气又上来了。

老公语气不耐烦地说：“前面的车是乌龟吗？会不会开车啊？塞下去

不知道几点了？”

过去我的应对方式，很鲜明地立即浮现：依照我的惯性，我会对老公脱口而出：“你要是有本事，把窗户摇下来，对前面的车说。你跟我说什么？”接下来，老公会更生气，也就不说话了。

我则会气不过，继续骂他：“一起出来玩，为什么要把情绪丢在我身上？请问我做错了什么事？”

老公十之八九会回我：“如果你早一点出门，就不会堵车了。”

我接着会立刻回他：“现在是怪我啦！你自己脾气不好，干吗怪我……”

接下来，两人继续据理力争。

或者我们又陷入沉默，彼此打岔到下一次。

我看见过往的剧本，剧情那么熟悉又固定。这些惯性的应对，来来回回地上演。很想停下来，却无法停下来。

这些剧本在我头脑中提前上演时，我感觉自己自由了。我随时可以更换剧本，我有能力创造新生活，有能力照顾自己。

这一次我改变了，我的觉察变快了，这就是时常练习的成果。我觉察了过去的惯性，觉察了我的念头，也觉察了我的情绪。我重新做了决定，自我的调整更到位了。

我一次次地跟自己联结，深入自己的内在。我没有进入指责，也没有打岔、沉默，我进入我的内在，很深地跟自己同在，觉得自己当下很自由。我爱的人在我旁边开车，那一刻我感觉幸福。

我看着这个爱我的人，正为我开着车，却受着堵车之苦。他是个可爱的人。当我接触了自己，我就能看见全貌，此刻就有了能量。

学会表达，学会爱

我左手搭着他的肩膀，问：“老公……我觉得堵车，都让我觉得幸福，知道为什么吗？”

老公情绪还在，狐疑地看着我：“为什么？”

我发自内心地说：“因为你在呀，只要跟你在一起，就算是堵车，我都觉得很幸福。”

我看着老公的脸，他的嘴角笑得咧开了，一路咧到耳朵后面了，看来老公感染了我的幸福。过了一会儿，长长的车阵依旧，老公开始哼起歌来，车子里的空气变轻盈了。

这一路的觉察与应对，都是刻意的练习，如果这是一场考试，我也算及格吧。

随着我深入地练习，我改变了，不再惯性地指责，也不再惯性地沉默，我的老公的应对也不同了。

当我开始带领工作坊，我深知普通人大多如此。走在修炼的路上，都要有人陪伴。我同其他学习者一道经过练习觉察，慢慢地调整自己，我们体验到日常的修炼，帮助我们通往更和谐的自我与人际关系。

本文分享者：林雅萍，带领亲子沟通、个人成长与读书会讲座。

通往幸福的路上

儿子九岁那年的一天晚上，因为牙痛早就寝，第二天早上才写作业，奶奶在楼下喊着：“瀚瀚（儿子的名字），快下来呀，你快迟到了，你的功课还没写……”奶奶的语气很急促。

儿子依旧不动如山，仍继续写作业，遇到不会的题目，还询问我要怎么写。我看着眼前的儿子，安静、认真又投入地写作业，心中是满满的感动。若是这情境放在数年前，奶奶着急的催促早就让他发脾气了。

他写完作业了，我试着好奇地问他：“上学快迟到了，你会紧张吗？”

儿子说：“会。”

我对儿子有好奇，问道：“我很好奇的是，你这么紧张，还愿意写功课呀？”

儿子说：“我怕写不完功课，到学校会被老师罚写呀。”

我问：“害怕老师罚写功课呀？那你现在还会怕吗？”

儿子说：“不会了，只剩紧张了！”

我问：“怎么只剩紧张了？”

儿子说：“因为功课写完了，我就不怕了。现在快要迟到了，我才会紧张。”

…………

我们进行了一番对话，儿子下楼吃早餐了。

我在关注儿子的内在之前，关注了自己，试着觉察自己的内在：面对儿子时，有没有烦躁、紧张与焦虑？在安顿好自己的内在之后，我才开启了探索儿子内在的对话。

这幅景象很美好，也是我学习而来的成果。

过往的家庭面貌

儿子五岁以后，有许多不当的行为，家庭成员常摇头叹息。儿子经常愤怒，愤怒时握紧拳头，接着大吼大叫，甚至将桌子翻倒，有时可以持续数小时。这种情况很频繁，每星期发生两次以上，影响全家人的生活。

我从 2017 年开始学习萨提亚模式，也因此走上一条幸福的路。

回想自己的童年，我也是经常愤怒的人，我也不知道怒气从哪儿来。

我与父亲的关系，也是常年处于“打岔”的，比较疏离的状态。父亲只重视我的成绩。每当我拿考卷回家，只要考卷上的分数不超过 80 分，少 1 分就打一下。父亲责备我："到底有没有认真？"

他送我去补习班，结果成绩更惨，因为我和补习班的同学一起去打电动游戏机。小学五年级下学期那年，语文成绩考太差，分数不到 60 分，父亲打我二十多下，扫把都打断了。父亲余怒未消，罚我在神明桌前跪着，从晚上八点跪到深夜十二点，我内心有许多的委屈。

高中毕业之后，我感觉父母不爱我，有很深的被遗弃的感觉。所以我做了决定，高中毕业就去考军校，我一定要离开这个家，想要离得远远的，永远都不要回来。

我内心常年都愤怒，但是我并不觉察。在军旅生涯中，曾有两次"不当管教"。

我任职连队的"辅导长"，每天晚上我要求全连队进行四十分钟的体能训练。由我带头，夜夜如此。队上若有人跟不上，我就大声地教训他们，看着他们完成体训，当时获得一些荣誉。但是我也被投诉了，说我是"不当管教"，我生平第一次被上级严厉地警告。

还有一次，部队实施"演训"。"演训"期间有人偷懒，我非常愤怒地集合全连队，队员全副武装，戴着钢盔，穿着长袖长裤听我在太阳下训话一小时。晚点名时又是"训话加体能训练"，再次被队员投诉，理由仍是我"不当管教"。当时我获得的"绩优辅导长"，因此事件被撤销了。

不只是在军队里，我在家里也常愤怒。当我的要求他们没做到时，或者我的期待无法被满足时，我就是用打骂教育儿女，对待儿子更严厉一些。

有一次，儿子打破玻璃，我念叨他足足半小时，直到他恍惚地睡着。儿子当年仅一岁多而已。写到这里我不禁拭泪，其实当时我是心疼他不小心伤害了自己，但是我的表达都是责骂。

还有一次，儿子在浴室玩起了肥皂泡泡浴，弄得整个浴室都是泡泡。

我看到浴室满地的泡泡，儿子竟然在开心地笑，我的愤怒顿时就上来了，我打他的屁股及身体，儿子声嘶力竭地放声大哭，我还跟他说：“不准哭，哭有什么用！”

当时我生气他的浪费行为，却没有好好地理解他。

觉察与改变自己

过去我从未觉察，儿子的情绪反应与我的对待方式有关。

当我学习萨提亚模式之后，我对自己的觉察渐强，也能深入了解自己，也能跟家人靠近了。在一年前，我进行“自我觉察”时，觉察胸部很闷，于是，我去医院进行检查，发现我心血管有状况，需要立即进行手术。

当我走下手术台，医生再次跟我说：“郑先生，你的血管已经很狭窄了，阻塞 90%了！幸好你来得及时，阻塞 90%以上的病患，随时都有可能不行，你的警觉性很高。”

我的觉察力提高，不仅拯救了自己，也改善了家庭互动。

儿子上学快迟到了，我能够觉察自己，也能够接纳自己，儿子也能为自己负责，这幅图像令我欢喜。尤其我看到儿子的表现，就像老师给儿子的评语那样：他充满着创意，也对他喜欢的事很投入，且不畏惧与人联结。

我走过这些经历，不断地投入学习，让自己改变了。我也协助家长团体，无论是演讲，还是带领静心和工作坊的活动，我的内心都充满喜悦，也很感谢自己走过的人生之路。

本文分享者：郑寓谦，高雄市立鼓山高级中学教官、静心与亲职工作带领者、高雄市探索学校高低空（P.A.）课程引导员、地心探险组组长、攀树教练。

这是世界，而我是自由的

萨提亚对话，对我来说，具有难度，但我一心向往。我期待和谐美好的，与自己、与他人的关系出现。

但是，我既期待，也怕受伤害。

接纳不完美的自己不容易

我一直在等待，等自己长大，依靠自己的能量，平静自在地活着，不再与世界疏离。

除了等待，我也非常努力。每次陷入思维泥淖或情绪旋涡时，我几乎动弹不得，但也没放弃继续学习。

我努力地生活，努力地看书，努力地打开感官，感受这世界的风和雨。我也学习“不努力”，给自己更多的允许，接纳全然的自己。

正如崇建对我讲的：**“你要有目标，自己能站起来，且愿意爱自己。深呼吸，和烦躁在一起。记得吗？渴望爱，又害怕爱。”**

平和安稳地与人对话，我必须愿意先爱自己。以前，我的爱并不真实，我对自己不满意，只有无止境的嫌弃与苛责。

我生长在平凡的家庭，但是受到的管教极为严格。父亲对成绩的期望极高，我即便很认真，也达不到父亲的期望。我只有拿到好成绩，才可以换来他对我露出的一抹灿烂的笑。所以，我还是拼命地努力。

“中中，在学校不准跟功课不好的孩子交朋友，知道吗？”父亲对我耳提面命。幼年，我的朋友极少，只有一个好朋友。她总是班上第一名，父亲同意我与她交往。还好，她愿意跟我做朋友。

青少年时期，父亲罹患严重的忧郁症，整个家庭的气氛高压且惊悚。我考上大学不久，母亲离家了，两年后他们离婚，父亲也再婚。

我的大学历程坎坷，被退学了三次，念过四个系。我经历了七年的大学时光，这段时光像磨损的黑白录像带，躺在记忆深处。我依稀记得，我常躺在宿舍的单人木床上，望着灰黄的天花板想着："为什么人要活在这世上？"

崇建面对我的疑问，这样回应道：**"我不在乎你做了什么，不在乎你是好是坏，我很关爱你，不是因为你的样子。我期望你也像我一样看中中。你用外界的眼光看中中，中中就不曾被看见。"**

回到自己真实的感受里

2017 年初，我在张辉诚老师的倡导下，开始实践并推广"学思达"教学法。我办了一场假日研习，邀请崇建为教官们演讲。那天崇建的每一句话，都像直球对决似的，冲击着我的内在，我的眼泪不时地在眼眶里打转。从那时起，我也开始了学习，这几年学习的经历是一段丰富的旅程。

学习的前两年，情绪起伏，时好时坏，不断反复，非常辛苦和受挫。被负面情绪笼罩时，我总是会深深地自责，觉得自己差劲透了。在那样不稳定的状态下，我根本无法和他人"对话"，但对话又是我的期待，冰山层次中"感受"与"感受的感受"交缠，总把我逼入绝境。

与他人对话之前，我决定好好地爱自己。

崇建在信中鼓励我并为我指明方向：**"决定要爱自己，那就是个方向。无论状态是否跌下去，都是要爱的，是吗？你提到'爱自己'感觉很抽象，那么'不自责'是不抽象的，对吗？起码可以在念头出现时，想办法应对这个念头。回到自己的感受里，回到跟自己联结的状态。先进行这个步骤。"**

萨提亚冰山之下，第一个区块就是"感受"，而爱自己的第一步，就是时时刻刻地自我觉察，回应自己身体和心里的感受。

自我觉察与回应，成了我日常最重要的功课。无论是工作，还是生活，刻意地感觉此刻，如实地接纳状态并且回应，伴随着一吸一吐的深呼吸，让感受回到身体，这就是爱自己的第一步了。

崇建说：**“哭是可以的，也是健康的。但别当受害者，别可怜自己。你要长大吗？你怎么应对呢？允许悲伤，但绝对不让对方决定你的情绪。你很不容易，与悲伤相处，并谢谢自己的勇敢。”**

痛苦的裂缝照进的光

2019年的几个“风暴”袭击，把我所有的努力都打回原形，事件召唤了内在痛苦之身作乱，自责、怨怼、烦闷、焦躁缠绕而生，我陷入极端的低潮。我甚至求助心理科的医师开药，好让我顺遂地工作。那年，我被惊恐障碍缠身，有一次由于过度换气发作，还紧急送医。

但痛苦的极致，也会带来祝福，让人开了天眼，看见一丝慈爱光芒洒落。我告诉自己，这一次，我要靠自己的力量站起来。我不要当受害者，我要长大，我要为自己的生命负起完全的责任。

我直视这些情绪，明白这是过去经验的残留，它们引发痛苦的感觉苏醒，敲响大脑的警钟。我立马辨别当下与过去，而且能做出选择。我长大了，可以选择了。我选择接纳、陪伴，选择不以任何负面思维思考问题。接纳自己的眼泪及脆弱，就会有站起来的力量。

崇建也说：**“生命着实不容易，每一个瞬间都能选择，都能进入当下的体验，就会有更多自由的对应。”**

有一天，我坐在社区图书馆的落地窗前，耳里仅有静默中偶现的翻书声，以及吹冷气的空调嗡嗡作响的声音。我专注地看着窗外：一大片草地，绿茵茵的；暗绿绣眼鸟从电线飞到树梢；阳光从叶片间的空隙洒落，树下一地方格；白头老先生骑着破旧的自行车从草地旁的窄小水泥地上，摇晃而过，自行车的后车座还挂着一把青葱……

那一刻我忽然顿悟，从内在生起来。“啊！这世界没有事（这里是问题的意思），所有的事只发生在我的脑袋里。有事的，是脑袋里的声音。”

那声音不是我发出的，我听到这个声音背后的最深刻的意识存有。那一刻，我有一种深刻又无理由的幸福感，轻飘飘地看着眼前的一切。

所有的关键，原来都在自己的内心，内在稳定平和了，这世界就云淡风轻了。

每天一千次自我觉察

崇建说：**“感觉自己的身体与情绪，有了冲击，就是学习的所在。有高低起伏是必然的，能安顿就行。”**

每天一千次的自我觉察，我时时刻刻都静心，允许及接纳所有生命中的本然，善待在内在游走的每一丝情绪、感受。观望着它们，却不被控制。

这是世界，而我是自由的。

我时常感到内在的能量，在身体里自然地流动，与树联结，与人联结，甚至与整个自然联结，感到无理由的幸福感，那么平静而自在。偶尔也会遭遇乱流，但不至于卷入深渊。有能力分辨过去与现在，然后观望着，等待乱流平息。

我也深刻地感受着，这世界处处皆善意。当我能自处，不再与世界疏离时，就能真心地关怀别人。所以我想，应该可以分享我的自我觉察和实践师生对话了。

崇建老师说：**“陪伴自己长大，关键词是陪伴，也是长大。这些课题，世界给我们的指示太少，或者我们忽略了太多。一路摸索的过程，**

就会艰辛。”

认真检视这几年自己的学习历程，竟是这么不容易，但是我一路走到现在，也从来没有放弃。经过不间断的刻意练习，我慢慢地发现，内在开出一朵幸福的花了。

（附注：中间括号的粗体字，是我这几年遭逢挫折或是身处低潮时，写信给崇建后，他给我的句子。我看着读着，总得到很多力量。）

本文分享者：胡中中，高雄中学教官、“学思达”核心老师，分享主持力、自我觉察及师生对话。

炒螺蛳引起的冰山探索

在我小时候成长的家中，父亲脾气火暴，动不动就大发雷霆；对父亲的行为，我的母亲是喋喋不休地指责，或者逃避；而小小的我，经常是讨好地面对父母，即使有情绪，也只能“打碎牙往肚子里咽”，根本不敢表达自己的想法。

我经常觉得，这根本不是我的家。长大、离家、成家、养育，我与我心目中幸福的家庭渐行渐远。

于是我下定决心学习，就有了下面的故事。

“炒螺蛳”事件只是导火索

孩子的父亲去超市，买回来一盒炒螺蛳给我，热气腾腾的，看着都惹人爱。孩子尝了几个，觉得很好吃，要求我留几个给他。我吃得很快，当孩子发现炒螺蛳都被我吃完的时候，他的脸色慢慢地变了，随后发了一大通脾气。

之前的我，确实对诸如炒螺蛳、小龙虾这类食品毫无抵抗力，但后来当我发现在养殖和烹饪的过程中发现了很多难以接受的问题时，我下决心戒掉了这类食品。而今天，当我面对炒螺蛳和孩子的要求时，我犹豫了，同时我没有像平时那样留给孩子让他吃，而是故意快速地吃完，目的就是让孩子少吃一点，远离垃圾食品。

看着委屈、伤心、发脾气的孩子，我的内心居然平静如水，我没有解释，只是平静地陪在孩子身边，心里想着崇建老师经常讲的停顿。于是，一边看着孩子，一边留意自己的表情、呼吸、身体姿态，保持稳定。

孩子会大发雷霆，炒螺蛳事件只是一个导火索，归到根本原因，其实是学业带来的压力。

孩子哭闹了一会儿，我保持平静，没有批评指责，也没有唠叨劝解，孩子试图与我讲条件，他想早点出去玩，我从始至终都保持着平静的语调，并温柔而坚定地拒绝了他。孩子了解了我的底线，没有继续哭闹，开始继续写作业。当然他的负面情绪还在，字写得免不了有一些凌乱。但我没有批评，面对着他的负面情绪和凌乱的字体，仍然表达了我对他的欣赏。

父母坦诚，孩子也会坦诚

晚上睡觉前，我们聊起了炒螺蛳的事情。

“妈妈并不是不给你留，是故意快点吃完的。”

“妈妈不是每次都要把好吃的留给我吗，为什么这次还要故意吃完呢？”

“因为妈妈觉得你还在长身体，我不愿意那些垃圾食品来伤害你的身体，炒螺蛳里面充满了大量的细菌，你想象不到会给你带来什么伤害。”

“那爸爸为什么要给你买呢？”

“爸爸知道妈妈原来喜欢吃，但不知道我现在已经不吃了。爸爸给妈妈买爱吃的，是出于爱，爸爸给你买你爱吃的饭团和比萨，也是出于爱。”

“妈妈，我误会你了，我以为你不愿意给我吃呢。”

“怎么会呢？你是妈妈最爱的孩子。”

“妈妈，我今天发脾气还有一个原因就是我的作业问题。好多的作业，我都没有完成……”

“那么，我们是不是应该调整一下时间表，学习一下时间管理？”

聊天就这样愉快地进行着。我想，面对孩子的脾气，我能保持稳定，保持平静，是我在学习冰山以后得到的最大收获，我愿意为自己的改变点赞。站在孩子的角度，如果他发脾气我表现出的是无助，讲大道理，或是指责，他就无法在我面前自由地表达情绪，对他来说，也会感到无助。

回想我的童年，我的原生家庭，面对火暴的父亲和唠叨的母亲，一个弱小的女孩，除了抱头蜷缩在角落等着他们的暴风雨过去，还能怎样呢？此刻我愿意疼惜她，抱抱几十年前那个可怜的我，联结起小时候的我内心的渴望。

本文分享者：匿名者。

放手去爱

长期以来，在和女儿的相处过程中，我已经习惯了，有关她的事情，我都全程参与，并且事无巨细地操心；而结果，并不像我想象的那么美好，不是她嫌我烦，就是我嫌她“不知好歹”。

女儿居然主动打来电话

这一次，我决定给足我们俩空间。

女儿参加一个考试，需要提前到隔壁的N城。放在原来，我一定会全程跟踪，没完没了地嘱咐，几分钟一个电话地叮嘱各种注意事项。但这次，我没有，我“控制”住了我自己。除了送她去车站，说了一句“一路平安，注意安全”，什么也没说。

到了晚上，我接到了女儿的电话，让我非常意外。要知道，以往女儿只要有短暂的时间离开我，肯定会像“放飞”了一样，没有任何消息。

“妈妈，我肚子不舒服，已经去了两趟卫生间了。”

“哦？宝贝，怎么回事，是吃的东西不对劲吗？”

“不知道，我感觉有些胃肠炎，昨天在办公室的空调吹得很凉，今天N城好热，头昏沉沉的。”

“那你要不要吃点药？”

“我没带药，要不叫外卖送点药，我担心明天考试时闹肚子去厕所就毁了，本来时间就很紧张。”

也许，对考试她有点慌乱，有点着急；也许如她所说，是在办公室吹空调吹得太多了，有点感冒；又抑或是因为紧张、压力大，胃肠功能紊乱了；更有可能是因为离家有一段距离，有点水土不服。作为母亲，当孩子面对一点小挫折的时候，我现在最需要做到的是保持情绪稳定，而不是给她额外地增加情绪负担——我的慌张和担心。

当女儿最坚定的靠山

于是我保持平静，安慰她说："宝贝，别担心，可能出门有点水土不服，买点药，吃一片就行。"

女儿应了声，声音仍带着惶恐，知女莫如母，我想我得深入地探寻下，如果她真是紧张，我应该安慰她一下，给她个定心丸。随后我问她："宝贝，对这次考试你怎么看？有点压力吧？"

"能没压力吗，不说看了几个月的书，光报名费就好几千，再加上来回的高铁票的费用，我爸给我订的好酒店的费用，这个考试的成本真的很高了。考试要考一整天，参加考试的人很多，而且刚恢复考试不久，通过率也是有限的。"

"嗯，宝贝，妈妈感到你真的挺不容易的，一路也比较辛苦，而且妈妈自豪的是这些都是你一个人独自去搞定的。成为金融理财师一直是你的梦想啊，而且志在必得，所以你才愿意无论多忙多累也要看书复习。这份力量太可贵了，人就是要趁着年轻去奋斗，追求自己的目标。这是你的选择，你也愿意承担所有结果。就是一次尝试嘛，如果考不过，你也积累了经验，所以无论怎样，都是有意义的，对吧？"

女儿听了，"嗯"了一声。这一声我听出了她的坚定、果断，是有力量的，于是我心里有底了，就继续说："至于你爸订的酒店你不必有压力，考试需要一个安静的环境，休息好很重要，贵点是值得的。好了，这都是小事，一会儿吃上药，早点休息，有事给我打电话。"女儿显然轻松了不少，应了句："好的，妈妈。"

第二天一早，我问女儿睡得怎么样，她说，还不错，吃了药，肚子好多了。

事情的后续是我的女儿虽然经历了一点小小的挫折，但最终如愿以偿地通过了考试。在这次事件中，作为母亲，我做到了平等地尊重，共情我的孩子，认真地倾听、停顿、因势利导，看到女儿正向的力量，并欣赏、支持、鼓舞她，与她内心的渴望密切联结，使她重新找回力量。因此，在孩子真正需要你的时候，一定要沉稳、有力量，当孩子最坚定的靠山。

本文分享者：匿名者。

爱的练习曲

我认真地打造课程，还是有人不买单。古拉斯就是这样的初二男孩。

古拉斯每星期上学两三天，多半在发呆和睡觉。我与辅导老师家访时，古拉斯买了铝箔包红茶，给我们两位老师，那是他用吃饭的钱买的。他住的房子非常小，只有一套桌椅，是学校的课桌椅。地板是两兄弟和奶奶、父亲睡觉的地方。

心上的一拳

古拉斯初二下学期，全班在家政教室做老口味蛋饼、米布丁和凤梨冰茶，现场有特别嘉宾。当我巡视到某组时，古拉斯竟拿着菜刀对着马耀，我大吃一惊。马耀呆若木鸡，同组同学一脸惊恐，不知如何是好。

我试图靠近他，感觉自己在发抖，但是仍然极力地保持镇定，请他放下菜刀。

对峙了一会儿，可能有一分钟，他放下菜刀，我的身体才放松下来。

我让古拉斯去树下罚站，我和马耀说话，再去跟古拉斯说话。

我不记得说了什么，但没有大声地斥责他。后来大家一起完成了任务。

放学后，我在教室收拾，几位同学慌张地说："老师，你教室桌子的玻璃被打破了。"

我感到有些吃惊和害怕，回到办公室坐下来，觉得自己筋疲力尽，身体有点发抖，应该是害怕吧。

隔天是星期五，古拉斯照例不会到校。我跟学校、少年保护官，以及心理师告知此事。我心里有许多的担心和不安，我期待有人告诉我，我该如何做。但是没有人告诉我，我感到无力和无助。在教书的多年里，遇到这样的孩子，面对这样的状况，我常会出现这样的感受。

我看到教室桌子的玻璃桌面已经碎裂，可见力道之大。我感到他的愤怒，我猜他应该很想打我，这让我很恐惧。他累积的愤怒，是针对我吗？我的心里有那一拳的力量。

星期一结束了第一节课，我走出教室，古拉斯迎面走来，身边跟了一个妇女，我从未见过她。

古拉斯说："妈妈。"

古拉斯的母亲竟然出现了！他在学校发生事端，每一次写行为自述表，他上面写的联络人，都是母亲的电话和名字。我会生气地对他大吼。"她不在，她不会来学校。"这是每次问到古拉斯有关他母亲的事时，他会给我的回答。

这一天他的母亲来了。

她刚好从桃园回来了，接到生物教研组组长的电话。母亲要带古拉斯去桃园住，要向学校请假三星期，她说如果古拉斯适应良好，就会给古拉斯办理转学。心理师和少保官都来了，解决监护权问题，以及协助桃园那边的学校衔接。我和古拉斯简单地说了几句话，他终于可以跟母亲在一起，后来他一直留在桃园。

但是古拉斯打碎玻璃的那一拳，还是重重地打在我的心上。我内心一直很难受，疑惑自己做了什么，让古拉斯这样对我？我陷入纠结、恐惧、不安，还有难过，我被这些情绪困住。

古拉斯的心理师说，是我陪伴了他。他在与心理师的会谈中，透露出老师很了解他，老师知道他在想什么。但是，这些都无法安慰我。我感到很自责，我怀疑自己：我是一个好老师吗？

我时常会想起，他一年级的时候，有两次在办公室里，我都忍不住地吼了他。面对我的怒吼，他只是用深深的沉默和空洞的眼神回应我。

与孩子一起觉察与对话

古拉斯初二那一年，我开始认识萨提亚模式，尝试在生活中练习和学生对话，但是走得跌跌撞撞。有一次上罗志仲老师的课，我问他关于学生在课堂上吵闹的问题，也向老师表达了对此我感到非常困扰。

罗老师问我："想得到什么？"

我停了十秒钟，我想达到平静，不管发生什么事，我都希望内在平静。

古拉斯初二时，在语文课上犯了错，但是我无力回应，交由学务处处理。我在事情发生三天后，才感到自己平静了下来。我的停顿是三天，三天后我才能平静地和他谈。因为我的平静，我们坐在空教室里谈话时，我能对古拉斯有比较多的好奇，也给他比较多的核对。

那天他说了很多话，他的冰山微微地显露。那一次的对话，我没有指责，也没有超理智的姿态，我发现我不一样了，也发现古拉斯和我靠近了一些。

然而，我学习得很缓慢，我对这样的自己感到生气，甚至感到自责。

开始学习萨提亚的那一年，我带着同学使用的情绪卡，每日在联络簿中记录三个情绪。我开始辨识自己的情绪时，发现自己的情绪常常空白，去参加工作坊时也常为此感到困扰。

学习了两年之后，我才知道自己有很多“打岔”，那是小时候经验造成的。遇到事情我通常是呆滞的状态——身体僵硬，脑袋空白。我才知道我的觉察，必须从身体开始。

我在辅导课上带学生，进行情绪辨识、深呼吸，倾听与表达自己。通过生活中感到困扰的例子，来觉察自己并且学习表达。每个来跟我练习的孩子，表达对父母的期待时，几乎都落泪了，但是古拉斯没有来练习，那是我的遗憾。我总以为他如果练习了，也许就会不一样，这是我的期待。

初学萨提亚模式的两年里，我带着学生刻意地练习，探索自己的冰山，陪伴孩子们认识自己。在这个过程中我发现，其实也是在陪伴我自己，陪伴成长过程中受过很多伤的自己。我也一点一点地长出力量。

后来我终于明白了，古拉斯用很大的力气，想要跟母亲在一起，他渴望母亲的爱，而那时候的我读不懂。当时的我没有能力理解彼此的冰山，我们不自觉地陷入表面的应对，在我的指责、他的打岔里，彼此都受伤了，而且我伤得很重。

我觉得自己不是好老师，自我的价值感因此降低了很多，我的学习还在路上，这是需要体验的生命学习。

关于拥抱的刻意练习

古拉斯离开一年多，我接了初一的新生班级。我很快地辨识出来，班上有两个极度缺乏关爱的男孩：小天和小安。

因为这两个特别的男孩，我决定偶尔抱抱他们。

既然决定如此，那就全班都来抱抱吧。根据我过往的经验，如果大家都一样，小天和小安抗拒力道应该不会太大。于是，我决定拥抱每一个学生。

我在放学前第一次宣布，学生们哀鸿遍野。学生要跟我拥抱之前，要跟我说说一整天中，自己做得好的与不好的地方。所以我搜集到，上数学课睡觉、玩魔术方块、发呆、聊天的有十来人，他们在说的时候，有些不好意思。我鼓励他们下次试着减少，然后拥抱学生。让学生知道即使做不好，也是可以被接纳的。

那天拥抱学生之后，我觉得感动，我可以拥抱令我生气的学生。原来我在练习拥抱犯错的孩子，我在练习接纳会犯错的自己。

刻意拥抱两三次之后，我发现目标男孩小天，听到要抱抱了，都开心地笑起来，甚至会握拳说："是。"拥抱他很容易，因为他整个人又瘦又小的。至于目标男孩小安，第三次拥抱时，我感到他回抱的手，也感到少言孤单的他，内心有爱的渴望被联结了。虽然男孩一年级下学期转学了，我仍然维持拥抱活动，每一两星期会出现一次。

几个女生很爱拥抱，会给我大大的拥抱，口中还会说："爱你哟！爱你哟！"被她们拥抱过几次后，僵硬、少反应的我，也会跟她们说"谢谢，谢谢你们的爱"，或是告诉他们"我也爱你们"。

原来身为一个老师，通过爱的回应与练习，也是可以进步的。

有几个男生不习惯，我便轻轻地抱或拍拍肩膀。趁我不注意逃走的孩子渐渐地没有了。

有次拥抱前的题目是"跟我说个秘密"。有个男孩对我说，他喜欢班上某个女生，我很开心能被信任。

初一下学期的一次考试后，某天放学前的拥抱，我临时想的题目是"说说自己最喜欢的课"。过半的学生说喜欢我的公民课，他们的理由是"听得懂，而且学习很轻松，感觉很快就下课了"。我感觉很满足，因为被学生肯定了。

班上的名叫亚斯的男孩，从来不来抱抱，我允许他讲讲话即可，也接纳他给出的“没有感受、就一般一般”这样的评价，或者耸耸肩的动作。偶尔，他没有急着走掉，靠近我，我建议那就握握手，他会伸出三根手指，但他只让我握。这是互相的靠近，即使我们的关系进步缓慢，彼此也还是会经常回嘴，彼此仍会对对方生气。我已经学会看见，看见了我们彼此都渴望接纳。

我在面对过往的伤痕的学习里，找到如何爱自己的方法，也找到可以存活的力量。

彼此都有爱

后来的日子里，有时我忘记隔星期拥抱的活动。有的孩子就会提醒：“老师，今天要抱抱吗？”

有一天放学前，一个女孩问：“老师，今天要抱抱吗？”

我停顿了一下说：“哦！不要。这个星期我生了太多气……”

发完这些牢骚之后，我立刻觉察说得太快，随即我感到后悔。停留了十秒钟之后，我才表示：“想抱的人来抱抱我，但要给我一句安慰的话。”

每天被我念叨的小天立刻跑来抱我，还有几个学生主动来抱我，对我说安慰的话语。他们都是常被我念叨的学生。

那一星期被我记了两次警告，身高已经超过我的阿成，也走过来抱抱我。他对我说：“老师，对不起。这个星期做了许多让你生气的事。”

我也抱抱他，说：“啊！原来你都知道呀。”我感到很意外，内心也很感动。我感到阿成的渴望——被接纳与被爱，我也看见我自己，在教导学生时产生的挫折和焦虑反映出的冰山底层的渴望，也是被接纳与被爱。

在拥抱中，我也练习接纳孩子的所有。那是一种爱的表达。

我和学生，在爱与被爱中练习爱的表达。

于是在此刻，我可以在心里深深地拥抱那个时候的古拉斯。

于是在此刻，我可以深深地拥抱从小到大那个不断自责的自己。

本文分享者：赖锦慧，花莲县立新城初中公民科老师、“学思达”讲师。

做孩子愿意沟通的父母

儿子游泳的事一直困扰着我，今天儿子对游泳似乎特别抗拒。本来我们定好下午一点四十分出发的，可是他一直在看时间，原本在看纪录片的他主动在一点十分的时候把电视暂停了，逼迫着我给他请假。

可是当时我并没有看出他的异常，而是想当然地认为他的老一套又来了，因为害怕训练，害怕吃苦。对于这些我完全接纳并且理解，我也告诉了他：“妈妈会陪着你，和你在一起。”

鼓励孩子表达情绪

离出发的时间越来越近，他就哭得越来越厉害了。这个时候的我真的是感觉束手无策，想帮他，想用到好奇，但是那些我知道的原因让我实在好奇不起来。一直以来，由于儿子害怕爸爸，所以他会向我求助，而他在向我求助的时候我自己也很无力，因为爸爸的有些想法我也左右不了。所以，当儿子用命令的口气让我帮他请假时，我也很替孩子委屈。接着，我甚至开始在心里埋怨丈夫：为什么非要坚持让儿子去游泳，不能接纳孩子的不喜欢吗?

儿子躲在被窝里哭，当他听到爸爸的脚步声走近时，他屏住了哭声，我告诉他："你可以大声地哭出来，不用压抑自己的情绪。但是妈妈想知道的是昨天到底发生了什么让你这么害怕？"这时儿子"哇"的一声哭得泣不成声，他说："妈妈，快点帮我关机！"（这是我们的小约定，当他控制不了自己的时候，就让我帮他），我按住了他的头顶，把他搂在怀里，抚摸着他的背。

帮助孩子探索情绪背后的原因

等儿子稍微缓和一点了，我问："你能告诉我昨天的事吗？是不是因为昨天的那个教练？"（昨天从游泳馆出来的他和我提了一句，有个不认识的教练纠正了他的动作，我也没有重视。）

儿子说："是一部分原因。"

我说："是他纠正你的游泳动作了？"

儿子说："是的，但是那个动作我改不过来。"

我说："哦，你改不过来啊？"

儿子说："是的，Z 教练（他以前的教练）也知道的，因为我的脚骨折过。"

我问："哦，那么 L 教练（他现在的教练）知道你的这个动作吗？"

儿子说："知道的。"

我问："知道你因为脚骨折过而改不过来吗？"

儿子说："知道的。"

我说："哦，那么妈妈告诉你，你可以只听你自己教练的，不用听其他教练的。"（这里我感觉还是有点急于解决问题，因为时间快到了。）

儿子似乎轻松了一些，我问："还有什么原因吗？"

儿子说："还有 10% 的原因。"

我问："是什么呢？"

儿子说：“是爸爸。我不想游泳。”

又回到了老问题，我说不下去了，催促着他：“我们出门吧。”儿子要求我给他点下眼药水，然后一起出门了。路上，他还是表现出越接近游泳馆越担心的状态。

好奇让我找到了孩子恐惧的根源

从游泳馆出来，我问：“你今天还好吗？”

儿子说：“不好。我们不要在这里游泳了吧？”

我说：“怎么了呢？遇到昨天那个不认识的教练了？”

儿子说：“嗯，不过今天他没过来，在其他泳道上。”

我问：“那昨天到底是怎么回事？他把你从水里拎出来了？”

儿子说：“嗯。”

我问：“他在岸上还是水里？”

儿子说：“他在水里，我在仰泳，我看到他走过来的。”

我问：“哦，你看到他走过来，但是不知道他会来拉你的腿是吗？”

儿子说：“嗯，他把我的脚拎出水面，头在水里了，而且我还喝了好几口水。”

我说：“哦，所以你被突然而来的动作吓到了是吧？”

儿子：“嗯嗯。”

通过一次次的好奇，我终于探索到了问题的源头，心里也终于有了一丝欣慰，同时也感谢自己有了那么多好奇……

儿子后来和我说：“我现在很喜欢和你聊天啊，因为我觉得我们的沟通很通畅呢！”

听到这句话，我想这是对我学习对话的最大肯定，说明我和儿子联结上了，我的接纳和允许他感到了，没有什么比儿子的肯定让我学习更有动力了。我会继续加油，通过学习让自己有更多的自我觉察，最重要的是相信自己的生命力，相信自己可以满足自己的渴望，实现冰山内在的一致性。

本文分享者：匿名者。